U0113718

# 茶埠

## 浙西绿茶的历史、空间与叙事

沈学政　郑求星　著

中国社会科学出版社

## 图书在版编目（CIP）数据

茶埠：浙西绿茶的历史、空间与叙事／沈学政，郑求星著.
—北京：中国社会科学出版社，2023.5
ISBN 978-7-5227-1621-3

Ⅰ.①茶… Ⅱ.①沈… ②郑… Ⅲ.①绿茶—茶文化—浙江
Ⅳ.①TS971.21

中国国家版本馆 CIP 数据核字（2023）第 054249 号

| | | |
|---|---|---|
| 出 版 人 | 赵剑英 | |
| 责任编辑 | 刘　芳 | |
| 责任校对 | 赵雪姣 | |
| 责任印制 | 李寡寡 | |

| | | |
|---|---|---|
| 出　　版 | 中国社会科学出版社 | |
| 社　　址 | 北京鼓楼西大街甲 158 号 | |
| 邮　　编 | 100720 | |
| 网　　址 | http://www.csspw.cn | |
| 发 行 部 | 010-84083685 | |
| 门 市 部 | 010-84029450 | |
| 经　　销 | 新华书店及其他书店 | |

| | |
|---|---|
| 印　　刷 | 北京明恒达印务有限公司 |
| 装　　订 | 廊坊市广阳区广增装订厂 |
| 版　　次 | 2023 年 5 月第 1 版 |
| 印　　次 | 2023 年 5 月第 1 次印刷 |

| | |
|---|---|
| 开　　本 | 650×960　1/16 |
| 印　　张 | 19.25 |
| 字　　数 | 258 千字 |
| 定　　价 | 89.00 元 |

凡购买中国社会科学出版社图书，如有质量问题请与本社营销中心联系调换
电话：010-84083683

开化，位于浙江省母亲河——钱塘江的源头，地处浙赣皖三省七县交界处，被国家环保总局划定为"华东地区重要的生态屏障"，自古就有"歙饶屏障"之说。

地杰茶灵，出产于此的开化龙顶滋味天成，享誉全国。

**开化龙顶，拥有着绝佳生态**

开化县四周峰峦环列，地貌四周高、中间低，地势西北高东南低。境内海拔千米以上山峰有 46 座。漫射光极其丰富，水土丰美，十分利于茶树生长。

不仅如此，开化县还连续几年蝉联浙江省空气质量指数排名冠军，如此好的先天条件，对茶叶生长可谓得天独厚。

良好的生态环境为茶叶产业的发展提供了依托和保障，农业农村部给予理想级茶叶生产环境的评价，开化县被列为"全国无公害茶

---

\* 原开化县副县长，现为开化县人大常委会副主任。

叶生产示范基地县"。

## 出身高贵的明清瑞贡

明朝《开化县志》有 "进贡芽茶四斤"的文字记载， 相传明朝开国皇帝朱元璋极为喜爱龙顶茶。

清光绪二十四年，县志有"名茶朝贡时黄绢袋袱旗号篓，专人专程进贡"的记载。

道光以来，开化一直是国内眉茶的主要产区；民国以来为出口茶叶基地县，所产茶叶素以"味精"角色拼配在大宗茶叶中，使大宗茶叶提香气，上档次。

## 开化龙顶滋味天成

明朝《开化县志》记载："茶出金村者，品不在天池下。"天池茶，当年有"最号精绝，为天下冠，称之奇品"的美誉，由此我们可以推测出开化龙顶当年的殊胜品质。

清朝著名文人汪士慎在《幼孚斋中试泾县茶》一诗中写道："宣州诸茶此绝伦，芳馨那逊龙山春。"备受诗人喜爱的龙山春，就是开化绿茶。

开化龙顶茶色、香、味、形俱佳，具有"干茶色绿、汤水清绿、叶底鲜绿"的特征；外形紧直挺秀，银绿披毫，香气馥郁持久，滋味鲜醇爽口，回味甘甜。汤色杏绿，叶底肥嫩，匀齐成朵。

除了滋味绝佳之外，开化龙顶的安全质量把控也十分严格。2007 年 8 月，被农业部抽检的 43 个开化龙顶茶对比国家标准和欧盟标准，检测指标全部合格，未检出任何农药残留物，被认定为全国无公害绿色食品。

## 浙江绿茶的优秀代表

有"中国亚马逊雨林"和"浙西林海"之称的开化，地处北纬28°54′30″—29°29′59″，位于茶叶专家认证的北纬30°地质带范围内。东北邻"遂绿"茶区、北靠"屯绿"茶区、西接"婺绿"茶区，是中国绿茶"金三角"的核心区，被专家认定为中国绿茶集中的优势地域。因此，开化龙顶一直是浙江绿茶的优秀代表，是了解中国绿茶不能跨过的篇章。

然而，我们不得不承认的现实是，虽然开化龙顶颇有历史渊源，极具生态优势，品饮价值极高，然而跟碧螺春、西湖龙井等江南名茶相比，知名度和普及度都是远远不够的。基于此，才有了这本书的缘起。

经过数年的资料收集、实地走访和文本打磨，终于有了这本专属于开化龙顶的茶文化书籍。其内容翔实，史料充分，文字流畅，为开化茶文化传播增添了光彩夺目的新篇章。

希望各位有缘之士能走进这本书，走进开化龙顶的世界，那将是一个清香盎然的茶世界。

　　通篇读完这部田野报告，一种亲切而又似曾相识的文风扑面而来，很久没有读到这样新鲜的文字了，就像早上刚刚从菜园子里割下的青菜，卖菜的农妇总会添上那么一句：活灵儿都还没有抖出来呢。它让我想起了费孝通先生的《乡土中国》和《江村经济》，我一直就喜欢这样的文体，学术方法和学术观点往往隐藏在文字后面，向读者捧出的是最接地气的内容，您甚至能够在想象中听到他们调查时的对话，面对面手拿笔记本记录的样子，以及他们年轻团队执着认真的眼神。正是这一切，构成了此著的鲜明风格。

　　现代社会的人居情境中，有多少人是走马观花般地在自己的家园活着，故土就如一块溜冰场，人们浮浅而迅疾地滑动在冰面上，候鸟般地迁居使他们对生存的地域几乎没有特殊的感觉。即使是在生我养我的故乡，人们看到的也多是平面的世界，深度的历史感往往就此消失了，家园亦就无法再被冠以"精神"的前缀。在摧枯拉朽的现代

---

　　*　浙江农林大学茶学与茶文化学院名誉院长、教授，汉语国际推广茶文化传播基地主任、国家一级作家、第五届茅盾文学奖得主。

化进程中，许多地方的确就是一个现实。

比如说我自己，曾经五次到过钱塘江的南源开化县莲花尖下采风体验，曾经跨在山涧的两块岩石上豪迈地宣告：瞧，我一步跨过了钱塘江！听上去好像很有意义，仔细想想其实没什么意义，也就是某某某到此一游罢了。

《茶埠：浙西绿茶的历史、空间与叙事》这部书稿最大的意义在于贴在地面上，踏踏实实地做田野，亲力亲为，亲到现场，亲自采访，身耳眼舌鼻，无一不到。同时又能够用流畅的记录性的文字，把内容和盘托出，甚至不放弃那些发现新材料的偶然机会，把这样的过程也一一写出。如此走访和调研，就如生活一般散发着毛边的光芒，而非被刻意撸过后的体面得近乎作假的光滑。

之所以达到了这种效果，是因为著作者把自己和自己的团队整个儿带了进去。主体的身影始终活跃在客场的山光水色和街头巷尾中，经常可以看到类似"我们"这样的字眼，把一群在第一线工作的年轻身影一并带入。

这部书稿的学术立场和学术表达，是坐标在茶文化的学术范畴中进行解读和分析的，我很欣赏著者的视野和格局，以及随之而来的整合能力，须知整合也是一种创新。开化县身处浙西的丛山峻岭之中，大学时有个同学，笑称彼处为"浙江的西伯利亚"，可见其相对而言的闭塞与荒凉。而那里的茶虽然绝佳，但毕竟养在深山，我给开化龙顶写过的最早的文字也用了《山中老衲》这样一个标题，以示它的不为人知，它的空谷幽兰的文化属性。

这部书稿以茶叶的商品属性作为考察茶事的首要原点，以此出发去构架全书框架，故而能从历史、空间和叙事这三大角度来进行叙述及解读。而这些蜘蛛网般密集而有规则的商业通途并非一朝织成，历朝历代的架构和织补，使其自身充满文化和叙事性，更有呈现性和研究价值。把这些因为岁月风尘而掩盖的路线图重新彰显出来，把它在历朝历代中隐藏的国运经络重新安放到相与配套的时代,您会发现,任何一个区域性的风物都立刻成为全息性的、体现国家意志的国家行为。在农耕文明的漫长岁月中,开化作为茶产地,与之相关的茶事生活,其实是非常丰富的,只不过如岁月珍珠被嵌入历史夹缝中,作者需蹲下身一粒粒挑拨出来。

这种将与茶有关的经济生活和商业流通行为整理挖掘出来,需要扎实的专业知识,一系列方式方法,各种表格和统计,一点儿也不亚于自然科学中的制图,严谨的科学态度值得尊敬。

茶的商业经济属性背后,依然是人的生活场景,是历史和社会的宏大场面,故我们可以发现此书涉猎的内容其实很多。上到国家大事,下到乡绅塾师,一幢楼,一座庙,一条路,一个亭,一块碑,一段传说,都能够与开化的茶事最终联系起来,构成不可或缺的一环。其实有关茶的著作,人云亦云的信息已经不值一提,有学术内涵,有前沿方法,有扎扎实实态度的田野报告,越来越成为研究者们的新关注点。

当然,这只是开始,如何做到新鲜而严谨、精准而不夸张,既文化又学术,既有逻辑又不乏活泼,对我们每个学术人也是新的挑战,大家共勉之。

# 目　录

前　言 ……………………………………………………………（ 1 ）

第一章　解密开化

　　偃王南迁 ……………………………………………………（ 3 ）

　　姑蔑古族 ……………………………………………………（ 8 ）

　　开化先民 ……………………………………………………（ 11 ）

第二章　唐宋置场

　　从西向东的茶叶传播之路 …………………………………（ 19 ）

　　唐时产茶区 …………………………………………………（ 29 ）

　　吴越王置开化场 ……………………………………………（ 34 ）

　　开化场与榷茶制 ……………………………………………（ 40 ）

第三章　明清贡茶

　　芽茶四斤 ……………………………………………………（ 47 ）

　　土贡与明代贡茶制度 ………………………………………（ 58 ）

　　光绪帝的急程茶 ……………………………………………（ 64 ）

第四章　遂绿时代

　　晚清时期的宁波港 …………………………………………（ 73 ）

　　民国时期的浙江茶 …………………………………………（ 81 ）

　　抗战时期的开化茶厂 ………………………………………（ 89 ）

第五章　华埠茶埠

　　浙西小上海 …………………………………………………（109）

　　茶埠：八仙埠头 ……………………………………………（118）

　　汪笃卿：徽商与华埠 ………………………………………（124）

　　田野中的华埠 ………………………………………………（133）

第六章 马金古镇
　　马金霞山 ……………………………………………………（143）
　　三教圣地 ……………………………………………………（155）

第七章 苏庄传说
　　朱元璋与苏庄云雾茶 ………………………………………（165）
　　古田山与茶中"味精" ………………………………………（174）
　　生产模式与"好运苏庄" ……………………………………（186）

第八章 发端齐溪
　　想象：传说中的龙顶茶 ……………………………………（197）
　　创新：开化龙顶茶的技艺 …………………………………（209）
　　杯中森林：对芽茶审美的反思 ……………………………（217）

第九章 茶路茶亭
　　开化山川 ……………………………………………………（227）
　　李渔与讴歌岭 ………………………………………………（233）
　　山路茶亭 ……………………………………………………（238）
　　山中茶路 ……………………………………………………（248）

第十章 高山好茶
　　绿茶金三角 …………………………………………………（259）
　　书院茶儒 ……………………………………………………（263）
　　山茶与园茶 …………………………………………………（270）
　　茶出金村 ……………………………………………………（275）

参考文献 …………………………………………………………（283）

后　记 ……………………………………………………………（291）

闲来无事出门庭，见面茶山作画屏。上接青峰培骨脉，下临绿水挺图形。嵩高自古多神降，仁杰于今本地灵。环列村前纯霭瑞，还当吾族得惟馨。

这首茶诗的作者是民国时期的余韵琴，他在大溪边村坎上看着对面的茶山，写下了这首茶诗。诗中描写的茶山画屏，绿水环绕的美丽景色，正来自浙江的"西大门"开化县。

作为浙江文化名城，开化的大山里曾经走出过浙江省第一位状元程宿，写出三百余首梅花诗的张道洽，还有刀刻天地人生的印学大师吾丘衍。中国五大名砚之一的开化砚，明清皇宫第一纸开化纸，都是不同时期中国文化的瑰宝。钱王祖墓，朱元璋点将台，都隐藏在钱江源奔流不息的江河中。然而，这个被著名作家莫言称为"神仙境"的地方，最值得记录的是一片珍贵的叶子。本书是一部关于浙西地区茶文化历史叙事与地理空间发展的书籍，以开化的茶叶作为研究主体，探讨地理空间下植物与人文的关系。

为什么做开化茶的研究呢？

首先，因为它的地理区位的独特性。开化是浙江省衢州市的下辖县，位于浙江省的最西端，地处浙、皖、赣三省七县交界处，是连接浙西、皖南和赣东北的要冲。西邻休宁、屯溪、祁门、徽州，东接余姚、会稽、温州、湖州，左右逢源，正好起到纽带中枢作用。开化是山区，山路古道纵横，水路脉系发达，是绿茶金三角的核心区。从地理学视野的角度看，这个交错重叠的空间区位恰是人文地理研究的好课题。

　　其次，从茶业经济的角度而言，开化是全国900多个产茶县的一个缩影：茶业与民生紧密结合。这个自北宋太平兴国六年（981）建县，距今已有1000多年历史的县城，总面积2236.61平方千米，人口有35.8737万人。茶业是当地农业的主导产业，也是乡村振兴的产业抓手。全县直接从事茶叶生产经营的农户有2.56万户，约3.9万人，间接辐射带动10.7万人就业。可以说，3个人中，就有1人从事茶产业。全县12.45万亩的茶园面积，每年生产名茶2126吨，年产值7.15亿元，茶叶全产业链实现产值15.9亿元。在全国茶县中，排名亦在前30位。

　　最后，开化芽茶是绿茶审美文化的极致体现。开化龙顶的特级茶是单芽茶，当注水冲泡时会呈现出片片茶叶竖立的景象，世人美誉为"杯中森林"。而曾作为明代贡茶的辉煌历史，也为开化茶积累了丰富的历史文化资源。

　　那么，如何开展对开化茶的研究呢？

　　在动笔时，关于本书最终要呈现一个什么样貌，我思考良久。在当下的图书市场中，有关茶主题的书籍层出不穷，而关于地方名茶的书籍，也以每年几十本的速度在出版。但我不想让自己的书成为流水线上的作品，我想让它"生根"。因此，我采取了"深耕"的方法，从历史梳理到当下空间叙事，从神话传说到田野调查，从乡间茶农到市场茶商，从山野陆路到宏阔水道，试图用深描的方法构建具有深度的开化茶。不以茶论茶，而是围绕一片叶子展开对一个地区文化的多层次描述。虽然本书把研究的视角放在区域文化的背景上，田野调查点选在浙西开化县，但也会辐射周边的婺源、休宁、玉山等地区。

研究浙西茶，不能孤立地只研究开化茶。由于地理区位的特殊性，开化茶一直被整合在其他地区的茶名之中。根据民国时期上海的一份资料显示，在上海茶市上出售和交易的箱茶主要有徽州茶、祁门茶、平水茶、玉山华埠茶、德兴茶、两湖茶诸品。在这里，开化所产的华埠茶和江西玉山茶是归为一类的，和祁门、平水、德兴、两湖等著名的茶叶产地相提并论。所以，历史上的开化茶，缺乏自身的独立性，连姓名都没有，我们也就不能脱离区域空间而单独研究它。这是为开化茶正名的研究，也是对寻找浙西绿茶金三角过程的叙述。

在整体的结构分布上，我们按照"历史""空间""叙事"三个篇章进行框架构建。历史篇从姑蔑古族南迁一直记叙到民国时期，试图从浩瀚的历史长河中对浙西开化茶进行梳理。空间篇则以华埠、苏庄、马金、齐溪四个重要的茶镇为切入点，从地理空间的角度进行梳理。叙事篇则围绕神话传说、名人故事等进行研究，重点放在茶水古道、茶路茶亭、茶中哲学等内容的梳理与记叙上。

在行文风格上，我们并没有刻意追求语言的晦涩和学术概念的使用，而是将描述性语言和文本分析结合在一起，意图让本书更具可读性。

最后，让我以《陈渭叟赠新茶》一诗来结束前言。伴随诗句的歌颂，跟随我们的叙述慢慢进入广袤的浙西山区，去探寻这一片叶子的传奇。

新茶细细黄金色，葛木仙人赠所知。正是初春无可侣，东风杨柳未成丝。

想了解开化县，先要解密16个字。

在《开化县志》上记载着这样一句话，开化"春秋属越，战国属楚，秦属会稽郡太末县"。短短的16个字，将开化变迁的浩瀚历史浓缩成精华。这16个字，涵盖了部落战争、宗族迁移以及文化更迭等多元事象。而地处浙西偏远山区的开化县，也并非如我们以为的山高水阻、野蛮落后。事实上，在茶还没有从巴蜀地区向中原地区传播时，开化的文明程度已相当高。近年来，在浙江省衢州市开化县一带陆续出土的铲、锛等原始农耕工具，说明在先秦时期开化一带的种植业已比较发达。而这些，又和开化先民——姑蔑①有着千丝万缕的联系。

---

① 姑蔑是国名、地名、人名还是族名，史学界对此一直存有较多争议。本书根据史料查询，综合诸多史学学者的观点，采用族名这一说法。

偃王南迁

　　开化，是浙江省衢州市行政管辖下的县域，地处浙江省的西部。想研究开化的地方文化，首先要将之放置在衢州的地理背景之下。

　　衢州位于钱塘江上游，浙江西部，市域面积8844平方千米，乃浙江省地级市，是一座具有1800多年历史的国家级历史文化名城。东与省内金华、丽水、杭州三市相交，西连江西上饶、景德镇，南接福建南平，北邻安徽黄山，一直是浙、闽、赣、皖四省交通核心，有"四省通衢"之称。下辖衢江区、柯城区、江山市、常山县、龙游县和开化县。在夏商周时期属百越之地，春秋时期为越之西鄙——姑蔑国。战国时属楚，秦统一全国后属会稽郡，经汉、三国、晋、隋至唐，相继设立太末、新安、定阳、须江等县。唐朝垂拱二年(686)，衢州与婺州分立，直至清末。①

---

① 贵志浩：《论地方文学的文化阐释价值——兼析浙西地区文学的乡土性》，《浙江社会科学》2010年第5期。

衢州大地上，一直流传着许多关于徐偃王的传说。在巴蜀之地以其特产茶叶北上进贡周王室之后的若干年，有一个部落离开了黄河流域。先是南下至鲁地，也就是周公的封地，后又继续南下至越西。这个古老的部落，就是徐偃王所带领的徐族。

　　徐偃王，西周穆王时徐国首领，相传是皋陶的后裔。事迹多见于诸子之书。记载徐偃王事迹最详的文献，当属《徐偃王志》（或称《徐偃王传》）。徐国世代相传，直到周敬王八年（前512）为吴国所灭，历时1600余年。徐国传位至第三十二世时，国君即东夷盟主徐偃王，其身世为谜。"徐偃王"之"偃"是徐族的国姓。徐，东夷少皞之后，嬴姓。①

　　《博物志·异闻篇》有一段引自《徐偃王志》的文字，可能是有关徐偃王身世时间较早、内容较具体的记述。"徐君宫人娠而生卵，以为不祥，弃之水滨。独孤母有犬名鹄苍，猎于水滨，得所弃卵，衔以东归。独孤母以为异，覆暖之，遂成儿，生时正偃，故以为名。徐君宫中闻之，乃更录取。长而仁智，袭君徐国。"②正如黄帝、商汤、文王等上古君王，徐偃王的降生也很传奇。偃王卵生，是上古东方民族常见的神话。剔除神话成分，可知徐偃王乃王室宫女所生，由于"仁智"而继位。③而卵生的传说，也可以解读为徐偃王所在的部族是一个以鸟为图腾的氏族。徐夷族是淮夷中一个重要的部族，淮夷者，居于淮水之夷人也。④

　　学术界认为，淮夷和徐夷是不同于华夏族的族群。在帝舜时代，皋陶的儿子伯益也因协助大禹治水有功而受赐"嬴"（偃）姓。大禹即位后，又"举益，任之政"。然后，又封伯益之子若木于徐地，于

①　贾雯鹤：《徐偃王神话传说辩证》，《中华文化论坛》1998年第2期。
②　张乃格：《卵生徐偃王传说试解》，《江苏地方志》2007年第2期。
③　孙文起：《古徐国及徐偃王故事的文化解析》，《徐州工程学院学报》（社会科学版）2021年第2期。
④　张乃格：《卵生徐偃王传说试解》，《江苏地方志》2007年第2期。

是"淮夷"中便派生出"徐夷"。后来，徐国逐渐发展为东夷中实力最强大的部落。商纣王死后，徐夷积极参加武庚的复国之战。[1]后周公旦平息叛乱，攻灭东方十七国，徐夷仍保有原地位。

徐偃王治国有方，百姓安居乐业。据记载，当时各地来朝者"三十有六国"，范围涉及淮河、泗水流域的苏、鲁、豫、皖等地区。

周王朝在成王和康王时期政治稳定，国力强盛。但到昭王和穆王时期，对诸侯国颁布了很多规制，不允许子国逾制。但徐偃王"僭越"称王，逾制建筑徐国都城。据《汉书·地理志》记载："其城周十二里。"当时周天子王城"方九里"，而徐城范围却大大超过王城。[2]

《韩非子·五蠹》中记载："荆文王恐其害己也，举兵伐徐，遂灭之。"[3]《淮南子·人间训》中记载："王曰：偃王有道之君也，好行仁义。不可伐。"[4]《后汉书·东夷传》中记载："偃王乃北走彭城武原县东山下，百姓随之者以万数，因名其山为徐山。"[5]周穆王被打败弃国出走，数万百姓感其义跟随。

公元前512年，徐国被吴王阖闾所灭。历时千年，古徐国创造了灿烂的徐文化。徐偃王逃往何方，一直没有定论。根据《大明一统志》《郡国志》等记载，徐偃王其实向南逃往了浙江。徐氏一脉南迁时的路线非常复杂，他们从海上而来，第一站是舟山群岛。然后，或渡海溯钱塘江而到嘉兴、绍兴；或仍循海路到鄞县、台州，路线颇清楚。[6]浙江从北至南，从西到东，很多地方的徐姓族谱都奉徐偃王

---

① 李国栋：《徐夷族属考证——兼论徐偃王族人东渡日本》，《浙江社会科学》2021年第6期。

② 胡兵：《从文献与考古资料看徐国历史的变迁》，《湖北省博物馆馆刊》2010年。

③ 龚维英：《徐偃王年代考》，《安徽史学》1960年第3期。

④ 贾雯鹤：《徐偃王神话传说辨诬》，《中华文化论坛》1998年第2期。

⑤ 孔令远：《徐偃王的传说及相关问题》，《重庆师范大学学报》（哲学社会科学版）2009年第1期。

⑥ 曹锦炎：《春秋初期越为徐地说新证：从浙江有关徐偃王的遗迹谈起》，《浙江学刊》1987年第1期。

为始祖。这些传说与遗迹在地方志中记载甚多，如嘉兴有徐偃王庙和墓，鄞县、翁洲（今舟山）有徐偃王庐，象山、湖州、黄岩有徐偃王墓，衢州、龙游有徐偃王祠，温岭有徐偃王城，众说纷纭。①

衢州龙游县出土的徐偃王庙碑，有重要的历史价值。唐元和九年（814），韩愈曾到访龙游县，为当地的徐偃王庙撰写了被后世称为"浙西第一碑"的《衢州徐偃王庙碑》。碑文中，他视徐偃王为儒家仁义之君的典范。②《衢州徐偃王庙碑》也成为后世衢州徐偃王庙碑刻系统的共同源头。通过黄滔的记载，可知在宋代，徐畸、袁聘儒等人曾在兰溪、江山等地的徐偃王别庙撰有碑文，这些碑文曾论说徐偃王"未尝称王"，且声称"孔孟之徒，无道偃王事者"，其渊源可能来自唐代徐安贞等人的论说。黄滔引用韩愈之文，对其一一进行批驳，演述韩愈称赞徐偃王"仁义"之说。此后，儒家"仁义"化的徐偃王成为衢州徐偃王庙碑文的主旨思想。③

龙游县社阳乡大公村至今还保留有供奉徐偃王的大公殿，距今已有400余年历史，是目前国内唯一仅存的纪念徐偃王的祀庙。大公村，以大公殿名而命名，是为纪念徐偃王恻隐仁爱、大公无私之鸿绩。如今的大公村，藏于深山老林，但依然秉持着淳朴民风。清明祭祖灯会活动，已列入浙江省非物质文化遗产项目。

徐偃王庙是江浙地区民众为了纪念、祭祀徐偃王而建，后逐渐演变成为地方祠庙。日本学者须江隆曾对唐宋时期徐偃王祠庙的性质变化做过考察，研究发现唐代徐偃王庙是徐氏家族祭祀祖先的祠庙，祭祀事宜由徐氏家人来承担，徐偃王具有"氏族神"性质。宋代，衢州徐氏衰落，徐偃王信仰进一步向外传播，祭祀权转由新兴家族来控

① 李光云：《徐偃王和他的遗迹》，《文史杂志》1991年第1期。

② 郑俊华：《民间信仰与地域社会变迁——以衢州徐偃王崇拜为例》，《地方文化研究》2019年第1期。

③ 尧育飞：《韩愈文章经典化的书法碑刻视角——以〈衢州徐偃王庙碑〉为例》，《宁夏大学学报》（人文社会科学版）2021年第3期。

制，如无锡尤氏等，徐偃王便成为当地的地方神。唐宋之际，家族经济基础的变迁导致了徐偃王庙祭祀承担者及其性质的变化。而中国学者认为，当城隍庙开始主导城市信仰空间时，徐偃王与城隍、东岳等祠神的竞争渐趋激烈，并逐渐退出城市祠庙，大多只在乡村得以保留。尽管经历千余年演变，但徐偃王的家族神底色并未完全褪去。徐偃王信仰，也主要流行于徐姓人比较集中的地区。①而在衢州，徐姓是大姓，光《徐氏族谱》就达42种之多。

除却在乡村中得以保留的徐偃王庙体现着浙西地区人们的民间信仰外，衢州府内奉行的是儒士教养。衢州城里有一座孔庙，为南宋建炎初年所建。相传为孔子第四十七世孙孔端友袭封衍圣公，携带孔子和亓官夫人的一对楷木像(据传为孔子学生子贡所刻)，率族人随高宗赵构南渡后所建。该庙也是全国仅有的两座孔氏家庙之一，被称为"南宗"②。

浙西衢州，也因为这些迁入的伟人而成为历史名城。迁入的外族，与当地居民之间的矛盾与融合，文化的碰撞与冲突，最终造就了如今浙西地区的温良、谦让的民风民俗和文化性格。

---

①　韩冠群：《亦祖亦神：古代江浙地区的徐偃王信仰》，《史林》2015年第2期。
②　北宗在山东曲阜。

姑蔑古族

　　行文至此，大家已知浙衢之地与徐偃王的关系，但是"姑蔑"又作何解呢？

　　在《衢州县志》中提到，衢州春秋初为姑蔑国，后为越国姑蔑之地，战国时属楚。史学界争论的"姑蔑"到底是国名、地名，还是族名、人名，一直众说纷纭，甚至有北姑蔑与南姑蔑之说。事实上，这是先秦史上一个浩大的民族迁徙和文化融合的问题。

　　姑蔑，是先秦时期诸侯小国之一。"姑"是东夷人之发语词，蔑又作妹、末、昧、眜等。妹、末是古音，昧、眜是音近假借，所以有姑蔑、姑妹、姑末、姑昧、姑眜等名称。先秦史中许多诸侯小国都无迹可觅，而姑蔑则有迹可循。蔑是个古老氏族，虽历史上的史家探讨过其族源，但现代学者们仍有不同之说。从目前研究看，应当属古东夷中之氏族。[①] 也有学者提出姑蔑族氏，春秋时期在今山东泗水县东，春秋晚期在今浙江龙游县北。[②] 这中间的变迁与徐偃王有关联。

----

① 　孟世凯：《姑蔑与龙游》，《文史知识》2010年第12期。
② 　郑洪春、袁长江：《试探姑蔑族与东夷族皋陶之少子徐偃王的关系》，全国首届姑蔑历史文化学术研讨会论文，龙游，2002年10月，第202—205页。

海岱地区方国林立，诸侯众多。既有东夷古国如纪、莱、莒、郯，亦有新封之国如齐、鲁、滕、单，还有辗转迁来之国如杞，更有迤逦迁去之国如徐、姑蔑等。姑蔑为东夷古国，本为薄姑支裔，属殷裔巨族，国力雄强。其与曲阜附近的奄国，可比作周代的齐与鲁。

周公伐东夷、践奄，迁其君薄姑，由齐监视。亦将薄姑南迁，由鲁控制。这一重大的政治变动，引发大规模的族群互动、移徙与重组。于东征践奄时被驱赶的有徐、奄、熊、盈等东夷诸族。姑蔑原是源于华夏的一个古老国族，被征服后一部分留居鲁地融入华夏。主体部分则与徐、奄等族群南下越境。姑蔑族应是于西周或春秋早期由齐之北境逐渐南迁，最终居于浙江龙游一带，繁衍生息。《国语·越语上》写道："勾践之地南至于句无，北至于御儿，东至于鄞，西至于姑蔑，广运百里。"可见，至春秋晚期，姑蔑已迁到太湖周边了，由此继续南迁，最终居住在今龙游一带。①

公元前482年，越子伐吴，姑蔑族人与徐国人民共同参与了越王勾践讨伐吴国的战争。当时的姑蔑，为东阳太末县，在今浙江龙游县北。姑蔑人在越国军队中占有重要地位，其在越国境内的居地按占代"名从主人"的惯例，仍名姑蔑，证明其举族聚居、军政合一的传统仍一以贯之，因而才能在越军中保留完整的编制，充当强大的生力军，并在汉晋以后逐渐融入汉族。②

所以，我们不难理解为何在这"越之西鄙"却有丰富的文明遗址，因为这是东夷文化在与越地文化相融过程中产生的。东夷本就经济发达，创造了遥遥领先的大汶口文化，是中华文明重要源头之一。其夹砂陶和泥质红陶充足，纹饰鲜明，同时具有成熟的动物饲养技

---

① 孙敬明、苏兆庆：《东夷方国——姑蔑两考》，全国首届姑蔑历史文化学术研讨会论文，龙游，2002年10月，第145—154页。

② 彭邦本：《姑蔑国源流考述——上古族群迁徙、重组、融合的个案之一》，《云南民族大学学报》（哲学社会科学版）2005年第1期。

术。而越地的河姆渡稻作文化和良渚玉器文化，与之相碰撞交汇，互相吸收，形成如今浙西地区的文化底色。

衢州，界于越、楚边地，是吴越文化圈中与楚文化有直接接触的地域，因而混合了两者的文化印记，是华夏先进文化与当地文化融合的产物。这种融合特性，正是浙西地区鲜明的文化特质。

春秋时期的姑蔑地究竟有多大，没有确切的史料记载，但后来的太末县的范围，是基本清晰的。

公元前221年，秦始皇统一中国，建立了大一统的封建王朝，分天下为三十六郡，郡下设县。当时有会稽郡，其范围跨越了今天的浙、苏、皖三省，管辖着十多个县。在会稽郡的西南部，设置了太末县，太末也称大末。当时的太末县范围非常广，除了现在的衢州之外，东边与金华市的汤溪，兰溪市的一部分，杭州市的建德、淳安一部分接壤，西边接江西省玉山县，南边接丽水市的遂昌县、松阳县。这是一片广袤的大地，而它仅仅是一个县的辖区。由此推断，秦朝时期的太末县地域大致上应该是春秋时姑蔑地的范围。

如今，姑蔑荣光早已湮没在沧海桑田间，我们已很难区分衢州境内究竟有哪些遗址遗存是属于姑蔑的。唯有姑蔑人在长期迁徙过程中所形成的坚韧不拔、骁勇善战的个性，被后人不断继承和发扬。

开化先民

　　那么，姑蔑与本书的主题，开化县内的茶叶又有何关联呢？这一支大规模的南迁部族，在到达迁移地后是如何融入越地并发展出新的文化呢？

　　先秦史由于史料有限，无法描绘出姑蔑族人到达衢州后，在衢州境内及周边地区的分散路径。不过，有一点是毫无疑问的，在开化古代先民的构成中，姑蔑族是族源确切可考的重要一支。姑蔑之"姑"，在古代东方习见冠之于地名或族名之上，比如姑棼。《左传·庄公八年》载"齐侯（襄公）游于姑棼"。从训诂学上来讲，"姑"是语气词。而"蔑"，又称为"昧"，《公羊》《谷梁》俱作"昧"，也作"姑妹"，或称"末"，盖为同音假借。蔑，才是一个地方的实质。"蔑"乃"篾"，意指竹子，可推测姑蔑先民生活的地方可能是一个山清水秀、竹林丛生之处。由于记载姑蔑的材料太少，且语焉不详，所以探索姑蔑古史极为不易，仅能根据史料管中窥豹。

　　这里要谈到一个族群聚落的问题。古时的人们以部落或者部族为单位，集聚生活。姑蔑、句无，都应当是越族在西南山区及山间盆地建立的大型聚落。①姑蔑族人以及徐国人，到达越地后，应是在浙西山区逐水而居，或择盆地而居，或看到山清水秀之地，驻马止步，扎根乡野。而这一停驻集聚地中，也有本书的主人公——开化。

从自然生存条件而言，开化有贯穿全境的溪流，植被物种丰富，且四面围山，中间盆地，可谓军事上的天然屏障。可推测，姑蔑族人到达衢州境内后，有一部分来到了开化。在漫漫的历史长河中，其自身所携带的东夷文化与越地文化发生碰撞和交融，构成了开化古文化的重要内容。这当中，兴许有吉光片羽的茶文化的存在。当然，这是我们的假说。

姑蔑族并非时人眼里所谓的"东夷"等低级文化，而是有着自身独具特色的先进文化。姑蔑族群原是殷商巨族，经济发达，文明先进。后遭遇战争，族群迁移，但文明教化并未丧失。《逸周书·王会》曾记载，西周初年，周成王在成周（洛阳）朝会诸侯，并接受各诸侯国的贡献，"于越纳，姑妹珍"②。即越国向周天子贡献当地名产，这六个字引起史学家们的争议。也许，我们可以从争议中，作出一些合理的推断。

李明杰和陈新认为这是一个并列结构短语，描述的是两个诸侯国的进贡物品。于越进贡的是"纳"，即"魶"，就是娃娃鱼。而姑蔑国向周天子贡献的是当地名产"珍"。清代俞樾说，"珍"即"珧"，唇之小者，即小唇蛤。《尔雅·释鱼》中记载有"唇小者珧"。这说明，姑蔑早在距今3000年前的西周初年就是一个有着悠久历史和独立先进民族文化的文明古国。③

但在詹子庆的《姑蔑史证》一文中，则是完全不同的理解。他

---

① 徐建春：《浙江聚落：起源、发展与遗存》，《浙江社会科学》2001年第1期。

② 魶，鲵鱼，即娃娃鱼。《说文》云："魶，鱼似鳖，无甲，有尾无足，口在腹下。"

③ 李明杰、陈新：《姑蔑古国与东夷文化探微》，全国首届姑蔑历史文化学术研讨会论文，龙游，2002年10月，第155—165页。

认为"于越纳，姑蔑珍"，并不是两个诸侯国向周天子朝贡，而是指当时姑蔑南迁至越国领地后，向越国贡献珍物。"珍"，当为姑蔑地的贡物。①至于，"珍"指的是什么，并没有作出解释。而中国社会科学院历史研究所孟世凯在《姑蔑与龙游》一文中，则有第三种解读。他提到八方诸侯入贡的有"于越纳，姑妹珍，且瓯文蜃"。晋代孔晁注释，"于越，越也。姑妹国，后属越"。姑妹国，即姑蔑国。"珍"，即玉。"瓯"，今浙江温州市。"蜃"即小蚌。②也就是说，姑蔑当时进贡越国的是名贵的玉器。

细析史学家们的三种解读，我们更倾向于将这句话理解为姑蔑南迁后，向越国贡献珍贵的宝物。也许这种进贡，带有向领主示好以求有安身立命之所的含义，也有可能是迫于越国武威而被迫朝贡。这个珍贵的宝物，有可能是山珍，也有可能是玉器。

据2001年1月2日的《衢州日报》报道，浙江省文物考古研究所在对龙游县湖镇镇寺底袁村进行抢救性考古发掘时，发现了大量西周时期的印纹陶片、玉玦、玉珠等器物。这次发掘的是金衢盆地史前遗址，有着典型的良渚文化印记。而令人遐想的是，集中于浙江瓶窑、良化、良渚地区的良渚文化，距离衢州龙游将近210千米。可见，地理空间上的距离，并没有影响文化的交融和延伸。所以，"姑妹珍"有可能是玉器。

我们还知道浙西所处的古越地，有着发达的河姆渡文化。1973年，第一次发现于浙江余姚河姆渡，因而命名，是新石器时代母系氏族公社时期的氏族村落遗址。河姆渡的稻作种植技术，非常成熟。考古学家们在河姆渡遗址发现了成堆的稻谷、谷壳、稻叶、稻秆等，出土的稻谷虽已炭化，但大多保留着完整的谷粒外壳。这证明早在

---

① 　詹子庆：《姑蔑史证》，《古籍整理研究学刊》2002年第6期。
② 　孟世凯：《姑蔑与龙游》，《文史知识》2010年第12期。

7000年前，人们就开始人工栽培水稻了。

有意思的是，姑蔑族人从山东一带南迁的路途，途经太湖、绍兴，再到衢州。这一路行走的过程，是逐渐吸纳各地文明的过程，所以栽种和饲养技术的学习获得和优化提升，是有可能的。那么，是否也有可能习得了茶叶种植技术呢？

因为，在河姆渡遗址中发现了茶的踪迹。距离衢州300千米的余姚田螺山遗址发现的山茶属树根，被证实是迄今为止中国境内考古发现最早的人工种植茶树的遗存。这表明，河姆渡先民早在6000年前就开始种植茶树。所以，当姑蔑族人到达浙西后，是有可能进行茶树种植等农作生活的。目前，浙西地区尚未发现如云南地区那样的乔木型茶树种，多是灌木型茶树。在开化大龙山曾发现有一片野生茶树，但是从树形来看，应该是人工栽培种植。可见，姑蔑族人与浙西地区茶叶的种植史应有莫大关联。

记录这段历史，是想从中探寻姑蔑先民和茶叶种植之间是否存在某种联系，可惜缺少足够的史料和实物考证，只能作理论上的推测。但有一点引起我们的关注，姑蔑古国的养殖业较发达。在前面记录的龙游大发掘中，除了大量的碎陶片和精美的玉器外，还发现了一个猪头形象的石器，这表明浙西先人饲养猪的历史可能已长达4000多年。[1]可见，当时浙西先人已经掌握了家畜饲养技术。

按照英国著名的文化进化论学者泰勒的理论观点，文化是从原始到蒙昧，再到文明而进化的。原始人类从采摘果实到种植小麦、驯养家畜、织网捕鱼，是文明的一大进步。当时人们的农耕技术已经处在较高水平，而这些成熟的文明，也同样存在于衢州之西的开化县。这一点，开化出土的文物就可以说明。

在开化县池淮镇曾出土过一个西周年代的硬陶网坠，大约为公

---

① 李岩：《姑蔑与越文化散论》，《丽水学院学报》2005年第4期。

元前1100—前771年的物品。长5.5厘米，宽3厘米，厚2.2厘米。这个网坠呈椭圆形，一侧纵向开一小凹槽，另两侧横向各开一周小凹槽，用于网线捆扎，表面还刻有几何印陶纹。这应是开化先民当时在溪边捕鱼所用的工具。开化县是钱塘江的发源地，境内水系发达，先民临水而居，繁衍生息，这个网坠是最好的明证。

让我们再来看另一件在开化本地出土的战国时期物品。这是一个战国时期的青瓷罐，时间为公元前475—前221年，高13厘米，口径11.9厘米，底径10.4厘米。圆口，广肩，弧腹，平底。瓷罐的内外部都施釉，釉青黄色，釉层稀薄，整体呈灰白色。这青瓷罐可能是用来储物或者盛水的器皿，甚或是用来存放茶叶的。1990年在浙江上虞曾经出土一个刻有"茶"字的青瓷瓮，被考古学家推定为是人们用来储存茶叶的器具。而上虞距离开化362千米，所以这个开化青瓷罐用来存放茶叶也不无可能。而且，在青瓷罐的两侧还各纹饰了一个水平型的"S"形堆纹，用于装饰。由此可见，姑蔑的开化文化，是典型的越文化，文明程度已相当高。

姑蔑的开化先民，还尚未将茶作为饮品。将茶作为饮品的历史，当从秦人征服巴蜀之地开始。陆羽《茶经》里写道："茶之为饮，发乎神农氏，闻于鲁周公。"[1]鲁周公，即周公，姓姬，名旦，周文王之子。曾被封于曲阜，是为鲁公，因其采邑在周，故称周公。"闻于鲁周公"，意指茶因周公为记，故为后人所知。陆羽此番话是否有据可考，不得而知。但东晋常璩《华阳国志》中，有巴蜀之地被周征服后贡茶于周王室的记录。"武王既克殷，以其宗姬于巴……丹、漆、茶、蜜……皆纳贡之。"[2]这段文字记载了巴蜀之地向周王室进贡茶叶等土特产的事件。"巴"是一个古老民族，最早出现于武落

① 吴觉农主编：《茶经述评》（第二版），中国农业出版社2005年版，第164页。
② 程启坤、姚国坤、张莉颖编著：《茶及茶文化二十一讲》，上海文化出版社2010年版，第12页。

筵离山(今湖北长阳一带)，后沿夷水(今清江)东下西上，广泛分布在鄂西北、川东、汉中一带。商代后期，活动在汉中流域的巴族与周族结成联盟，后参加伐封，周初建立巴国。巴国不仅富有盐及各种农作物，而且对长江两岸的野生茶树加以利用。早在公元前7世纪巴人占巫载(今巫山)时，就创造了一套茶叶采制技术。"伐而掇之"，"采叶作饼，叶老者米膏出之"，饮用时加之各种香料、佐料。公元前337—前331年，巴王族走向腐败贪婪。此时距"武王伐封"已700余年，战国时巴国已有地方贡茶。[①]常璩，东晋著名史学家，其所著《华阳国志》，被誉为"方志之祖"。[②]成书于晋穆帝永和四年至永和十年（348—354）的《华阳国志》，记录了从远古到东晋永和三年巴蜀史事，以及这些地方的出产物品和历史人物。公元前316年，秦朝征服巴蜀之地。嬴政二十五年（公元前222），秦灭楚以后将原本姑蔑之地划归会稽郡，置太末县，开化即属太末县。这前后相距近百年的时间，也恰恰是巴蜀茶叶开始向外传播并影响人们日常生活的时期。其传播方向大致依次为"巴蜀—两湖—赣皖—江浙"，在文化地理上呈现出一种由西向东的传播路径，并在隋唐后沿运河北上。

翻开姑蔑史，在这样文明发达的背景之下，以及山水俱佳的生态环境，那些从巴蜀之地伴随移民而来的茶，跨越两湖经过赣皖，翻过浙西山脉传播到开化，是极有可能的。那么，巴蜀的茶以及茗饮之风又是何时传到了开化呢？这条茶的传播路径又是什么呢？

① 李宗光：《巴蜀茶史三千年》，《农业考古》1995年第4期。
② 肖俊：《常璩及其〈华阳国志〉》，《巴蜀史志》2020年第5期。

1613年，葡萄牙耶稣会士曾德昭(Alvare de Semedo，1585—1658)坐船走京杭大运河，千里迢迢到达南京，开始了他长达23年的中国传教生活，并完成了他一生中最重要的著作《大中国志》。在该书中，他写道："我曾在流往杭州的南京河的一个港湾停留八天……一个沙漏时辰过去，仅仅数数往上航行的船，就有三百艘。那么多的船都满载货物，便利旅客，简直是奇迹。船只都有顶篷，保持清洁。有的船饰以图画，看来是作为游乐之用的，不是运货的。"①

他眼里所看到的这条大运河，正是中国茶叶发展史中一条重要的水上贸易之路。那些产自偏远山区的茶，通过这条运河被商贩们运到各地进行交易。而深藏于浙江西部深山中的开化茶，也在其中。

---

① [葡]曾德昭：《大中国志》，何高济译，商务印书馆2012年版，第1页。

从西向东的茶叶传播之路

　　传说中的神农氏既是茶的发现者，也是使用者和命名者。

　　神农氏乃上古时期姜姓部落首领，由于懂得用火，所以被称为炎帝。《史记·五帝本纪》引《帝王世纪》记载：神农氏，姜姓也。母曰任姒，有蟜氏女，登为少典妃，游华阳，有神龙首，感生炎帝。人身牛首，长于姜水。有圣德，以火德王，故号炎帝。《三皇本纪》则记载：斲木为耜，揉木为耒，耒耨之用，以教万人。始教耕。于是作蜡祭，以赭鞭鞭草木。始尝百草，始有医药。又作五弦之瑟。教人日中为市，交易而退，各得其所。遂重八卦为六十四爻。[1]

　　事实上，战国以前，"神农氏"与"炎帝"两者截然分开，有着严格界限，战国时期才开始交叉叠合。魏晋南北朝至隋唐时期，彻底融合为"炎帝神农氏"，从唐宋一直沿用至今。[2]

　　炎帝所处时代为新石器时代，其部落的活动范围在黄河中下游，在姜水一带时，部落开始兴盛。最初定都在陈地，后来又将都城迁移

---

① 杨浔：《蚩尤炎帝一人说辨析》，《延边教育学院学报》2020年第4期。
② 秦楠楠：《"神农氏""炎帝"融合过程考辨——兼论二者分合之原因》，《信阳师范学院学报》（哲学社会科学版）2020年第5期。

到曲阜。炎帝被道教尊为神农大帝，也称五谷神农大帝。

相传炎帝为了辨别草本的药理作用，曾日尝百草，用草药治病。有一次，他用釜煮水，有几片叶子飘落到釜中。釜中的水，因此变成黄绿色。喝了一点汤水后，他发现这黄绿色的水味道清香，能够解渴生津，还有药效。至于"茶"名的来源，也和他有关。传说神农氏有一个水晶肚，但凡吃进肚子里的食物他都能看得清清楚楚，因此能够知道这种食物的好坏。当喝下这黄绿色的水后，他看见水在肚子里流淌，把肠胃擦洗得干干净净。于是，他就把这种植物叫作"擦"，后来转化为"茶"的发音。神农日尝百草，以茶解毒，最后因尝断肠草而逝世。人们奉他为药王神，建庙祭祀。

神农氏是神话人物，中国将茶的发现与神农氏相关联，是用文学的方式将茶树这种植物神奇化，同时也是原始信仰的表现。作为茶树的发源地，中国是发现与利用茶叶最早的国家。

1824年，英国人勃鲁士在印度阿萨姆发现野生茶树后，便有印度是茶树原产地的说法。随后，被有力反驳。2005年3月20日，在中国国际茶文化研究会举办的"中日茶起源研讨会"上，日本学者松下智认为茶树原产地在云南的南部，并断然否认印度阿萨姆的萨地亚(Sadiya)是茶树的原产地。[1]随后，生物学者们通过对植物属性的研究，分析了栽培茶树的驯化起源与传播过程的问题。他们认为中国长江流域及其以南地区分布有众多茶组植物，包括各类栽培茶的野生近缘种。南方各民族语言中"茶"发音的相似性及相关性暗示了茶起源的单一性，最可能的地区在古代的巴蜀之地或云南南部。[2]至今，在云南仍生长着树龄达千年以上的野生大茶树。

---

① 虞富莲：《印度阿萨姆不是茶树原产地——松下智先生谈茶树起源》，《中国茶叶》2005年第3期。

② 张文驹、戎俊、韦朝领等：《栽培茶树的驯化起源与传播》，《生物多样性》2018年第4期。

中国不仅是茶树的发源地，也是茶文化的起源地。从植物到药物，再到食物，这是人们对于茶的物质使用的进化过程。最初，人们摘取野生茶叶放入口中咀嚼食用。药、食、咀饮的分化是人类演化和社会进步的必然结果，茶作为咀饮中最主要物品，伴随社会进步而逐渐流传。[①]四川、湖北一带的古代巴蜀地区，也因此成为中华茶文化的发源地。

汉代王褒[②]（公元前90—前51）所撰写的《僮约》是茶史上重要的文献，成文时间是汉宣帝神爵三年（公元前59）。《僮约》是王褒作品中颇具特色的文章，记述了他在四川时亲身经历之事。当时，王褒到"煎上"即渝上（今四川省彭州市一带）时，寓居成都安志里一个叫杨惠的寡妇家里。杨氏家中有个名叫"便了"的髯奴，王褒经常指派他去买酒。便了很不情愿替他跑腿，又怀疑他与杨氏有暧昧关系。他跑到主人的墓前倾诉不满，"大夫您当初买便了时，只要我看守家里，并没要我为其他男人去买酒"。王褒得悉此事后，一怒之下，在正月十五元宵节这天以一万五千钱的价格从杨氏手中买下便了为奴。便了极不情愿，但也无可奈何，于是他向王褒提出，需在契约中约定他所要做的事。为了教训便了，使他服帖，王褒写下了这篇长约六百字题为《僮约》的契约。在契约中，他列出了名目繁多的劳役项目，其中也提到了茶。《僮约》中有两处提到茶，即"烹茶尽具"和"武阳买茶"。"烹茶尽具"意指煮茶备具，"武阳买茶"是指要去武阳[③]买茶叶。《华阳国志·蜀志》中有"南安、武阳皆出名茶"的记载，便可知王褒为什么要便了去武阳买茶。由此可知，茶在当时已经成为社会饮食的一项重要内容，是待客的贵重之物，饮茶已经在中产阶层

---

① 肖伟、彭勇、许利嘉：《茶文化的起源及"咀饮"概念的提出》，《中国现代中药》2011年第9期。
② 王褒，蜀资中（今四川省资阳市雁江区昆仑乡墨池坝）人。西汉时期著名的辞赋家，与扬雄并称"渊云"。王褒一生留下《洞箫赋》等辞赋16篇，《桐柏真人工君外传》1卷，明末收集有《王谏议集》11篇。
③ 今成都以南彭山县双江镇。

中流行。这亦是我国最早的关于饮茶、茶具和买茶的史料。

西汉时期，茶叶生产从其原产地云南发展到四川西北部，茶叶已被当成饮料并形成市场。不过，当时茶叶的消费尚未完全大众化，茶被视为珍贵之物。魏晋南北朝时期产茶渐多，陕南、淮河流域、长江中下游地区茶园遍布，饮茶之风也传播日广。如《太平御览》饮食部卷二十引《广雅》云："荆巴间采叶作（茶）饼。成，以米膏出之。若饮，先炙令色赤，捣末置瓷瓶中，以汤浇覆之，用葱、姜芼之。其饮醒酒，令人不眠。"①古荆州一带，人们把采摘的茶叶做成饼状。若是叶老的，就和米粥一起搅和捣成茶饼。煮饮之前，先将茶饼炙烤成深红色，再捣成茶末，并辅以葱、姜、橘皮等物一起煮饮，是一种羹煮的形式。这种饼茶的加工方法及煮饮方式，一直沿袭至唐宋时期。②《膳夫经手录》云，"茶，古不闻食之，近晋、宋降，吴人将其叶煮，是为茗粥"，讲的是黄河流域或吴地某一局部地区饮茶的起始。③在长江下游的广陵，傅咸《司隶教》曰："闻南市有蜀妪作茶粥卖，为廉事打破其器具，后又卖饼于市。"④可见，当时的茶已进入了市场，饮茶成为民间的一种风俗。

那么，茶作为一种品饮之物，到底是何时开始流行？人人言殊，莫衷一是，推测始于汉，盛于唐。

"茶"字从"茶"字中简化而来。《说文解字》一书有"茶"无"茶"，许慎说，"茶，苦茶也。从草，余声"。徐铉解释说，"此即今之茶字"。看来，古代的"茶"字就是"茶"字。也有解释"茶"字

① 转引自李菁《大运河——唐代饮茶之风的北渐之路》，《中国社会经济史研究》2003年第3期。

② 程启坤、姚国坤、张丽颖编著：《茶及茶文化二十一讲》，上海文化出版社2010年版，第12页。

③ 章传政、朱世桂、黎星辉等：《试论茶文化的起源——和"原始茶道"论者商榷》，《南京农业大学学报》（社会科学版）2006年第2期。

④ （唐）陆羽：《茶经》，沈冬梅编著，中华书局2010年版。

原指野菜，后慢慢演变为指"茶"。

在秦代以前，中国各地的语言、文字还不统一，因此茶的名称也众说纷纭。据唐代"茶圣"陆羽所著《茶经》记载，唐以前，茶分别有茶、槚、蔎、茗、荈等名称。①古汉语中，有些"荼"字已减去一笔，成为"茶"字形状。可能因为当时茶叶生产的发展，饮茶开始普及，茶字使用频率越来越高，就把"荼"字减去一笔。不仅是字形，"茶"字的读音在西汉已经确立了。"茶"字读音的确立，要早于"茶"字字形的确立。在古代史料中，有关茶的名称很多。到了中唐，茶的音、形、义已趋于统一。

在西汉时期，茶叶已经从巴蜀地区传播到两湖地区，毗邻皖赣。荆楚之地将姜、葱等物加入茶内加以饮用，这种饮茶习俗如今在开化的一些地方仍可以看到。汉末三国时期，江浙地区也已有了饮茶的记载。在《三国志·吴志》中有一段孙皓"以茶代酒"的故事。《韦曜传》记载，孙皓即位后常举宴狂欢，但对韦曜特别照顾，密赐茶荈以当酒。韦曜（204—273），是三国时期著名史学家。孙皓每次设宴，要求入席之人喝酒都以七升为限，没喝完会被强迫灌完。韦曜饮酒不过两升之量，孙皓就减少他的饮酒数，或暗中赐给他茶水来代替。

在茶文化的一些相关书籍中，通常只提到"以茶代酒"的故事，不过这个故事的结局并不好。凤凰二年（273），韦曜被捕入狱。在狱中，韦曜通过狱吏上呈奏章企求赦免。但孙皓却下令诛杀韦曜，并将韦曜的家属流放到零陵郡。

三国时，孙吴据苏、赣、鄂、湘、桂、闽、粤、浙等地，这一地区也是我国茶叶传播和发展的主要地区。关于饮茶和用茶的记载，东晋还有"陆纳杖侄"的故事。卫将军谢安前去拜访时任吴兴太守的陆纳，陆纳不事铺张，以清茶一碗并辅以鲜果招待。陆纳少有情操，

---

① 吴觉农主编：《茶经述评》，中国农业出版社2005年版，第4页。

贞厉绝俗，是一个有情操无俗气之人。谢安以清谈知名，与王羲之等人交游甚深，性情闲雅温和，处事不惊。这样的两人，品茶清谈实显魏晋风度。但陆纳的侄子非常不理解，以为叔父小气有失面子，便擅自办了一大桌菜肴。客人走后，没想到陆纳直接让人打了侄子四十大棍。陆纳原本以茶待客，显示他的风雅清廉，没承想却被侄子的大鱼大肉弄得一团俗气。对于陆纳而言，是可忍孰不可忍。这就是"陆纳杖侄"的典故，还被后人纳入"十大茶典故"之中。

从这些故事中，我们也可以看出在三国魏晋南北朝时期，茶叶已由两湖地区越赣皖而至江浙一带。至此，我们大致已经梳理出先秦至两汉时期茶叶的传播路线：由云贵到巴蜀，再到两湖，经赣皖，到江浙。而本书的主人公开化，在这条传播路径中的位置又是什么呢？

开化位于浙江西部，处在浙江、江西、安徽三省交界地，与休宁、屯溪、祁门、徽州等赣皖传统的著名产茶区毗邻，东接余姚、会稽、温州、湖州等地，其地理位置恰好处于中国茶叶由巴蜀传播至余姚、温州乃至福建的中枢。可以说，开化是茶叶从西到东传播之路的一个路标，它的兴衰与中国茶叶发展有着密切联系。

历史的车轮滚滚向前，唐代终于迎来了中国茶叶发展的辉煌期。唐代茶叶已由巴蜀传播至两湖、赣皖、江浙，加之京杭大运河开凿，茶叶由南而北上，形成现代茶叶生产和销售的格局（见表2-1）。据《茶经》记载，当时全国名茶产地共有43州44县。"淮南，以光州上，义阳郡、舒州次，寿州下，蕲州、黄州又下。浙西，以湖州上，常州次，宣州、杭州、睦州、歙州下，润州、苏州又下。"[1]亦有学者按长江上游、中游、下游地区划分来勾勒唐代的茶叶产区，唐代名茶均出自长江流域。《唐国史补》中所列23种名茶，其中产自长江上游的有8种，产自中游的有9种，产自下游的有6种。《新唐书·地理志》中

---

① 董明：《唐代中叶至北宋末年皖江地区的茶叶生产》，《农业考古》2016年第5期。

17个贡茶州皆在长江流域，除却怀州河内郡。[1]

表2-1　　　　　　　　　唐代茶叶产地[2]

| 道 ＼ 州 | 州府 |
|---|---|
| 关内道 | 同州 |
| 河南道 | 汴州、蔡州、宋州、莱州 |
| 河东道 | 怀州 |
| 山南道 | 凉州、渝州、均州、郢州、复州、襄州、巴州、唐州、峡州、归州、荆州、夔州、金州、涪州 |
| 淮南道 | 庐州、光州、蕲州、申州、黄州、安州、舒州、和州、寿州、扬州 |
| 江南道 | 润州、常州、明州、钦州、漳州、袁州、江州、池州、杭州、越州、台州、婺州、衡州、处州、福州、建州、汀州、泉州、宣州、饶州、洪州、虔州、抚州、吉州、鄂州、岳州、潭州、韶州、辰州、施州、朗州、播州、思州、费州、溪州、苏州、湖州、睦州、夷州 |
| 剑南道 | 汉州、彭州、蜀州、眉州、锦州、剑州、邛州、泸州、简州、雅州 |
| 岭南道 | 广州、韶州、封州、恩州、象州、邕州、辩州、白州、牢州、钦州、禺州、滚州、岩州、安南、长州、容州、汤州、古州 |

　　唐代茶叶的繁荣，不仅体现在茶区分布格局基本成形，更重要的是茶叶贸易和运输的发展。这里不得不提到京杭大运河的作用，当时茶叶种植与贸易均得益于大运河，这是由水路运输特有的便利性决定的。

　　隋文帝杨坚定都洛阳，后隋炀帝杨广即位。站在洛阳豪华恢宏的宫殿里，隋炀帝向东北方向望去，那是中国的咽喉所在地河北涿州，东南望是更为富庶的江南。前期政府也考虑过陆运，但实际并不理想，那时候运货的载体主要是牲口，而体力最好的牲口莫过于骡马。牛虽能负重，但在农耕经济的中国，用牛来运货是一种资源浪

① 刘礼堂、万美辰：《唐代长江流域茶叶种植与饮茶习俗》，《江汉论坛》2019年第11期。
② 中国西安新城区《唐代茶史》编撰委员会编：《唐代茶史》，陕西师范大学出版总社有限公司2012年版，第207页。

费。而马体形高大,四肢修长,易跨越山石等障碍物。所以,商队多用马,当然其中也会有骡、驴之类的动物。西北一带因地制宜,有用骆驼的。但是崎岖山路,对马和人的损伤都很大,茶马古道中大多路段是令人生畏的悬崖峭壁,悬崖下边则是无数失足落下的马匹和赶货人的遗骸。

开化是山区,多山路,从开化出发走陆路至衢州过杭州而至上海,或至蒲城和福州,或至玉山和广信,一路坎坷和艰险不言而喻。从江南到京师虽没有浙西般崎岖的山路,但路途遥远,仅牲口和人所需的粮草就消耗巨大,有时往往货物还没运到目的地,粮草就消耗殆尽。于是,隋炀帝另辟蹊径,将目光投向水路。

506年,一个东起浙江余杭,北至河北涿州,贯通钱塘江、淮河等五大水系,历时六年,动用数十万民工的浩大工程拉开了序幕。隋朝以首都长安和东都洛阳为中心,利用广通渠,西通关中盆地。经过通济渠,南连山阳渎、江南河,通达全国经济重心的江淮、太湖流域,并直至余杭(今浙江杭州市),从而将江淮众多财富,特别是粮食,源源不断地聚拢来。"是时,引洛水达于河,遏河入汴,开邗沟入江,淮南北漕道皆通,转输利便,致粟入洛口、回洛诸仓,东、西京仓储饶裕。"①

京杭大运河建成后,江南的物产通过水路源源不断运往京城。茶叶也得益于运河的凿建,一路北上,不仅沿途开展茶叶贸易,而且还推动了当地的茶叶种植与生产。这条水路的建成,所带动的贸易发展是为世人所瞩目的。明代末年,来自葡萄牙的传教士曾德昭就通过《大中国志》②向西方世界介绍了京杭大运河。

---

① 王瑞成:《运河与中国古代城市的发展》,《西南交通大学学报》(社会科学版)2003年第1期。

② 《大中国志》分两部分,上部记述中国各省物产和情况,中国政治制度、风俗习惯、语言文学、服饰、宗教信仰等;下部记录耶稣会士在华的传教事迹,是一部关于明末中国社会的百科全书。

大运河是唐代茶商主要运输道路，茶商通过大运河将茶叶贸易与饮茶风俗向北流传这一文化现象有机地结合起来。

茶自走出蜀地向中原传播，至魏晋南北朝时期，饮茶风气仍以南方为主，北方地区对茶了解较少，还引发了一些趣闻。名士王肃喜欢喝茶，每次能喝一斗，人称"漏卮"，意思是就像一只漏水的杯子。在一次宴会上，孝文帝问王肃南北饮食中"羊肉与鱼羹，茗饮与酪浆，何者为上"。王肃答道，羊像齐鲁大邦，鱼像邾莒小国，而"茗"只能给"酪"做奴仆。从此北朝人就把茶呼为"酪奴"，北朝贵族还把喝茶称为"水厄"。"酪奴""水厄"这两个茶的别称的出现，说明当时北方地区人们对茶叶的拒斥。①

这种状况到了中唐前后有了很大改观，根据唐人封演在《封氏闻见记》中的描述，当时山东、河北许多地方直至京城长安茶店遍布，茶风之盛让封演甚为感叹。"古人亦饮茶耳，但不如今人溺之甚。穷日尽夜，殆成风俗，始自中地，流于塞外。"②可见，在当时，饮茶已成一种风俗习惯。

因此，大运河可视为唐代饮茶之风的北渐之路，这种现象的出现与唐代南北文化的融合密切相关。③大运河在客观上推进了茶叶种植生产和茶叶贸易的全面发展，由南方至中原到边境，并在此基础上促成了自唐以降茶马互市的形成。茶叶从唐朝起由南自北、由中原自边塞，成为一种全国性植物饮品。所以，运河是南方茶文化向北传播的重要驿站。④

为什么从唐代中叶起茶叶消费会产生质的飞跃？根本原因在于茶叶的规模化种植，为社会提供了大量的商品茶。同时，由陆羽所开

① 王建荣、朱慧颖：《运河水长　茶叶飘香》，《农业考古》2010年第5期。
② （唐）封演：《封氏闻见记》卷六《饮茶》，商务印书馆1937年版，第71页。
③ 李菁：《大运河——唐代饮茶之风的北渐之路》，《中国社会经济史研究》2003年第3期。
④ 陶德臣：《论运河在茶叶传播运销过程中的历史地位》，《农业考古》2013年第5期。

创的饮茶文化也促进了茶叶的消费。

费尔南·布罗代尔曾指出，植物饮料的机遇在很大程度上也是一种文化机遇。烟草的迅速传播并非因为它一开始就有某个生产市场充当后盾，我们指的是有一种文明作凭借，如胡椒在其遥远的起源地印度，茶在中国，咖啡在伊斯兰国家。①

唐代以前，中国经济重心一直在北方，南方落后于北方，但至唐代后，上述情况便逐渐被改变。

---

① 孙洪升：《论唐宋时期的茶叶消费和茶文化发端》，《古今农业》2006年第4期。

唐时产茶区

在中国茶叶发展史上，唐朝是值得大书特书的一个朝代，同时也是开化茶历史上值得浓墨重彩的重要时间段。

621年，在中国北方洛阳，当时还是秦王的李世民率部夜袭王世充。经过一场恶战平定了北方，此役为李世民的霸业奠定了基础。同年，位于中国南方的浙西衢州始设州。当时的衢州是李子通的治下，据《衢州府志》记载，唐武德四年，于信安置衢州，并分置须江（江山）、定阳（常山）两县。衢州州名始于此，以路通三越而得名，信安遂为州治，此时开化为常山所辖。

开化地处定阳西境，左通闽，右接徽，西则得吉抚，东则下杭绍。以兵家看来，是重要的军事之地。正因为如此绝佳的地理位置，明代朱元璋也曾到达此地，并开启了开化茶辉煌的贡茶史。到了抗战时期，吴觉农为选择茶叶良种场从安徽南迁时也将眼光瞄准了这一地方。唐朝时期的开化，尚不是作为军事要地存在于史册，而是作为一个产茶区留存于历史。茶，对于开化是一种重要的农业经济作物。

唐德宗李适即位之初，即建中二年（782），根据户部侍郎赵赞的建议，"税天下茶漆竹木，十取一以为常平本钱"。史书大书为"始茶税"，可见茶之有税实始于唐。此后，茶叶从日常饮品发展为有交易属性的商品。茶府院为当时的茶叶税务机关，茶税制度极其苛刻。德宗贞元九年(793)，在产茶州县的山场和商运要路设官抽税，十分税一。穆宗(821—824)时增加茶税，每百钱增五十。武宗即位(841)，又增江淮茶税。茶商经过的州县，官吏要收重税。官府还给茶商特设旅店，收取住宿费，称为"榻地钱"。甚至扣留舟车，勒索税钱。文宗(827—840)时为了增加茶税收入，身为榷茶使的王涯让百姓把茶树移种在官场，增加茶的榷价，由政府实行茶专卖。后由于民生反对，废弃专卖制，改行征收茶税。宣宗(847—859)时又有江淮茶商私增斤两，每斤茶增税五钱，称为"剩茶钱"。唐朝茶税收入，每年将近百万缗，成为仅次于盐税的重要税种之一。①

在前文中，我们提过，自秦朝统一中国后，巴蜀地区的茶叶开始向外传播。先至两湖地区，再过皖赣，入闽浙，后沿大运河，北上最远至现在的河南信阳，到唐代时已形成现代中国茶叶种植、生产和交易的基本格局。在此过程中，也形成了以浮梁、湖州为代表的茶叶交易中心。

唐代诗人许浑在其《送人归吴兴》一诗中写道："春桥悬酒幔，夜栅集茶樯。"吴兴，即现在的湖州一带。湖州，本为产茶盛地。大运河开通以后，湖州更是以其南接苕溪、北濒太湖、东连运河之水路便利，成为茶叶运销的主要集散地。《浙江茶叶》中记载，"唐朝，湖州以其水利之利，成为茶叶的运销集散地，婺州金华也是茶商汇集之地"②。

806年，李纯即位，是为宪宗。李纯幼年懵懂之时，长安城里就发生了泾师之变，那些没有及时撤离的宗室子弟死于叛军之手。宪宗

① 宋华：《中国古代茶赋税制度的历史探究》，《知识经济》2015年第10期。
② 毛祖法、梁月荣主编：《浙江茶叶》，中国农业科学技术出版社2006年版，第2页。

即位时，唐朝自安史之乱后国力衰微，已现颓势。在平定安史之乱的过程中，唐廷大封节度使。节度使辖地不仅横跨数个州府，而且其兵马、钱粮、人力充足，遂成藩镇。李纯以再现贞观、开元之治为己任，所以年号"元和"。"元"有启始、重开"贞观、开元"盛世之端的意思，而"和"，则希望天下平和之意。为了纠正朝廷权力日益削弱，藩镇权力却膨胀的局面，他一方面提高宰相的权威，另一方面着手削藩。然而削藩不易，元和不和。815年，藩镇势力派刺客在长安街头刺死了宰相武元衡，朝野大哗。时任左拾遗的白居易挺身而出，坚决主张讨贼。然而有人却就此参他擅越职守，被贬为江州司马。是夜，贬居江州的白居易，"浔阳江头夜送客""忽闻水上琵琶声"，听闻歌女一曲，不禁心有戚戚然，写下了那首脍炙人口、流传千古的《琵琶行》。

诗中"商人重利轻离别，前月浮梁买茶去"中的浮梁，即为现在景德镇一带（也有说是现在的浮梁县）。从这两句诗我们可以推断：第一，茶叶在当时已是成熟的商品；第二，浮梁当时是一个交易集散地。唐代《元和郡县图志》中记载有"浮梁每岁出茶七百万驮"的说法。这一点，在刘津的《婺源诸县都制置新城记》中也有记录，"大和中，以婺源、浮梁、祁门、德兴四县茶货实多"[①]。

浮梁有茶市，并不一定是指浮梁产茶，而是包括浮梁周围的皖南、浙西甚至闽北一带产茶。而开化正好处于浙江、江西、安徽三者的中心地带。也就是说，往西开化茶可运往浮梁，往北可运往湖州，往东可运往金华。其中，浙赣皖苏的茶叶主要通过长江、淮河等水路转至运河，后由运河一路北上。这种茶叶的运输和传播，不仅使茶叶风靡大江南北，而且也促进了茶叶种植的推广、茶叶种植地域的扩大和产量的提高；反过来，又进一步使茶叶消费达到普及，茶遂成国饮。

---

① 江岚：《苏曼殊·采茶词·茶文化的西行》，《中华读书报》2014年5月21日第17版。

如果以浮梁为中心，以九江到浮梁的距离为半径画一个圈的话，那么，我们可以清晰地看到涵盖在这个圈里的有祁门、休宁、婺源、德兴、玉山，当然还有开化。这些都是产茶名区，由这些点俨然构成的就是一个茶叶贸易圈。先天的地理位置使地处衢州西陲的开化，东南连瓯闽、西北接宣徽，和鄱阳（浮梁）等著名的茶叶集散贸易区连为一体。

唐代开化已有茶的明证，不仅在出土的文物中，而且在相关的名人故事中也有记载。这里就不得不提到茶圣陆羽和张志和的故事了。

760年，陆羽游抵湖州，先与僧人皎然同住于山喜寺，结成至交。不久，他移居苕溪草堂，潜心著述。这期间，他到越州去拜访曾隐居于该地，以一首《渔歌子》而闻名于世的张志和。

张志和是兰溪人，字子同，号烟波钓徒。16岁游太学，献策肃宗，赐名"志和"。肃宗赏奴婢各一，志和使结为夫妇，取名"渔童""樵青"。渔童使捧钓收纶，芦中鼓枻。樵青使苏兰薪桂，竹里煎茶。"苏兰薪桂，竹里煎茶"，出自颜真卿《浪迹先生玄真子张志和碑铭》。唐诗人谢过也有诗云"樵青竹里为煎茶"，描述的就是张志和的制茶和品饮方式。自汉至隋唐，茶是碾末后用锅煮着喝，从解渴式的粗放饮法，提升到细煎慢啜式的品饮。薪桂指薪贵于桂，形容柴火昂贵，这里是指比桂木更贵重的柴火。苏兰则是在茶中加入兰花一起煎煮，以提升香气。张志和使樵青竹里煎茶，请茶圣陆羽品评。陆羽品过张志和的煎茶后极为提倡，提出许多改进的意见，此后结庐于苕溪之滨，闭门读书，钻研茶道，着手撰写《茶经》。

在《开化中村张氏宗谱》中记载了他们之间的对话："陆羽尝问先生（指张志和）有何人往来。答曰：太虚作室而共居，夜月为灯以同照。与四海诸公未尝离别，何有往来？！"正因为对人生的态度以及志趣爱好都颇为相近，陆羽和张志和遂成为莫逆之交。大历八年（773），张志和在会稽隐居，陆羽到会稽山阴县拜访，两人再次探讨茶道。大历九年（774），张志和来湖州与陆羽、皎然共唱《渔歌子》，在湖州因酒醉溺水而逝。贞元二十年（804），陆羽逝世，享年72岁。元和十三年（818），张志和长子、江东提刑张承业巡视开化，见明山秀水辉映，红桃白李竞放，山上茶姑采摘，江中渔夫撒网，呈现出一派生机勃勃的山乡景色，忽然理解了父亲创作那首《渔歌子》时的心境。长庆三年（823），张承业举家迁居钱塘江源头松阳镇之音铿（今开化县音坑乡）。

吴越王置开化场

提开化，必言吴越王钱俶。

五代十国时期，吴越王钱镠据浙江、上海、苏州全境及福建东北部，时开化属之。钱俶，钱镠孙，是五代十国时期吴越的最后一位国王。唐僖宗乾符六年（879），黄巢领导的农民起义军南下到临安，他领兵狙击。由于地狭兵少，实力不足，因此吴越国一直以效忠中原王朝为主要策略。

吴越所辖之地自古以盛产茶、出好茶著称。唐代陆羽《茶经》的"八之出"中浙西、浙东两地就在吴越的辖地内，俗称两浙。有必要补充的是，唐时的浙西、浙东与现在所指的浙西和浙东刚好相反。唐肃宗时，析江南东道为浙江东路和浙江西路后，绍兴、宁波、金华、衢州等地属两浙东路，也即"浙东"。而杭州、嘉兴、湖州等地属两浙西路，即"浙西"①。

据北宋时期的史书《册府元龟》记载，吴越王钱镠曾多次向宋

---

① 贾志浩：《论地方文学的文化阐释价值——兼析浙西地区文学的乡土性》，《浙江社会科学》2010年第5期。

进贡茶叶，以换取马匹、铠甲、粮草等物。《册府元龟》原名本是《历代群臣事迹》，景德二年(1005)九月，真宗命刑部侍郎资政殿学士王钦若、右司谏知制诰杨亿等人编修。"册府"是帝王藏书的地方，"元龟"是大龟的意思。① 古代用龟甲煅烧后视其裂纹来占卜国家大事，所以后代凡可借鉴之事常称"元龟"或"龟鉴"。吴越王钱镠向宋王朝进贡茶叶等物，作为回馈宋王朝卖给吴越一些马匹、铠甲和粮草。吴越王向宋王朝进贡茶叶，一方面表示臣服，另一方面也说明茶叶是吴越特产，其意义类似于巴蜀向周天子贡茶、蜜一样。

到了钱俶即位后，其对中原诸王朝贡奉之勤，海内罕有其匹。赵匡胤建立北宋后，为保一方平安，钱俶更是倾国所有以示贡献。仅太平兴国元年（976），钱俶连续四次向宋太祖进贡计白金二十一万两，钱十万贯，绢十八万匹，绵一百八十万两，乳香七万斤，茶叶八万五千斤，犀角象牙二百根，香药三百斤。次数之多，数量之巨。而且，吴越王不仅朝贡中央，还将茶叶作为礼品四处与其他小国交好，更与辽国做起茶叶贸易。有学者推测吴越当时用于"跨境"贸易的茶叶多于贡茶和礼茶，这说明吴越时期浙江确实产茶颇丰。

这就要提到钱俶本人的治国之道了。后汉乾祐元年（948）正月，钱俶即位为忠懿王。即位后他励精图治，命令免除境内租税。境内田亩荒废者"纵民耕之，公不加赋"，民心大悦。境内无弃田，粮食丰稔，斗米十文。北宋乾德四年（966），钱俶析常山县西境的开源、崇化、金水、玉山、石门、龙山、云台七乡，置开化场。

钱俶析常山、置开化场的具体原因、动机或背景，我们无从考据。只是其中有三件事值得我们关注。其一，宋兴，荆、楚诸国相次归命，钱俶势力单薄。太祖皇帝时，钱俶曾经来朝，太祖以厚礼将之

① 林耀琳：《〈册府元龟〉的成书源起》，《红河学院学报》2015年第4期。

遣还国。钱俶喜，更以器服珍奇为献，不可胜数。这为其后的纳土归宋埋下了伏笔。

其二，据清代《开化县志》载，钱王冢在县西一百三十里云台乡，旧传吴越王钱镠祖茔也。史料上记载，在选墓地时，当地人说，"此水九曲、列岫如屏，葬者子孙必兴"。于是，取枯竹标识，数日后再来看，竹已生根，由此判断此地为风水宝地。而钱俶析常山西境置开化场的七个乡中就有云台乡。

其三，是"场"这个称谓。太平兴国六年（981），因常山县令郑安之请，开化场升为开化县。可知，场应是高于乡且低于县的一级行政机构，但查阅唐及五代的行政区划机构，县以下的设置为乡—里—村，北宋初年则是乡—里，无论唐、五代、宋都没有"场"这一级组织机构。但是，在唐代，因为茶叶贸易利润及税收收入可观，中央政府为了加强茶叶的生产和管理，专门在全国各主要产茶区设置了官办茶场，谓之榷茶。宋代也有相类似的部门，在乾德二年（964）赵匡胤即位不久，就开始榷东南茶，次年又榷河南茶。在蕲（今湖北蕲春南）、黄（今湖北黄冈）、舒（今安徽安庆）、庐（今安徽合肥）、寿（今安徽寿县）、光（今河南潢川）六州相继设立十三处买卖茶场，称十三场。茶场设官置吏，全国茶叶专卖和茶利收入由榷货务主掌。茶农专置户籍，称为园户。官府规定园户岁额，额茶和额茶以外余茶，必须全部按官价卖给官府，或与官府特许专卖的茶商交易，不得私卖。

那么开化场的"场"是否和"十三场"的"场"是同一个意思呢？

从史料上看，宋朝对茶叶生产和销售的管控十分重视。在乾德四年（966），吴越王钱俶析常山西境置开化场时，京城宋太祖增置三司推官，以京朝官充任。这里用的是增置，当时北宋朝廷已设三司，现在增置三司推官是为了扩充机构。

何为三司？三司即盐铁、户部、度支三个部门。后唐长兴元年（930），始设三司使，总管国家财政。宋初沿旧制，三司总理财政，成为仅次于中书、枢密院的重要机构，号称"计省"。宋时三司下各部，每部设一员主管各案公事。其中，盐铁部下设茶案，负责茶税的征收。

太平兴国三年（978），也即钱俶纳土归宋那年，因三司诸案中商税、胄、曲、末盐事务最为烦琐，宋太宗又分置各案推官或巡官掌管各案事务。同年五月，钱俶奉旨再次入汴梁被扣留，不得已自献封疆于宋，使得吴越百姓避免了一场战争浩劫。至始，闽地尽一统于宋。

羁押期间，钱俶写下了他唯一现存的一首诗——《宫中作》。巧合的是，这首表达内心情感看破世事的诗里，也提到了茶。

### 宫中作

廊庑周遭翠幕遮，禁林深处绝喧哗。
界开日影怜窗纸，穿破苔痕恶笋芽。
西第晚宜供露茗，小池寒欲结冰花。
谢公未是深沉量，犹把输赢局上夸。

《宫中作》是钱俶寄给杭州友人的信。虽然，其居住的环境翠幕遮日，非常幽静，但这里却是禁林，没有任何喧哗和人声。露茗、小池、冰花，被禁锢的寒意透然纸上。整首诗充满了无奈，有一丝看破红尘、超然物外的淡泊感。

988年8月，钱俶六十大寿，当夜暴毙南阳，谥号忠。据说，杭州有名的保俶塔就是当地百姓自发建造，以保佑钱俶平安归来。钱俶其人，深受百姓爱戴，可见一斑。

那么，到底何谓"场"？置开化场的意义又是什么？

如果我们把时间再往前推至964年，即乾德二年，钱俶置开化场之前，宋太祖刚即位不久，我们会发现一些更可以展开联想的事件。

乾德二年（964），赵普入相，深得太祖信任。一日大雪，赵普退朝后，准备更衣就寝。突然听到叩门声，普匆匆趋出，见太祖立风雪中，慌忙迎拜。太祖说，已约晋王同来。未几，晋王（即赵光义）驰至，三人共商平太原计。赵普说："太原当西北两面，我军若下太原，边患由我独当，臣意不如先征他国，待诸国削平。区区弹丸之地，垂手可得。"太祖大笑："英雄所见略同，卿认为欲平他国，从何下手？"赵普说："蜀地！"太祖点头称善。于是，乾德二年十一月伐蜀。

宋取蜀和秦取蜀有其类似性。

周慎靓王五年（公元前316），秦国张仪、司马错等率军攻灭巴蜀。司马错主张借机灭蜀，认为得其地足以广国，取其财足以富民缮兵。而且巴蜀可从水道通楚，得蜀则得楚，楚亡则天下并矣。秦王采纳了司马错的主张，命张仪、司马错、都尉墨等人率军经金牛道攻蜀。巴蜀遂定，秦益富强。秦灭巴蜀，为进一步灭楚和统一六国做好了准备。而从中国茶叶史来讲，这使得茶叶由巴蜀之地开始向中原传播。清初学者顾炎武在他的《日知录》中说，自秦人取蜀而后，始有茗饮之事。[1]宋取巴蜀，同样是为宋一统中原奠定了基础，同时也为宋太祖在茶叶税收和管理上的谋篇布局奠定了基础。

从乾德二年的伐蜀、榷场，再到乾德四年增置三司推官，再到其后太平兴国三年在福建置龙焙监、建御茶园，赵宋王朝在茶叶专营上可谓紧锣密鼓、如火如荼。

而吴越国从钱镠开始就以茶为贡品进奉中央朝廷，以茶为礼品

---

① 　庄晚芳：《饮茶思源》，《中国茶叶》1986年第3期。

交结四方小国，以茶为商品换取钱粮马匹。钱镠在沿海和北方边境设置"博易务"，用茶叶、绢帛、锦绮、瓷器、漆等，以物易物，即昌化大方茶进贡，由吴越国运到北方契丹，由契丹转卖到俄罗斯进行货物交换，从而开北方茶叶边贸之先河。[①]茶叶的价值及对国计民生的重要性，赵宋明白，钱镠也清楚。

在这样的背景下，我们不妨回过头对乾德四年钱俶析常山西境置开化场一事再进行一些思考。可以想见的是，单置开化场，应当是为茶叶之事，而"场"也说明了开化在当时就可能是官置茶场了，是宁绍平原上重要的产茶地。

太平兴国三年（978），钱俶献所据两浙十三州之地归宋。太平兴国六年（981），升开化场为开化县。

至此，开化和开化茶进入宋朝历史。

---

① 过婉珍：《寻找临安黄茶的原产地》，《中国茶叶》2017年第11期。

开
化
场
与
榷
茶
制

　　这里，我们再补充一下关于"场"的历史内容。它是一种茶政制度，开化之所以被设为"场"，与榷茶制度有关。

　　榷，《说文解字》中解释为水上独木。[①]后引申为商品的专营专卖和垄断。榷茶制，从唐代开始，至宋代进一步深化。榷茶，不同于税茶。但由于榷和税都和政府财政有关，因此经常连用。唐宋时期，还出现过通用的情况。[②]贞元九年（793），唐德宗李适决定向茶叶征税，史称"初税茶"。据《旧唐书·食货志下》："初税茶。先是，诸道盐铁史张滂启奏说：'伏请于出茶州县及茶山外商人要路，委所由定三等时估，每十税一，充所放两税，其明年以后所得税，外贮之。'"[③]茶税的征收标准为10%，并设置茶场，将茶叶以三等定价，每十税一，从此茶税正式形成。每年征收茶税达到40万贯，运送到朝廷，由朝廷直接把控。榷茶时间，晚于税茶。榷盐和榷铁，是最早

① 《说文解字》卷6《木部》，中华书局1963年版，第124页。
② 李尔静：《唐代后期税茶与榷茶问题考论》，硕士学位论文，华中师范大学，2017年，第13页。
③ 玉欣：《中国历史上的茶叶专卖制度》，《闽东日报》2017年9月25日第B03版。

出现的专营制度，春秋时就开始使用。榷酒出现在汉武帝时期，而榷茶则出现在唐朝文宗年间。文宗大和八年（834），唐朝榷茶政策发生了急剧的变化。不仅仅是茶税上的增加，而是由税茶改为政府的茶叶专卖。这种榷茶思想源自郑注，由王涯具体贯彻执行。[1]大和九年（835）确立了榷茶使一职。从这一时期开始，茶叶的贸易垄断行为出现，茶叶的生产与流通贸易受到了严重影响，榷茶政策与经济发展产生了深刻的矛盾。文宗认识到榷茶制度的危害，废除了此项制度。而后又相继废除相应的榷茶机构，恢复了贞元时期的茶税制度。[2]

唐代榷茶对后世产生了深远影响。五代十国时期，继续实行茶叶专卖制。而宋代，则汲取唐代的榷茶经验，创造了更加灵活的榷茶方法。宋代榷茶，始于乾德二年。朝廷在各主要茶叶集散地设立榷货务，主管茶叶流通与贸易，并在主要茶区设立官立茶场，称榷山场，主管茶叶生产、收购和茶税征收。宋代在全国共有榷货务六处，榷山场十三个，统称"六务十三场"。

其中，六处榷货务分别为江陵府、真州、海州、汉阳军、无为军、蕲州之蕲口。十三场即设在淮南的十三个买茶场或山场，即蕲州之王祺、石桥、洗马三场，寿州之霍山、麻步、开顺三场，光州之光山、商城、子安三场，以及舒州、庐州、黄州等地山场共计十三场。山场集中在现在的湖北、湖南、安徽、河南等省份。

这六处榷货务与京师榷货务的区别在于，后者"不积茶货"，而六处榷货务则是六大茶叶集散中心。具体而言，六处榷货务与十三山场负责支出茶本，收购茶叶，包括课茶折税茶及买茶。按质分等，制定价格，进行发卖。产区按人口发放茶券，销区设卖茶场出售等。

具体而言，就是茶农称为园户，由榷山场管理。园户种茶，须

①　孙洪升：《唐代榷茶述论》，《农业考古》1997年第4期。
②　马欢欢、张云朝：《唐代茶叶贸易与产业管理制度探析》，《福建茶叶》2017年第1期。

先向山场领取资金，称为本钱。名为茶本，实则为高利贷。其所产茶叶，先抵扣本钱，再按税扣茶，余茶则按价卖给官府，官府再批发给商人销售，也有少量通过官府的专卖店"食货务"出售。商人贩茶，应先向榷货务缴纳钱帛，换取茶券"引"①。也就是领取茶叶的凭证，然后到榷货务或十三场去领取一定数量的茶叶。②

买卖茶场独立核算，分别设置，差价很大，这使得政府在这种专卖体制中可以获取高额利润。十三山场中，只有四场兼设卖茶场。官府先从园户处低价收购重秤进，给商人则高价出售轻秤出，双利俱下以获取高额利润（称为息钱或净利钱）充实国库。一般每年可得茶利百万贯以上，宋神宗时最高曾获利428万贯，这和唐朝时期相比增加了10倍。

唐朝茶叶生产大发展，物资丰富。公元793年，唐朝政府收税40万缗③，产茶约114万斤，每斤26两，折合市秤，其数可观。国家出现财政危机，因而效法禁榷制度。唐代榷茶最主要目的是增加国库收入，托其利，赡彼军储。茶马互市，回纥入朝，大驱名马，市茶而归。宋代延续了榷茶制，并延伸交引法和贴射法，实行官府专卖制度。

交引法，是从淳化四年（993）实行。凡商人运送军需粮草至边关的，可按值取得交引，回京换取部分盐茶运销特权。贴射法于淳化三年（992）试行，但未彻底实行，至天圣三年（1025）又恢复。商人向榷货务缴纳净利息钱后，可凭引直接与园户交易，园户再凭引与山场结算。园户若卖茶不到定额，则需倒贴山场。

榷茶制使官、商、民的利益冲突日益尖锐，官府的专制管理和盲目指挥生产，导致茶叶质量下降，茶价下跌。加之其他损农、坑农

---

① 又称交引，即贩茶许可证。
② 赵宏欣：《宋代榷茶法变革的特点与规律研究》，《福建茶叶》2016年第10期。
③ 缗，一千钱称缗，同贯。

现象时有发生，茶农利益每况愈下，故造假者有之。此外，由于库存增加，官府将陈茶新茶搭配批售，引起商人不满，园户和商人对开禁的呼声日益增高。至宋仁宗嘉祐四年（1059），不得不废榷禁，改通商法。但到宋徽宗崇宁元年（1102），榷禁又在全国恢复。政和二年（1112），蔡京吸收了榷茶制和通商法中有利于官府的长处，推出新茶法，即政和茶法。该茶法使管理制度更加严密和完备，属委托专卖制性质。它不干预园户的生产过程，也不切断商人与园户的交易，但加强了控制。园户必须登记在籍，将茶叶产量、质量详细记录在册，园户之间互相作保，不得私卖。商人贩茶，须向官府取茶引。茶引上明确规定茶叶的购处、购量和销处、销期，不得违反，商人的行为受到官府严格监控。政和茶法把茶叶产销完全纳入榷茶制的轨道，同时也给予园户和商人一定的生产经营自主权，调动了他们的积极性。

宋代的榷茶制，一直为元明清各朝所沿袭。元代沿袭了宋代的茶引法来区分官茶和私茶，通过对茶引征税来实现政府利益。[1]清朝咸丰年间（1851—1861），因太平天国起义和鸦片战争后允许外商深入茶区腹地开厂置业，榷茶制渐废，代之以厘金制或其他捐税。当时茶叶逢卡抽厘，茶税反比榷茶时大大增加。

开化置场发生在966年，宋朝榷茶始于宋太祖乾德二年，即964年。也就是说，当时钱俶将开化置场，是在宋太祖榷茶制开始之后，为其朝贡而用。这里可能会产生一个疑问，因为榷茶制而产生了"十三场"，那么开化场在后期的历史演变中是否属于这"十三场"范畴呢？

"十三场"，是否就是指十三个山场？

事实上，史学界对具体的山场数字是存有争议的。有十一场、十二场、十三场、十四场等诸多说法，以十三场最为可信。李焘《续

---

① 于悦:《元代榷茶制度研究》，硕士学位论文，内蒙古大学，2020年，第1页。

资治通鉴长编》、马端临《文献通考》、沈括《梦溪笔谈》、王应麟《玉海》均一致认定为十三山场，而徐松辑《宋会要辑稿》提到"凡十三场皆课园户焙造输卖或折税"，"有场十三"。这说明十三场是规范的提法，是山场体制成熟时的客观反映，这些内容在《宋会要辑稿》的食货志部分随处可见，为皇帝诏书和官方文件大量证实。①

十三场是逐步建立和发展起来的。赵宋立国前，庐州舒城县场，舒州罗源场、太湖场，光州光山场、商城场、子安场，黄州麻城场已置场。嗣后，乾德三年(965)置洗马场，开宝二年(969)置石桥场，太平兴国六年(981)置霍山场，淳化二年(991)置王祺场，其他场也陆续设置。至景德二年(1005)废黄梅场，十三山场体制趋于稳定，即蕲州王祺、石桥、洗马，黄州麻城，庐州王同，舒州太湖、罗源，寿州霍山、麻步、开顺，光州商城、光山、子安场。

其中，十三山场主要集中的庐州、寿州、光州、舒州，都位于如今的安徽地区，也是现在的绿茶金三角核心区域。还设置了一个无为军榷货务，使得茶区与集散中心的距离不远，方便政府管理。这里没有提到开化场，因为开化场属于两浙地区。到宋徽宗崇宁元年（1102）复榷东南茶时，茶场总共只有四十处。在淮西路复置山场十一处，十一处山场基本还是设在原十三山场，说明旧山场对东南复榷有重要影响。同时，在两浙路置二十九场，地域范围比原淮南路还要广阔得多。由此我们可以推断的是，当时两浙地区的山场也应是异常发达的。

显然，从唐代开始，开化就已经作为一个茶叶集中生产区存在于官府视野之中。但彼时的开化茶，还处于商业交易之茶，尚未纳入贡茶体系。到了明朝，它则一举成为贡茶。

---

① 陶德臣：《宋代十三山场六榷货务考述》，《中国茶叶》2006年第2期。

第三章
明清贡茶

　　宫里的太监呈上今年新到的春茶，芽心饱满，绿叶绿汤，清澈透底。这来自春天的气息，让正头晕的光绪感觉到一阵舒心。想老祖宗们都那么爱喝茶，一定是有理由的。他呷了一口茶，让齿间萦绕着这股山野清香，热汤顺着喉头进入腹中，清理身体中的浊气。自从做了这皇帝以后，许久没有体味到这般舒爽。不改，是死。改，亦可能是死。可没准，会是开启一片新世界呢?

　　自由的念头，借了这杯春茶又陡然升起，促使他做出一生中最重要的决定。

芽茶四斤

　　前文我们已经提到，在太平兴国六年（981）开化场升为开化县，属衢州。元代改州为路，开化县属衢州路。至正十九年（1359），改衢州路为龙游府。二十六年（1366）又改龙游府为衢州府。

　　明清时期，开化茶史上最重要的事件是芽茶崛起。在明代崇祯年间的《衢州府志》中有这样的文字，"茶芽二十斤黄绢袋袱"，下有小字，"西安等五县均办解"。黄绢，是古代帝王特权专有的颜色，其他人不得染指，染指即为问鼎，视同谋反。"黄绢袋袱"，即用黄绢制成的袋子来包装茶叶，特指此茶是呈献给皇帝的贡茶。下面这行小字表明，此茶为西安（即今衢江区）、开化、常山等衢州当时所辖的五个县所采办。明沿元制，清承明制，开化当时属于衢州府，所以也在采办之列。

　　这里提到的"茶芽二十斤"，在当时全国贡茶行列里，到底是什么规模？我们从表3-1中，便可知晓。

表3-1 明代各地岁供芽茶统计[①]

| 地区 | 数量 | 明细 | 时间 | 出处 |
|---|---|---|---|---|
| 福建 | 2341斤 | 建宁府建安县1351斤（内探春27斤，先春634斤，次春262斤，紫笋227斤，荐新201斤） | 限78日 | 内25斤纳南京《枣林杂俎》记为941斤，总数2301斤 |
| | | 崇安县990斤（内探春32斤，先春380斤，次春150斤，荐新428斤） | 限78日 | |
| 南直隶 | 500斤 | 常州府宜兴县100斤 | 限46日 | 内20斤纳南京 |
| | | 庐州府六安州300斤 | 限25日 | |
| | | 广德州75斤，建平县25斤 | 限46日 | |
| 浙江 | 490斤 | 湖州府长兴县30斤 | 限55日 | 纳南京。《枣林杂俎》记为35斤 |
| | | 绍兴府嵊县32斤 | 限55日 | 《枣林杂俎》记18斤，另有会稽30斤 |
| | | 温州府永嘉县10斤，乐清10斤 | 限77日 | 《瓯江逸志》记：尚有瑞安、平阳等县 |
| | | 杭州府临安20斤，富阳20斤 | 限52日 | |
| | | 宁波府慈溪260斤 | 限61日 | |
| | | 处州府丽水15斤，绪云6斤， | 限70日 | 《枣林杂俎》载：丽水县20斤，而无其他三县 |
| | | 青田6斤，遂昌6斤 | | |
| | | 金华府金华等县22斤 | 限64日 | |
| | | 衢州府龙龙等县20斤 | 限67日 | |
| | | 台州府临海等县15斤 | 限71日 | |
| | | 严州府建德5斤，淳安4斤，遂安3斤，寿昌3斤，桐庐2斤，分水1斤 | 限58日 | 《枣林杂俎》记载略异，不复举 |

① 郭孟良：《明代的贡茶制度及其社会影响——明代茶法研究之二》，《郑州大学学报》（哲学社会科学版）1990年第3期。

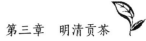

续表

| 地区 | 数量 | 明细 | 时间 | 出处 |
|---|---|---|---|---|
| 江西 | 450斤 | 南昌府75斤 | 限51日 | |
| | | 南康府25斤 | 限51日 | |
| | | 赣州府11斤 | 限83日 | |
| | | 袁州府18斤 | 限79日 | |
| | | 临江府47斤 | 限65日 | |
| | | 九江府120斤 | 限55日 | |
| | | 瑞州府30斤 | 限64日 | |
| | | 建昌府23斤 | 限75日 | |
| | | 抚州府24斤 | 限73日 | |
| | | 吉安府18斤 | 限71日 | |
| | | 广信府22斤 | 限75日 | |
| | | 饶州府27斤 | 限61日 | |
| | | 南安府10斤 | 限90日 | 《续文献通考》作南新县 |
| 湖广 | 244斤 | 武昌府兴国州60斤 | 限54日 | |
| | | 岳州府临湘县60斤 | 限71日 | 《枣林杂俎》作湘阴县 |
| | | 宝庆府武冈州24斤<br>邵阳20斤<br>新化18斤 | 限59日 | |
| | | 长沙府安化22斤<br>宁乡20斤<br>益阳20斤 | 限81日 | |

　　从表3-1数据中，我们可以看到明代贡茶产区主要集中在福建，占到了总贡额的58.25%。浙江则位居第二，占到总贡额的12.14%。其中，浙江又以宁波府慈溪为主，其余各府贡额基本平均。开化所处的衢州府中记录的"衢州府龙龙等县20斤"，这里的"龙龙"应该是

指龙游，而20斤的数字与《衢州府志》里的记录吻合，并且要在67日内限期完成贡额。那么，这20斤里有多少是来自开化的呢？分别采办的五县是如何分配这个数额的呢？

我们可以参照当时严州府贡额18斤总数的分配情况来理解，被分解为建德5斤，淳安4斤，遂安3斤，寿昌3斤，桐庐2斤，分水1斤。开化的规模应当与淳安类似，这一点，我们在崇祯年间的记录里找到了答案。在清代《衢州府志》中记载，明代崇祯四年（1631），"土贡一：芽茶四斤"。这短短七个字，定格了开化茶作为皇家贡茶可追溯的有清晰文字记载的时代，是1631年。距今已有将近400年的历史。

"土贡一：芽茶四斤"，涵盖了两个重要的概念：一是土贡，二是芽茶。这就不得不提到从唐宋到明朝的茶饮方式的转变和贡茶制度了。

首先，我们先来理解什么是芽茶？明代的芽茶，与当今的单芽茶或者芽心茶是否一致？外形上是团饼茶，还是散装茶？

古代饮茶方式的演变可分为四个阶段，唐以前的混煮羹饮，唐代煎茶法，宋代点茶法和明代以后的撮泡法。从唐代煎茶法到宋代点茶法，茶都以团饼形为主。

宋代制茶沿袭了唐代的做法，也是团饼茶，但在样式上更为繁多。据宋代赵汝砺《北苑别录》（1186）介绍，宋时制茶的基本过程是：采茶—拣茶—蒸茶—洗茶—榨茶—揉搓—再榨茶—再揉搓（反复数次）—研茶—压模（造茶）—焙茶—过沸汤—再焙茶—过沸汤（反复数次）—烟焙—过汤出色—晾干。其中规定在天亮前太阳未升起时开始采茶，因夜露未干时茶芽肥润，制成之茶色泽鲜明。拣茶要选出形如鹰爪的小芽，蒸茶选用的茶芽须经反复水洗，待水沸后蒸之。蒸茶如果过熟，则茶的颜色会黄并且茶味寡淡，如果不熟则茶色发青而且有青草味。榨茶是压榨、揉搓、再压榨，反复至压不出汁为止。研茶，则是以柯为杆，以瓦为盆，边加水边研。这种加工技艺，极为繁复。宋时文献中，将团、饼一类的紧压茶，称为"片茶"。对蒸而不碎、碎而不拍的蒸青和末茶，称为"散茶"。开化作为三省交界地，周边省份都生产饼茶，因此开化也极有可能做饼茶。这个推导，可以朱元璋曾到达开化重要产茶镇马金古镇，并在其称帝后改饼茶为芽茶作为一个反向例证。这种由繁复的团饼茶制作改为生产芽茶的自然选择和历史进程，看似平常不足为奇，但就是这种改变使得开化的芽茶一跃而入历史的舞台，在明代成为贡茶而载入史册。

宋代贡茶对茶叶生产的要求比唐代尤甚，不但求早求量，更重品质，而且花样翻新，名目繁多。宋代是我国茶事演进的重要阶段，盛行点茶、斗茶以及茶百戏等。宋代文人茶始于丁谓和蔡襄二人，后来宋徽宗赵佶又著《大观茶论》，使得茶书也从低贱的地位升到尊显的祭坛，由此将文人茶文化推至历史高峰。[1]赵佶爱茶成癖，精于茶艺，曾多次为臣下点茶。作为中国茶书经典之一的《大观茶论》，更是为历代茶人所引用。《大观茶论》全书共2800多字，首为绪论，下分地产、天时、采择、蒸压、制造、鉴辩、白茶、罗碾、盏、筅、瓶、杓、水、点、味、香、色、藏焙、品名、外焙。对于地宜、采制、烹试、品质等，讨论相当切实，并详细记录了宋代点茶。

皇帝爱茶，臣子便献上各类贡茶。熊蕃在《宣和北苑贡茶录》中记载，徽宗政和至宣和年间，下诏北苑官焙制造，上供了大量贡茶，如浴雪呈祥、玉清庆云、瑞云翔龙等。《宋史·食货志》中记载，光片茶一类，就有龙、凤、石乳、白乳之类共十二种，以充岁贡及邦国之用。到宋神宗元丰年间（1078—1085）又创制密云龙，比小龙团更佳，以双袋盛之谓之双角龙团。宋哲宗绍圣年间（1094—1098）再创瑞云翔龙。至宋徽宗大观（1107—1110）初，赵佶大力推举白

① 尹江铖：《从宋代茶诗看宋代的茶文化精神》，《农业考古》2019年第5期。

茶为第一极品，遂又创出三种细芽——御苑玉芽、万寿龙芽、无比寿芽。徽宗宣和二年（1120），福建转运使郑可简别出心裁，创制银线水芽，制作之精美堪称绝顶。① 北宋期间，所创贡茶名目多达四五十种。这里提到的"芽"，是指茶叶初萌的细嫩芽尖，但是并不以散装形式呈现，而是以大小龙团的形式进贡。

《金瓶梅》第二十一回"吴月娘扫雪烹茶，应伯爵簪花邀酒"中，当时天降大雪，正与西门庆在花园中饮酒赏雪的吴月娘骤生雅兴，拿着茶罐亲自扫雪，烹江南凤团雀舌芽茶与众人吃，正是"白玉壶里翻碧浪，紫金杯内喷清香"②。这里所提到的江南凤团雀舌芽茶，与书中其他地方提到的"碾破凤团，碧玉瓯中分白浪""烹龙泡凤玉脂润，罗帏绣幕围清风"中的龙团和凤团均为宋代的饼茶名品。宋人喜把采来的芽茶碾成细末压制成饼形，这就是饼茶，饮用时可烹。这里的雀舌芽茶，虽名为芽茶，但并不是撮泡饮用，而是烹煮法。

宋代的团饼茶名品纷呈，极致精奢，尤以福建建安北苑所造贡茶独冠天下，非人间所可得也。当时有"金易得，而团饼不易得"之说。宋代熊蕃在《宣和北苑贡茶录》中写道："凡茶芽数品，最上曰小芽，如雀舌、鹰爪，以其劲直纤锐，故号芽茶。"宋徽宗赵佶还精于绘画，绘制了多幅茶画，记录宫中举行茶宴时的情景。比如《文会图》和《十八学士图》，都细致刻画了点茶品茗的盛况和品饮环境。

宋末以后，散茶渐渐兴起，尤其是民间"重散略饼"的倾向很鲜明。元代，由于蒙古人的饮茶习俗，同时为了便于携带和运输，大多是比较粗制的砖茶，或以蒸青团茶为主。彼时团茶、饼茶作为贡茶，散茶和末茶一般民间才饮。团茶、饼茶不仅制作过程费时费力，而且饮用起来也不方便，而散茶和末茶制作简单，饮用方便，更适合

---

① 　沈冬梅：《茶与宋代社会生活》，中国社会科学出版社2015年版，第96页。
② 　黄强：《〈金瓶梅〉与茶》，《北方工业大学学报》2021年第2期。

寻常百姓的需求。所以到了明代，散茶取代了团茶，成为饮用主流。

中国古代文献中关于散茶、芽茶和叶茶的概念较为混乱。①散茶，宋时也称草茶，南宋《韵语阳秋》考证唐时宜兴贡茶说："当时李郢茶山贡焙歌云，'蒸之馥之香胜梅，研膏架动声如雷'……观研膏之句，则知尝为团茶无疑。自建茶入贡，阳羡不复研膏，只谓之草茶而已。"②由此看，散茶是不加研膏的草茶。但是，在明代丘濬的《大学衍义补》（1487）中称，"宋人造作有二类，曰片曰散，片茶蒸造成片者，散茶则既蒸而研，合以诸香以为饼，所谓大小龙团是也"。这就是说，宋朝的散茶不是草茶，而正好是紧压茶类的团茶、饼茶。所以，《金瓶梅》中的凤团雀舌茶可能就是以这种雀舌小芽焙制而成的凤团茶，因此需要像宋人那样先碾破，然后烹煎。不过，《金瓶梅》所呈现的是明代中叶以后的社会生活，彼时已经流行散茶撮泡法。而在富裕的家庭中，沿用唐宋烹煮古法，平常喝的茶中常放入各种果品珍香，这与明代品茶的主流风尚相当不同，反映他们对生活的讲究。③

从文献记载来看，中国茶的名字除团茶、饼茶或片茶一类的称谓外，与这些紧压茶相对的还有"芽茶""散茶"一类的名字。毛文锡《茶谱》（935）称，"眉州洪雅、昌阖、丹棱，其茶如蒙顶制茶饼法，其散者，叶大而黄，味颇甘苦，亦片甲、蝉翼之次也"④。片甲、蝉翼是"散茶之最上"者，以其芽叶的形状粗大而闻名。这即是说，散茶是各种非紧压茶的统称，其下还可以有片甲、雀舌、麦颗等一类专名。至于芽茶，可以是散茶，但也可以如毛文锡《茶谱》所说的蒙山有压膏露芽、不压膏露芽和宣城用茗芽装饰表面的小方饼——丫山

①　周东平：《简论明代制茶、饮茶法的变革》，《中国茶叶》2020年第11期。
②　洪宇：《宜兴紫砂产生的历史背景》，《佛山陶瓷》2015年第11期。
③　郑培凯：《〈金瓶梅词话〉与明代饮茶文化》，《中国文化》2006年第2期。
④　陈尚君：《毛文锡〈茶谱〉辑考》，《农业考古》1995年第4期。

阳坡横纹茶等一类的紧压茶。唐朝散茶生产和消费的数量不大，有关散茶的记述也不多。至宋朝特别是南宋以后，随散茶生产的发展，史籍中正式出现"片""散"两种茶叶花色。片茶，福建称为腊面茶或腊茶，有的地方称为研膏，属团茶和饼茶一类。散茶，包括蒸青或炒青一类的茶叶，也有的地方把蒸青、炒青称为草茶。所以，明朝所称的芽茶和叶茶，实际就是宋元所说的草茶，是非紧压茶。

因此，土贡的四斤芽茶并不是饼形，而是非紧压的散茶。

王祯（1271—1368），是元代著名的农学家。元朝政府通过设立司农司向地方派遣劝农使，颁布法令，减免田租地税，兴修水利，奖励屯垦来推动农业发展。为普及和推广生产技术，元代编纂出版了大量农书。[①] 其中，王祯所著的《王祯农书》总结了元朝以前农业生产实践的丰富经验。

王祯曾任宣州旌德（今安徽旌德）及信州永丰（今江西广丰）县令，这两个地方都是主要的茶叶产区。在《农书》中，他提到当时的茶类有"茗茶""末茶""腊茶"三种。腊茶即团饼茶，当时已是惟充贡茶，民间罕见。凡茗煎者择嫩芽，先以汤泡去熏气，以汤煎饮之，今南方多效此。然末子茶尤妙。先焙芽令燥，入磨细碾，以供点试。[②]其茶即甘而滑，南方虽产茶，而识此法者甚少。腊茶最贵，而制作亦不凡，民间只用末茶和叶茶。

这里提到的叶茶与芽茶也并不相同，按照现代茶叶科学知识的理解，根据茶青的不同，茶叶可分为芽茶类和叶茶类两种。芽茶类，茶上可见到明显的白毫，只摘取芽心或在一心夹两片未展叶的时候将之摘下。制作的茶芽越嫩越好，以明前谷雨时期采摘为最佳。而叶茶类则以采开面对口叶为主，若外观上叶缘锯齿明显，则可能是品质较

① 杨璐嘉、李明杰：《元代农书编纂出版考论》，《出版科学》2021年第4期。
② 叶俊士：《元代江浙行省茶叶生产述略》，《南宁职业技术学院学报》2021年第2期。

差的夏茶。

明朝初年四方贡茶仍采用宋朝的形制，必碾而揉之，压以银板，为大小龙团。太祖朱元璋有一次民间访察，看到老百姓在费力地制作进贡皇宫的龙凤团茶，十分辛苦。出身贫寒的朱元璋大发恻隐之心，为减轻百姓负担，洪武二十四年九月庚子(1391)他下诏废团茶改贡芽茶。据明代沈德符撰《万历野获编补遗》记载，"上以重劳民力，罢造龙团，惟采芽茶以进"，"今人惟取初萌之精者，汲泉置鼎，一瀹便啜，遂开千古茗饮之宗"[①]。

这一改变在饮茶史上具有划时代的意义，唐煮宋点变为以沸水冲泡叶茶的瀹饮法，开千古清饮之源。明代流行一种名为"顿茶"的泡茶法，即将茶叶和水放入容器中一起煮沸，而后倒入茶盏。[②]这种饮法，非常简单，且不失茶之真味。从这里，我们可以得出一个明确的结论，那就是开化所贡的"芽茶四斤"，首先属于非紧压型散茶，其次鲜叶原料的细嫩程度，应当是茶之最初萌者，顶上之冠，如雀舌鹰爪所描述的芽心或者对开二叶。

那么，明确了开化贡茶的形状后，这四斤芽茶又是如何制作出来的呢？这里就要提到明代发明的炒青制法了。

贡茶制度的改变，看似只是从团饼到芽茶的干茶外形的变化，但却引发了从茶叶到采摘到加工到品饮再到茶具的整个产业链的进化，明朝也因此成为我国制茶技术全面发展的时期。

首先，杀叶制作从唐代的蒸青法改为炒青法，解决了蒸青叶茶容易受潮、变质等问题，进一步推动了烘焙工艺的发展。绿茶是人类制茶史上最早出现的加工茶。[③]真正意义上的绿茶加工，始于公

① 常俊玲：《〈茶疏〉与明代茶事美学》，《南京师范大学文学院学报》2018年第4期。
② 张剑：《明代茶的社会传播研究》，《广西职业技术学院学报》2020年第6期。
③ 童启庆等编著：《影像中国茶道》，浙江摄影出版社2002年版，第4页。

元8世纪发明的蒸青绿茶制法。[①] 蒸青绿茶包括蒸青团饼茶和蒸青散茶，唐代流行饼茶，饮用时将茶饼春碎煮饮。[②]《茶经·六之饮》中记载的粗茶、散茶、末茶、饼茶四大类，都指的是蒸青茶。[③] 唐代的蒸青散茶，蒸后不揉不压，直接烘干保持香味。日本现在的蒸青绿茶就是我国当时的蒸青散茶制法，与中国冲泡饮用不同的是，日本碾碎成抹茶饮用。[④] 宋徽宗宣和年间，为保持茶叶香味，改蒸青团茶为蒸青叶茶。元代是我国茶类生产由团饼为主转变为以散茶为主的过渡时期，所以其杀青大多沿用蒸而较少用炒。《王祯农书》中所记载的蒸青散茶的加工工艺已较完善，但以高档茶的技术要求来说，还较粗糙。[⑤] 不过到了明代，人们发明了炒青法来进行鲜叶杀青。除宜兴和长兴之间的茶继续使用蒸青法外，名优高档茶一般只炒而不用蒸来杀青了。[⑥]

　　罗廪《茶解》中记载的炒青法制作技术流程是：采茶—炒茶—揉捻—复炒—焙干。采茶须晴昼采，当时焙，否则就会色香味俱减。采后萎凋，要放在筐中，不能置于漆器及瓷器内，也不宜见风日。[⑦] 炒茶，即是我们今天所说的杀青。《茶解》有记，"凡炒，止可一握，候铛微炙手，置茶铛中，札有声，急手炒匀"[⑧]。铛，就是炒茶锅。每一锅只能炒一握，"一握"是什么概念呢？

　　根据许次纾《茶疏》记载，"一铛之内仅容四两"。明代的4两，

① 余孚：《中国茶类演变概述》，《古今农业》1999年第3期。
② 章传政：《明代茶叶科技、贸易、文化研究》，博士学位论文，南京农业大学，2007年，第84页。
③ 施兆鹏主编：《茶叶加工学》，中国农业出版社1997年版，第3页。
④ 于观亭：《谈谈茶叶加工上的几次变革》，《中国茶叶加工》2000年第4期。
⑤ 朱自振：《中国茶叶历史概略（续）》，《农业考古》1994年第4期。
⑥ 何雪涓、陶忠：《明清茶文化发展初探》，《思茅师范高等专科学校学报》2012年第9期。
⑦ 周东平：《简论明代制茶、饮茶法的变革》，《中国茶叶》2020年第11期。
⑧ 王潮生：《简评明代三部茶书——〈茶录〉、〈茶疏〉和〈茶解〉》，《古今农业》2002年第2期。

并不等于当代的200克。明代一斤为590克，自战国时起，1斤等于16两的衡制未变过，至1959年才改为1斤等于10两。所以，明代1斤等于16两，即590克。所以，4两相当于147.5克，也就是一锅只能炒出147.5克的干茶。《茶疏》里记载，"多取入铛，则手力不匀。久于铛中，过熟而香散矣"①。所以，开化贡茶虽只有区区4斤，但却需要炒16锅方可。

全手工炒制，通过手来感知锅的冷热变化，对火候极为讲究。杀青，要用武火急炒，以发其香，但火亦不宜太烈。炒后，必须揉捻，古时称为"团挪"。将炒好的茶，放薄平摊于箕上，用扇子扇冷使其降温，然后轻轻揉捻茶叶。通过揉捻，使茶叶更加柔韧，富含更多叶汁，同时也起到整形理条的作用。茶叶能否泡出香醇茶汁，这一步非常重要。揉捻后，进入最后一道工序——焙干。略炒后，入文火铛焙干，色如翡翠。若出铛不扇，不免变色。炒茶时，温度为微烫手；而焙干时，锅则为温热。整个制茶过程中，对锅和柴火亦有讲究。锅不能用新铁，不能有油腻，柴火必须用树枝，不能使用树干和树叶。因为树干燃烧火力过大，而树叶则容易燃烧也容易熄灭，无法掌控温度变化。

明代的制茶工艺体系已经十分成熟，炒青法制作的叶茶为绿茶。炒青制茶工艺一直被奉为中国传统制茶学和名优绿茶采造的典范，至今仍被沿用和遵循。

---

① 　杨东琢主编：《中国古代茶学全书》，广西师范大学出版社2011年版。

贡茶制度
土贡与明代

　　这里需要说明一点，民间进贡的茶不制作成团茶和饼茶的外形，但不等于团、饼一类的紧压茶衰亡和消失。恰恰相反，事实是明清时期团茶和饼茶不但没有退出历史舞台，而且在边销和出口贸易中找到了它们的出路并促成其发展。以黑茶为例，源起四川，早在洪武初年四川即有生产。后来随茶马交易的不断发展，不但四川黑茶的产量越来越多，一些原来不生产黑茶的省区，也开始转产这种边销茶类。中国北方少数民族的需要促进了中国边销茶的发展。所以，明初废除龙团以后，散茶尤其是炒青绿茶的迅速发展，不是一种排他性的发展，而是和其他茶类（包括紧压茶在内）相辅相成、相互促进地协调发展。

　　明朝茶政制度改革后，茶业全面发展，各地名茶争相出现。宋朝时，散茶名品仅日铸、双井和顾渚等少数种类。但至明代后，如黄一正《事物绀珠》中记载，其时比较著名的叶茶芽茶便有苏州虎丘茶，雅州雷鸣茶，荆州仙人掌茶、天池茶，长兴和宜兴的罗茶，以及龙井茶、鸠坑茶、顾渚茶、方山茶、严州茶、台州茶等共96种。成书于万历初年的黄一正《事物绀珠》中记录的茶叶产地，南从云南的金齿（今保山县）、湾甸（今镇康县北），北至山东的莱阳，包括今云南、四川、贵州、广西、广东、湖南、湖北、陕西、河南、安徽、江西、福建、浙江、江苏和山东15个省区。[1]我们没有在这个名录里找到"开化茶"，但是浙江地区的茶叶有不少，长兴和宜兴的罗茶、绍兴茶、举岩茶、龙井茶、鸠坑茶、严州茶、台州茶都在列，并且记录了出自龙游的方山茶。[2]不过，这96种茶叶中，大多数是第一次出现的新茶名，是在明代万历以前的一二百年间形成和发展起来的，主要是商品交易茶。

开化茶，由于地处偏僻，且由衢州府统一上贡，所以目前可追溯到的身份明证就是"土贡"茶叶。这看起来，似乎是在明代众多的贡茶行列中并不起眼的一个茶区。但事实上，在民间叙事中，开化乡民认为正是因为有开化茶，才促使朱元璋作出了"罢造龙团，惟采芽茶以进"的重要产业政策。诚然，这样的因果联系带有地方文化的自信，但细细分析也不无一定的道理。开化芽茶的出色品质，应是促使明朝贡茶制度改革的一个重要诱因。

那么，开化的芽茶又是如何与明朝皇室产生关联的？这就要说到明朝开国皇帝朱元璋了。开化当地流传着不同版本的朱元璋与茶叶的传说，说明了两者之间的内在关联。不过，明朝和开化茶叶关系最为密切的有两位皇帝，除了开国皇帝朱元璋外，还有崇祯皇帝朱由检。

朱元璋，字国瑞，原名重八。幼时贫穷，曾为地主放牛，后为求生，入皇觉寺为僧，幼年的经历使他提倡节俭。朱元璋仕称帝之前，曾经在浙西地区驻扎六年，借助覆船山（黄山歙县南山主峰搁船尖）为中心建立秘密明教总舵，奉行徽州谋士朱升提出的"高筑墙，

① 章传政：《明代茶叶科技、贸易、文化研究》，博士学位论文，南京农业大学，2007年，第78页。
② 谢冉：《明代茶叶产区、产量及品名研究》，硕士学位论文，安徽农业大学，2020年，第66页。

广积粮，缓称王"的策略，韬光养晦，迅速扩张自己的实力。在驻扎浙西的岁月里，他曾经到过开化地区，当地还留存有点将台的遗址。所以，当朱元璋登基以后，下令全国改团茶为芽茶，开化茶叶随之进入贡茶名录，是可以合理理解的。

在"土贡一：芽茶四斤"中，我们已经梳理了"芽茶四斤"的含义，但是"土贡"又为何意呢？这就不得不提到明朝的贡茶制度了。

土贡，即"任土作贡"，指臣属或藩属无偿地向君主和中央进献土特产和珍宝等财物。土贡制始于夏代，但当时贡赋不分。直到汉代，土贡才从赋税中分离出来。[①]以茶为例，贡茶源于西周，迄今3000多年历史。但西周仅是贡茶的萌芽阶段，官廷对贡茶饮品有具体记录与印证则始于晋代。茶叶得到朝廷的青睐而逐渐增加贡额，乃至设立官焙而成为一项岁有定额的经济制度，正式确立于唐代。[②]所以，贡茶兴于唐，盛于宋，延续至明清。

明代地方向皇室和中央政府无偿提供的物资统称为"上供物料"，具体又可分为"上供"和"物料"两种。之后，又出现了"额办""额外派办"和"不时坐派"等名目，土贡扰民日深。之后，随着明代社会经济的发展，到了明代中后期，"土贡征银"成为一种普遍的社会现象。

贡茶与茶税有较大区别，贡茶名义上是自愿的，而茶税是国家强制征收的实物或货币税收。但从实际情况看，贡茶大多也演变为强制性，广义上也可视为赋税的一种。[③]

朱元璋改贡芽茶，在榷制上实行更灵活的茶政政策。当时所产的茶叶，有官茶、商茶、贡茶等分别。官茶是用来贮边易马，商茶给

① 张仁玺、冯昌琳：《明代土贡考略》，《学术论坛》2003年第3期。
② 柯全：《贡茶：四明十二雷》，《文化交流》2010年第5期。
③ 蔡定益、周致元：《明代贡茶的若干问题》，《安徽大学学报》（哲学社会科学版）2015年第5期。

卖。贮放有茶仓，巡茶有御史，分理有茶马司、茶课司。验茶有批验所，设立在关津要害，茶政的设施可谓十分完备。

　　其中，贡茶又可以分为土官进贡、太监进贡、地方府县进贡。《大明会典》之"礼部七十一"详细记载了弘治十三年(1500)朝廷规定的地方府县需要缴纳给礼部的芽茶，这些府县分布在南直隶、浙江、江西、湖广、福建诸地（见表3-1）。另外，明人陈仁锡《皇明世法录》也记载了万历末年各地通过户部上交给供用库的贡茶数量。这些地方包括浙江、江西、湖广、福建、四川、广东、贵州诸地以及南直隶的安庆府、池州府、宁国府、太平府、苏州府、松江府、常州、镇江、庐州、凤阳府、淮安府和扬州府等处。例如，浙江各府县需上交芽叶茶共12452斤11两。①

　　每到采茶季节，都要举行盛大仪式，县令们亲自监造，开支极为浩大。以湖州府长兴县贡茶为例，嘉靖年间的《吴兴掌故集》中记载，"定制岁贡止三十二斤，清明前二日，县官亲诣采造"。湖州常年茶贡起始于大历五年（770），据钱易（968—1026）《南部新书》中记载，"唐制，湖州造茶最多，谓之'顾渚贡焙'，岁造一万八千四百八斤"②。作为贡品的紫笋茶在清明之前需烘焙好，制成新茶。在清明时节从长兴出发，经过长兴的蒲帆塘，进入苕溪，连接京杭大运河直接运输入京城。在《嘉泰吴兴志》中提到茶场的地点在州衙，今在清源门南岸。并明确指出，茶被纳入国家税收体制之中。宋代茶叶的"住税""过税"和"两税"相加至少占总收入的15%。在宋代，一贯钱相当于一两银子，再加上"翻税"和"脚税"，有13—53两银子的费用，茶叶生意往往处于勉强温饱，甚至是入不敷

---

① 蔡定益、周致元：《明代贡茶的若干问题》，《安徽大学学报》(哲学社会科学版) 2015年第5期。
② 胡耀飞：《唐代后期湖州茶贡史及其反映的中央与州之关系一例》，《魏晋南北朝隋唐史资料》2016年第1期。

出的困境，茶叶经济隐藏着巨大的社会危机。①

那么，进贡的茶叶又去往何处呢？

每年由地方府县缴纳的贡茶分为两部分：少量茶叶由南京礼部转交南京光禄寺，另一部分则由户部征收后交给内府的供用库。

南京礼部负责接收茶叶的部门是主客清吏司，主客清吏司检验后再送光禄寺。明朝俞汝楫的《礼部志稿》中记载，"各处岁进茶芽，弘治十三年奏准，俱限谷雨后十日差解赴（礼）部送光禄寺交收，违限一月以上送问"。"如解茶文到，即摽题进，该司即与验进，该送纳光禄寺者，该司立刻发与手本，其样茶验讫却还，该司仍将'样茶却还'四字条记刷印批文上与之"。

礼部从地方接收交给光禄寺的茶叶，主要用于朝廷祭祀、筵宴等礼仪性活动。光禄寺是明代负责宫廷膳食的政府机构之一，"光禄"之名源于汉，最初指守卫宫廷门户的武官。经过历代的演变，至隋朝发展为专司膳食的中央机构。明代光禄寺是对宋代光禄寺的继承，主要职能为承办宫中宴食、日常膳食、祭祀物品及宫外赐食等。其下设四署，分别为大官署、珍馐署、良酝署和掌醢署。②

与礼部用茶不同的是，户部征收的贡茶则转给内府供用库，用于宫廷内部日常饮食使用，这与礼部用茶有很大不同。皇帝所饮茶由尚膳监供给，而百官的饮茶却由光禄寺提供。因为前者是内廷用度，后者则是外廷开支。而内廷用茶的消费量非常大，是明代贡茶的主要去向。

明代贡茶征收有本色和折色，本色要由相关官员检验，折色征收银两，再用银两购买所需茶叶。贡茶征折色的主要原因是有时本色征收过多，短期内难以消费，甚至出现腐烂的情况。另一原因是地方

① 张剑、姚国强：《方志中的湖州茶文化——以〈嘉泰吴兴志〉为中心的考察》，《湖州师范学院学报》2019年第11期。

② 张博：《明代光禄寺研究》，硕士学位论文，东北师范大学，2011年，第6页。

遥远，运输不便。有些非本地土产却还要本色，长途运到京城，这自然是极不合理的。天启六年（1626），四川巡按吴尚默便因四川地处偏僻而因贡扇允折，并议将茶、蜡各项俱请改折。

礼部每年征收的贡茶数量，制度上明确规定为每年约19000斤。但事实上，实际征收贡茶远远超过这个数额。

曹琥曾在《请革芽茶疏》中提出，广信府的茶叶贡额规定每年不过二十斤，但近年来有宁王府和镇守太监的额外之贡，除每年交给镇守太监的一千多斤茶叶外，"宁府正德十年之贡，取去芽茶一千二百斤，细茶六千斤，不知实贡朝廷者几何？今岁之贡，取去芽茶一千斤，细茶八千斤，又不知实贡朝廷者几何？"①他的奏疏反映广信府实际的贡茶数量是制度规定的几百倍。而其背后的原因就在于皇室奢侈、官吏贪渎以及太监强征。

对贡茶的大量需求，也严重破坏了茶叶生产。明人罗廪《茶解》记载了宁波府慈溪县的情况，"余邑贡茶，亦自南宋季至今。……盖古多园中植茶。沿至我朝，贡茶为累，茶园尽废，第取山中野茶，聊且塞责，而茶品遂不得与阳羡、天池相抗矣"②。明人顾言《贡茶碑记》记载，"宁波府慈溪县为岁贡茶芽事。照得本县每岁额贡茶芽二百六十斤……应于在册茶户照数均派……但审陈湘等苦称，历年茶户，虽有其名，并无其人，若使加派之银，责之茶户出办，未免里递包赔"③。因为茶户全部逃亡，只能到外地购茶，折银二十六两的负担自然转嫁到了地方，从而激化了社会矛盾，致使民不聊生。

①　郭孟良：《曹琥及其〈请革芽茶疏〉考辨》，《河南师范大学学报》（哲学社会科学版）2000年第4期。
②　杨东甫主编：《中国古代茶学全书》，广西师范大学出版社2011年版，第381页。
③　郑明道：《解读宁波〈贡茶碑记〉》，《中国茶叶》2014年第12期。

光绪帝的急程茶

　　从明到清，芽茶依然是皇室最为推崇的上等茶品。宫廷内部每年的例行赏赐，三月便是芽茶。所以，开化茶虽深藏浙西山区，但由于品质优良，一直被列入贡茶名录。

　　据《开化县志》记载，光绪二十四年，名茶用"黄绢袋袱旗号篓，专人专程"抵京，这是为了赶上一年一度的宫廷清明宴而钦定的急程茶。清明宴，唐时有之，据传是宫廷清明节举行的最大的宴请活动，参加人员不仅有王公大臣，皇亲国戚，还有外邦使者等。每年宫廷举办规模盛大的清明茶宴，显示朝廷抚近怀远、和谐万邦的政治气度。茶叶用黄色的绢绸包装，放入竹篓里，篓上插着旗，以示急件。

　　清初，茶叶制度延续明代之制，仍为政府专卖，一般人不能随意贩运。除少数优质茶叶作为贡茶，由政府委派官员采办以供奉皇族外，茶区所产的茶均分为官茶和商茶。官茶，由政府招茶商领引纳课后，从产区运输到陕甘等地，交售给官府的茶马司。再由茶马司将茶叶与西北等地少数民族交易马匹。商茶，则由茶商向政府请引后，从产区运销各地或输往国外。

巧合的是，县志中记载的这一年，光绪二十四年（1898），发生了历史上著名的戊戌变法。这一年的急程茶，八百里加急也许是要送到光绪皇帝的茶房的。这里我们要重点提到这位一生悲剧的光绪皇帝，他短暂命运的关键词就是变法和创新。

　　爱新觉罗·载湉（1871—1908），清朝第十一位皇帝，史称光绪帝。作为封建末世的君主，他的名字同变法与革新紧紧联系在一起。光绪是有理想的，在变法中当大学士孙家鼐提出"若开议院，民有权而君无权"时，光绪回答，若能救国虽无权何碍？

　　从开化到北京，路途遥远，而且四月天孩儿脸，刚才还是晴空万里，过一会儿就是瓢泼大雨。茶叶这东西最怕潮，受潮以后，不仅没了茶叶原有的色香味，还容易发霉。要使采摘下来的明前茶在不失原味的情况下送到京城，那只有八百里加急了。那些赶脚的马夫、押运的差役以及官员可能没有想到，就在他们马不停蹄地将贡茶送到京城后的数月，即光绪二十四年六月，京城发生了一件震惊中外的事件，那就是戊戌变法。这一年，不仅记载在了《开化县志》上，而且还在中国历史上留下了浓墨重彩的一笔。

　　戊戌变法由光绪帝亲自领导，进行政治体制变革，希望中国走上君主立宪的现代化道路。1895年4月《马关条约》签署，康有为等人联名上书光绪帝，痛陈民族危亡的严峻形势，提出变法主张。"公车上书"揭开了维新变法的序幕，新政内容涵盖教育、军事等多方面的政策和体制。光绪帝根据康有为等人的建议，颁布了　系列变法诏书和谕令，目的在于学习西方文化、科学技术和经营管理制度，建立君主立宪政体，使国家富强。戊戌变法是中国近代史上一次重要的政治改革，也是一次思想启蒙运动，对促进中国近代社会的进步起了重要推动作用。

　　光绪皇帝和慈禧太后两人都爱喝茶，在茶这个事物上有这样一个小故事记录着他们的交集。话说慈禧太后喜爱喝茶，西逃长安时，厉行节俭，每月茶膳控制在三四千金。《清宫词·行宫膳房》称："玉食何曾备万方，黄绨轻幕试羹汤。大官选得雏盈握，别有金钱出便房。"慈禧经常用地方进贡的茶来招待大臣，有一日她正用贡茶招待大臣。这时，光绪皇帝突然揭帘进来。正在品茶的三位大臣，赶忙跪见皇上。光绪皇帝也十分意外，劳问了几句后，就匆匆离开。有宫词为证，"赐茶小憩曲房隈，抵得金茎露几杯。铃索无声花院寂，揭帘忽报圣人来"[①]。

　　不知光绪皇帝是何缘故去慈禧的宫中，大概是有事要谈。但遇到了巡抚等人，却回避而走。想一国之君，遇到自己的臣子，竟不聆听地方问题反匆匆离开，也是不自然。巡抚是中国明清时地方军政大员之一，清代巡抚主管一省军政、民政，以巡行天下，抚军安民而名。慈禧垂帘听政，即便光绪18岁正式主政，依旧把持朝野。戊戌变法遭到保守派的强烈抵制与反对，1898年9月21日慈禧太后发动政变，将光绪皇帝囚至中南海瀛台。而维新派的康有为、梁启超逃往日本，谭嗣同、康广仁、林旭、杨深秀、杨锐、刘光第6人被杀，历时103天的变法失败。

　　光绪皇帝就像他的前任帝王们一样，也是一个爱茶之人，民间尚流传着一些与其有关联的茶的故事。比如，藤茶和皇菊。

　　藤茶最早见于我国的诗歌总集《诗经》，其在民间饮用已有600多年的历史。据记载，藤茶曾被誉为清朝光绪皇帝的御用保健茶。光绪元年(1875)，光绪皇帝身体较为虚弱，食欲不振，脸上长有黑斑和青春痘。时任光绪老师的陈子贺先生回家探亲，发现乡亲们经常饮用一种野藤茶。他们不但很少患病，而且个个精神饱满。陈子贺试着品尝，发现此茶回味甘凉，回京时便献予光绪饮用。不久，光绪便感觉

---

① 　向斯：《心清一碗茶：皇帝品茶》，故宫出版社2012年版，第133页。

精神舒爽，他高兴之余，便降旨赐名"野藤茶"①。

这个故事在当地非常流行，作为中国民间在营销茶叶时的一种宣传技巧而传播着。土特产若能与皇家有所关联，市场价格就倍增了。只是这个故事经不起推敲，1875年的光绪才4岁，怎么会脸上长满黑斑和青春痘呢？不过，清朝的皇室爱喝茶，是有历史记载的。从康熙、雍正到乾隆，再到光绪和慈禧太后，都是爱茶之人。

除了野藤茶，光绪皇帝也和当下甚为流行的"皇菊"有关联。传说光绪十六年（1890），原籍江西的江人镜告老还乡之时，婉言谢绝皇帝赐他的千两黄金，只讨取皇家花园中的黄菊花带回老家栽种。因当地独特的自然条件，种植的黄菊花长势喜人。后来江人镜派专人进京上贡，光绪皇帝看了后视其为国家瑞兆，龙颜大悦，当即赐名"皇菊"。

这两个民间传说故事的时间，都发生在戊戌变法之前。想来那时的光绪帝境遇还没有如此凄惨，还有闲情逸致品茶，也就有了这些民间传说。

每年春天，在浙西山区采摘的开化芽茶，需用黄色的绢绸包装，放入竹篓里，篓上插着旗，然后一路北上，直到皇宫。这条进宫的路线，又是如何呢？虽然无从探知具体的路径，但也许可以从相关的文献中找寻出一点蛛丝马迹，让我们窥探那光绪皇帝案头上的一杯茶是如何从山间而来的。

光绪帝爱喝什么茶？清朝宫廷的饮茶体系非常丰富，常用茶品是普洱茶，而且饮用量非常大。以光绪皇帝的饮茶为例，"光绪二十六年二月初一日起至二十八年二月初一日止：皇上用普洱茶每日一两五钱，一个月共用二斤十三两，一年共用普洱茶三十六斤九

---

① 《藤茶的民间传说：天子藤茶》，2012年9月18日，http://www.puercn.com/cwh/cywh/27081.html.

两。用锅焙茶每日一两五钱，一月共用二斤十三两，一年共用锅焙茶三十六斤九两。一年陆续漱口用普洱茶十二两"①。不过，除了普洱茶，清代贡茶省份的范围已由明代五省扩展到十三个省，品种大量增加，基本囊括了主要的茶叶品类，所以其他茶类在清宫中也都被饮用。我们可以参考清朝的茶房里所存的各地贡茶，便可知晓一二。

乾隆九年（1744）六月，据"总管内务府奏销档"记载，贡茶如下：

　　　　湖广总督进砖茶五箱。

　　　　陕甘总督进吉利茶两次十八瓶。

　　　　漕运总督进龙井芽茶一百瓶。

　　　　河东河道总督进碧螺春茶一百瓶。

　　　　闽浙总督进莲心茶四箱，花香茶五箱，郑宅芽茶、片茶各一箱。

　　　　两江总督进碧螺春茶一百瓶，银针茶、梅片茶各十瓶，珠兰茶九桶。

　　　　云贵总督进普洱大茶、中茶各一百圆，普洱小茶四百圆，普洱女儿茶、蕊茶各一千圆，普洱芽茶、蕊茶各一百瓶，普洱茶膏一百匣。

　　　　四川总督进仙茶、陪茶、菱角湾茶各两银瓶，观音茶两次二十七银瓶，春茗茶两次十八银瓶，名山茶十八瓶，青城芽茶一百瓶，砖茶五百块，锅焙茶十八包。

　　　　……

　　　　浙江巡抚进龙井芽茶一百瓶，各种芽茶一百瓶，城头菊五箱。

①　中国第一历史档案馆藏：《宫中杂件》卷4《物品类·食品茶叶》，转引自万秀锋《贡茶在清代宫廷中的使用考论》，《清宫史研究》（第十一辑），第547—558页。

奏折中详细记载了各地总督和巡抚上贡的春茶，其中浙江巡抚进贡的是西湖龙井茶，还有浙江地区各种名贵的芽茶。这100瓶里，应该就有开化的芽茶。这里有一个单位用词值得注意——"瓶"。开化县志里提到是"黄绢袋袱"，并没有提到"瓶"。这是因为清代贡茶沿袭明制，对茶叶的包装日渐讲究。为了防止新茶受潮，贡茶主要是用银瓶和锡瓶包装，尤其是锡瓶，更被广泛使用。因为锡瓶密封性好，保持茶叶原味性能持久。

清朝赵懿在《蒙顶茶说》中记载，"每贡仙茶，正片贮两银瓶，瓶制方，高四寸二分，宽四寸，陪茶两银瓶，菱角湾茶两银瓶，瓶制圆，如花瓶式，颗子茶，大小十八锡瓶。皆盛以木箱，黄签丹印封之"。这里详细描写了贡茶的包装风格和尺寸大小，贡茶包装材质以银、锡为主，锡器采用铸、錾等工艺制作出各式各样的花纹图案，主要有龙凤纹、暗八仙纹、八宝纹、水仙纹及花鸟纹等。容器外一般包有黄色的布套或者黄缎套。①

这些由各地上贡而来的茶叶，会先送入一个叫茶库的地方。清廷在多处设立茶库，由内务府管理。主要地点包括，太和门内西边南向配房、右翼门内西配房、中左门内东偏配房。茶库专司收藏贡品珍物，茶叶一类极为丰富。各地的贡茶到了茶库后分类整理，而后被送到茶房。乾清宫东庑最北三楹，就是清代负责皇帝茶水的御茶房。这里还悬挂一匾，上有康熙皇帝御书的三字"御茶房"。御茶房是专门伺候皇帝饮茶的机构，还负责宫中各重要宫室的供品，参与备办宫廷节令宴席。

清代宫廷设立的茶房种类很多。除御茶房之外，有皇后茶房、寿康宫等皇太后茶房。太后、皇后、妃嫔和皇子们喝茶，则由各自的茶房负责。清代宫廷中茶事系统复杂，服务人员众多。一人喝茶数十

---

① 万秀锋：《试论贡茶对清代社会的影响》，《农业考古》2013年第2期。

人伺候，也不算是夸张。茶，在清朝不单单是一种饮品，还关联着各种人事物。

所以，当开化的茶和浙江其他地区的茶一起被送到巡抚之手后，封装入瓶，而后一路北上送到京城。先被户部收录，而后存入茶库，再分送至各个茶房，再由宫女们沏泡后送到皇帝的面前。

一杯贡茶，要安全无恙地面圣，需要通过一条漫长的路。

第四章
遂绿时代

　　浙江茶叶自晚清开始出口，在中国茶叶出口历史中占有重要地位。其中，开化所处的新安江流域尤为重要。随着日本等新兴市场的兴起，加之战争的爆发，浙江茶叶开始转向内销，但仍坚持内销和外销并举的方针。此时，吴觉农提出了"振兴华茶"的伟大计划。

晚清时期的宁波港

18世纪中叶，西方资本主义国家已开始工业革命，其海外贸易迅速扩张。特别是以英国东印度公司为首的西方商人，一直强烈渴望寻找机会打开中国市场。当时，在中国沿海的四个通商港口，前来进行贸易与投机的洋商日益增多。英国商人为了填补对华贸易产生的巨额逆差，不断派船到宁波、定海一带活动，企图就近购买丝绸和茶。①

彼时，乾隆皇帝正南巡到苏州。从地方官处了解到，每年仅苏州一个港口就有1000多艘船出海贸易，其中竟有几百艘船的货物卖给了外国人。乾隆还看到，在江浙一带海面上每天前来贸易的外国商船络绎不绝，而这些商船大多携带着武器。在1757年南巡回京后，乾隆发布了圣旨，下令除广州一地外，停止厦门、宁波等港口的对外贸易，这就是"一口通商"政策。规定洋商不得直接与官府交往，而只能由"广州十三行"办理一切有关外商的交涉事宜，从而开始实行全面防范洋人、隔绝中外的闭关锁国政策。这一命令，标志着清朝政

---

① 杜海鹏：《史海回眸：1757年中国彻底闭关锁国始末》，《群文天地》2013年第3期。

府彻底奉行闭关锁国的政策。

乾隆二十四年(1759)，清廷以江浙等省丝价日昂，不无私贩出洋之弊为由，下令沿海各地严禁丝及丝织品出口。规定倘有违例出洋，每丝一百斤发边卫充军；不及一百斤者杖一百，徒三年；不及十斤者枷号一月，杖一百，为从及船户知情不首告者，各减一等。船只货物尽入官。其失察之文武各官，照失察米石出洋之例，分别议处。同年，又规定绸缎等物总由丝斜所成，应一体察禁。这一禁运政策实施五年后，丝价依然昂贵，未见平减，且值蚕事收成稍薄，其价较前更昂，于是被迫开禁。但仍只许被批准出海之商船，各配搭土丝及二三蚕丝若干，限额出口。

1759年又颁布《防夷五事》，规定外商在广州必须住在指定的会馆中，不许在广州过冬，不得外出游玩，甚至还特别规定"番妇"不能随同前往。而中国商人不得向外商借款或受雇于外商，不得代外商打听商业行情。在此后的近百年间，为了打破封闭的中国市场，欧洲诸国如沙俄、英国等国曾多次向中国派出使团，试图说服清朝皇帝改变闭关锁国的国策，但都无功而返。其中，1793年英国向中国派出的马戛尔尼使团，无疑是最著名的一次。尽管英国为了达到外交目的，进行了充分准备，但乾隆仍表示，中国物产丰盈，无所不有，不需要增强对外贸易，从而彻底关上了中国的大门。

茶叶、瓷器和丝织品是当时广州口岸输出的主要货物。其实，从西汉起广州已有少量茶叶外销。唐朝时，广州是中国最古老的出口茶埠。当时的广州十三行街是中国茶叶对外贸易的中心，呈现出一派繁荣兴旺景象，茶叶外销日渐发达。

到了清代中期以后，茶叶成为广州十三行与西方贸易的重要商品。由于当时经营出口贸易除领贴的官商外，还有未经批准的散商，遂于1720年成立官商的组织——公行，规定共同遵守的行规，包括垄断出口价格、独占价格、独占贸易等。茶叶是清政府限定由公行垄断经营的主要商品，外商只能委托公行代购，并在公行货栈中重新过秤打包、加戳，并代缴关税方能出口。

乾隆十六年（1751）有洋行26家，十三行以同文行、广利行、怡和行、义成行最为著名，其贸易对象包括外洋、本港和海南三部分。嘉庆二十二年(1817)，清廷又将茶叶作为禁止出口的货物之一，谕令皖、浙、闽三省巡抚，所有贩茶赴粤之商人，仍照旧例，令由内河过岭行走，永禁出洋贩运。有违禁私出海口者，一经查获，将被治罪且茶叶入官。

1821年，浙江的平水珠茶开始输往海外，当时亦是由广州出口。1840年6月，英国"东方远征军"舰队到达珠江口，鸦片战争爆发。清政府迫于外来压力，先后与西方帝国主义列强签订了一系列丧权辱国的不平等条约，中国国门洞开，海关自主权完全丧失。

1842年8月29日《南京条约》签订，废止了一口通商，改成五口通商。自此，一口通商时代结束。广州丧失垄断贸易地位，行商无法管理对外贸易，出口茶叶数量占全国份额日渐下降。《南京条约》同时还规定英国人可以跟任何中国商人做生意。五口通商以后，中国的外贸中心很快就转到了上海，上海取代了广州，成为中国外贸的中心。

浙江是当时西方列强进行经济侵略和资源掠夺的重灾区，在这里先后设置了浙海关、瓯海关和杭州关。那些偏远山区的山货，也得以从这些海关开始出口，走向世界。"五口通商"以后，茶叶出口由广州趋向上海，运输路程缩短，运费减少，成本下降，出口量大增。

晚清时期，浙江全省分为四道，即杭嘉湖道，由杭州、嘉兴和湖州府组成；宁绍台道，由宁波、绍兴和台州府组成；金衢严道，由金华、衢州和严州府组成；温处道，由温州和处州组成。省会为杭州，乃全省最大城市。但当时，杭州的商业重要性不及宁波。彼时对外开放通商口岸有两个，分别是宁波和温州。前者于1842年开埠，

后者则是在1877年开埠。在这些口岸中，通商的货物非常多元化，包括茶叶、棉花、药材、绸缎、生丝、棉土布等各类产品，其中茶叶是大宗货物。

　　以1868年为例，本年度从宁波港出口贸易的货品中，茶叶占了一半以上，计123786担，总值银3837375两。如此巨大的出口额，主要源于两个地区的茶叶，一是徽茶，二是平水茶（见表4-1）。安徽省出口的外销茶叶（称为"徽茶"），在1865年以前都是直接运往上海。从产茶地安徽的东南部运去上海，比运去宁波路途要顺利得多。经过水路联运后，到达上海。1866年，浙江采取减税办法，引来了许多徽茶改从宁波出口。除了减税一项外，宁波仓租（栈租）也远低于上海。

表4-1　　　浙海关茶叶出口量（1865—1868）[①]　　　　　　单位：担

| 年份 | 徽州 | 平水 | 合计 |
| --- | --- | --- | --- |
| 1865 | 42397.34 | 28264.88 | 70662.22 |
| 1866 | 61275.12 | 40850.07 | 102125.19 |
| 1867 | 69160.77 | 46107.18 | 115267.95 |
| 1868 | 74271.78 | 49514.52 | 123786.30 |

　　所谓徽茶与平水茶，系指北纬30°—31°之浙江、安徽两省交界地所产的茶叶。严格来讲，徽茶是在安徽境内徽州（歙县）所产的茶。那么，在这个巨大的茶叶出口量中有无开化茶叶的身影呢？在由杭州海关译编的《近代浙江通商口岸经济社会概况》一书中，我们发现了有关开化茶及出口口岸的一些记录。

---

① 　中华人民共和国杭州海关译编：《近代浙江通商口岸经济社会概况——浙海关、瓯海关、杭州关贸易报告集成》，浙江人民出版社2002年版，第113页。

1877年，绿茶出口总量为14.5万担。其中平水茶4万担，徽州茶9.5万担。余下的1万担分别来自浙西之严州、淳安、开化县以及开化县境内华埠镇。所有这些茶，都是取道宁波而运往上海的。

这里提到的淳安，是指淳安、遂安和开化，即浙西三县。该地区约产1万担茶叶，由钱塘江而东，运往至义桥以后也如徽州茶一样运往宁波。这1万担中，淳安茶占半数，遂安及开化所产的茶合计约5000担。

1877年的茶叶出口比1876年的12万担又增加了2.5万担，且比往年茶季装运快捷。往年运到上海的时间一般为3月或4月。1877年因为水脚钱低廉，茶商就乘机行事，在1878年元月1日运费涨价之前就全部运去上海了。所以，1877年的茶叶出口量有所增长。当年出口的茶叶有绿茶、红茶和乌龙茶。乌龙茶只有1500担，并不多。

据浙江关狄妥玛先生1876年的年报，制红茶在宁波乃系创举，而1875年江西九江河口曾有出口。至1876年，绍兴以南制成茶叶后，运来宁波烘烤。1877年，宁波并未出口红茶，只因1876年虽然试制，但因成本过高无利可图而作罢。但是从浙西之开化和平水运来的茶，则是在宁波烘烤后装箱出口。

这里提到了烘烤，既有烘烤制绿茶的，也有烘烤制红茶的。烘烤的意思，应是现代茶叶制作中的烘干工艺。

当时，徽州种植的茶叶主要是制成绿茶，其烘烤地在屯溪。屯溪的烘烤房不下80个，还有30个在享都（音）。徽州境内的烘烤房绝大多数由徽州人经营，但也有3处是由广东人创办。烘烤房内雇用的工人都是清一色的当地人，而且都是烤茶高手。以往开化地区的茶叶也要运往徽州的屯溪去制作，而后作为徽茶与徽州本地的茶一起运输出去。

烤房以淳安居多数，其次乃是开化。淳安地区在1877年间都是烤制绿茶为主，但开化在1877年间有两三家红茶烤行，其他的烤行均制绿茶。到后期发生了变化，绝大多数烤行都制红茶。制成的茶叶，由筏子从淳安运到钱塘江后，转装小舟外运。开化茶也是用筏子转改小舟，运往常山县。

开化当地的茶叶生产，从绿茶加工到红茶制作，然后走宁波港到上海。茶叶经包装后从屯溪由水路运到杭州附近的义桥，这一段是直达水道。然后，由陆路把茶叶运到绍兴，沿运河送到曹娥江，一直到百官把茶叶摆渡后又上岸，陆运一段入甬江后抵达宁波。如此，从屯溪到宁波需要装四次小舟，走三小段陆路。①

宁波港是晚清时期浙江茶叶和安徽茶叶主要的出口港口，从1882年起，作为主要港口呈现出一片繁荣景象（见表4-2）。

表4-2　　浙海关茶叶出口量（1882—1891）②

| 年份 | 数量（担） | 货值（关平银两） | 年份 | 数量（担） | 货值（关平银两） |
| --- | --- | --- | --- | --- | --- |
| 1882 | 140171 | 2744043 | 1887 | 134017 | 3155994 |
| 1883 | 126441 | 2583183 | 1888 | 156997 | 4066931 |
| 1884 | 155304 | 3401531 | 1889 | 157080 | 3681110 |
| 1885 | 166604 | 4102871 | 1890 | 151573 | 3183409 |
| 1886 | 148214 | 3357489 | 1891 | 159283 | 3124263 |

从表4-2中可以看出，1882—1891年从浙海关出口的茶叶总额非常大，总趋势是出口增加。其中，1882年是比较特殊的一年。1882年宁波港出口的茶叶每担关平银19.6两，价格较低。当年茶叶质量较差，以致大部分出口到美国的茶叶被斥为不符饮用。由低质而

①　成梦溪：《宁波城市现代化中的新式交通（1840-1949）》，《宁波大学学报》（人文科学版）2014年第2期。

②　中华人民共和国杭州海关译编：《近代浙江通商口岸经济社会概况——浙海关、瓯海关、杭州关贸易报告集成》，浙江人民出版社2002年版，第15页。

导致的低价，使茶叶生产者感到泄气。他们降低制作成本，而不是改善茶叶的质量。茶叶贸易无利可图，宁波茶行数目只有五六家，业务按合股经营。

表4-2中提到的关平银，又称"关平两""关银""海关两"，是清朝中后期海关所使用的一种记账货币单位，属于虚银两。清朝时期，中国海关征收进出口税时，原无全国统一的标准，各地实际流通的金属银成色、重量、名称互不一致，折算困难，中外商人均感不便。

为了统一标准，遂以对外贸易习惯使用的"司马平"（"平"即砝码），又称"广平"，取其一两作为关平两的标准单位。一关平两的虚设重量为583.3英厘，或37.7495克（后演变为37.913克）的足色纹银（含93.5374%纯银）。海关在征收关税时，依据当地实际采用的虚银两与纹银的折算标准进行兑换，关平银每100两在上海相当于规元110两4钱，在天津等于行化银105两5钱5分，在汉口约等于洋例银108两7钱5分。

但是实际上关平银的实际计算标准并不统一，即使同一海关在同一时期用同一地方的银两纳税，兑换率往往也不一致。例如同治、光绪、宣统三朝50年间，天津海关对中国商人以行化银106两5分折关平银100两的标准征税，对外国商人则以行化银105两折算关平银100两。而俄国商人缴纳茶税时，则为行化银103两折算关平银100两。1930年1月，民国政府废除关平银，改用"海关金单位"作为海关征税的计算单位。

1896年9月，杭州开放对外贸易，这对宁波港的影响很大，贸易情况发生变化。整个徽州茶叶贸易，还有洋药（鸦片）贸易，每年价值约关平银300万两，都转向杭州，使浙海关税收减少近关平银70万两（见表4-3）。

表4-3　宁波关出口茶叶数量（1892—1901）①　　　　　单位：担

| 年份 | 平水茶 | 徽州茶 | 年份 | 平水茶 | 徽州茶 |
|------|--------|--------|------|--------|--------|
| 1892 | 28258 | 75235 | 1897 | 61579 | 12468 |
| 1893 | 109974 | 73801 | 1898 | 50579 | 3561 |
| 1894 | 85812 | 74345 | 1899 | 79005 | 299 |
| 1895 | 98390 | 90380 | 1900 | 68600 | — |
| 1896 | 96897 | 78660 | 1901 | 60072 | — |

　　从表4-3中数据可见，当时，一半以上的茶叶贸易已经从宁波市场消失。来自安徽地区的徽州茶叶每年出口7万—8万担，本来一直通过宁波，而现在已转向杭州。当时在开化收茶的徽派商人，也将开化茶直接运到了杭州，再从杭州转运至上海。

① 中华人民共和国杭州海关译编：《近代浙江通商口岸经济社会概况——浙海关、瓯海关、杭州关贸易报告集成》，浙江人民出版社2002年版，第44页。

民<br>国<br>时<br>期<br>的<br>浙<br>江<br>茶

　　元、明、清时期，开化一直隶属于衢州，相沿未变。民国初年，开化属金华道。1927年废除道制，直属浙江省。民国二十四年（1935），设衢州行政督察专员公署，开化属之。

　　浙江，为我国著名的产茶区域，一向在茶叶市场中占有非常重要的优势地位。浙江茶叶的产地，除杭嘉湖及宁绍一带外，淳安、遂安、温州等县亦有大量的出产。在浙江省的75县中，产茶者凡62县，除东北与江苏交界之平原如嘉兴、嘉善、平湖、海宁、桐乡、崇德、德清，以及孤立海中之岛屿如定海、南田等13县外，其他县莫不生产茶。①

　　除一部分充内销茶外，其余均制成箱茶出口。此项茶叶的外销贸易，不仅关系到浙江省的民生经济，还对政府平衡国际收支，亦有莫大贡献。全省茶园面积，据1936年的统计数据约为521536亩（见表4-4），按县分配如下。

---

① 杨振子：《民国时期浙江茶业改良述论》，《农业考古》2020年第5期。

表4-4　　　　　　　　　浙江省各县茶园面积　　　　　单位：亩①

| 县名 | 茶园面积 | 县名 | 茶园面积 | 县名 | 茶园面积 |
|------|---------|------|---------|------|---------|
| 杭州市 | 2000 | 杭县 | 12000 | 富阳 | 85000 |
| 余杭 | 72348 | 临安 | 13500 | 於潜 | 28400 |
| 昌化 | 2920 | 吴兴 | 1000 | 长兴 | 2625 |
| 武康 | 5000 | 安吉 | 2984 | 孝丰 | 22866 |
| 鄞县 | 2000 | 慈溪 | 1270 | 奉化 | 2500 |
| 镇海 | 3243 | 绍兴 | 24000 | 萧山 | 1200 |
| 诸暨 | 30000 | 余姚 | 14290 | 上虞 | 2900 |
| 嵊县 | 27000 | 新昌 | 16000 | 临海 | 2500 |
| 黄岩 | 2250 | 宁海 | 200 | 温岭 | 32000 |
| 天台 | 9840 | 仙居 | 17500 | 金华 | 1000 |
| 兰溪 | 3250 | 东阳 | 1500 | 羲岛 | 200 |
| 永康 | 1350 | 武义 | 1000 | 浦江 | 65 |
| 汤溪 | 800 | 衢县 | 250 | 江山 | 10000 |
| 常山 | 2000 | 开化 | 1885 | 永嘉 | 850 |
| 青田 | 600 | 云和 | 1200 | 建德 | 1000 |
| 瑞安 | 1250 | 缙云 | 3500 | 宜平 | 1300 |
| 淳安 | 120 | 乐清 | 580 | 松阳 | 1400 |
| 景宁 | 250 | 桐庐 | 250 | 平阳 | 28000 |
| 遂昌 | 3000 | 遂安 | 2500 | 泰顺 | 8000 |
| 龙泉 | 500 | 寿昌 | 500 | 玉环 | 150 |
| 分水 | 2500 | 丽水 | 1400 | 庆元 | 50 |
| 共计 | | | 521536 | | |

　　表4-4数据因各县植茶地点不一样，有植于山坡者，有植于平地者，而专开一地以为茶园者甚少，故不能形成正确之统计，然于此亦足见浙江省产茶区域之广矣。

　　民国时期浙江省所产的茶，多为绿茶，红茶为数极少。就品质而言，以杭州龙井绿茶的声誉最高，为世人共赏。

---

① 《浙江之茶》，浙江省商务管理局商品调查业刊第一种，浙江省商务管理局1936年版，第4页，浙江图书馆藏，资料号：632.72/3239。

浙茶以产品分为四类：（一）杭湖茶，为杭市、杭县、余杭、临安、於潜及吴兴、长兴、安吉、孝丰、武康等县所产者；（二）平水茶，为绍兴、新昌、上虞、陈县、诸丰、余姚、萧山等县所产者；（三）温州茶，为温岭、平阳、青田、泗水、遂昌、云和、乐清等县所产者；（四）分水茶，为分水、淳安、寿昌、开化等县所产者。除以产区分别外，有依茶之生产地点而名者，如龙井狮峰；有依其形状而名者，如旗枪、圆茶；有依其采摘之时间而名者，如雨前、熙春；有依其制法而名者，如红茶、绿茶、砖茶等等。此外各种更有粗细之分，名目繁多，不一而足。然以国际贸易上言，则大都依其制法而分，即红茶、绿茶及砖茶三种是也。①

　　当时，浙江省产红茶之地，仅有杭市、杭县、余杭、临安、长兴、武康、镇海、绍兴、诸暨、兰溪、永康、开化、淳安、桐庐、寿昌、瑞安、平阳、泰顺、松阳、庆元20县。绿茶则凡产茶诸县，皆有生产。

　　自晚清至民国时期，开化所在的遂淳产区（分水茶）在浙江乃至全国茶叶出口中都占有重要的一席之地。当时，茶叶产区已经出现集收购、加工、运输为一体的茶栈。浙江的主要茶栈分布在四个区域：平水区茶栈、温州区茶栈、遂淳区茶栈、杭湖区茶栈。遂淳区的绿茶，在清末已出口。当时淳安的威坪镇是遂（安）、淳（安）、开（化）、歙（皖）四县的茶叶集散地，制成的珍眉茶统称遂绿。②

　　彼时，中国出口茶叶主要的产区集中在浙赣皖三省，其中赣皖产区以出口红茶为主，产区涵盖祁门、德兴和浮梁。浙江外销的绿茶

---

① 《浙江之茶》，浙江省商务管理局商品调查业刊第一种，浙江省商务管理局1936年版，第5页，浙江图书馆藏，资料号：632.72/3239。
② 毛祖法等主编：《浙江茶叶》，中国农业科学技术出版社2006年版，第67页。

以珠茶和眉茶为主，产区主要集中在曹娥江流域和包括开化在内的新安江流域（其中还包括婺源、休宁、绩溪、歙县等皖赣地区）。

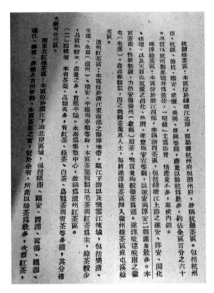

图4-1　浙江茶叶产销文献

在图4-1这份关于茶叶产销的文献中，我们可以看到"遂淳绿茶区"的分布。"位于浙江西部，亦称浙西茶区，包括钱塘江上游之遂安、淳安、开化、建德，以及天目山东区之昌化、於潜、孝丰与安吉等县，以遂安与淳安两县产量最多。本区茶叶，性状装潢，力仿安徽徽州（歙县）眉茶，唯质量均较徽茶为逊。遂淳毗连皖南之徽屯（屯溪），产品亦类似，因之我们茶叶界人士，每将遂淳绿茶区归入徽州绿茶区或屯溪绿茶区。"[1]所以，当时开化所产的茶叶被归为"遂绿"。

在由浙江省建设厅主办的《浙江省建设月刊》1930年第4卷第5期上所载俞海清所著的《浙江茶叶调查计划》一文中提道："茶为我国固有之产物，溯自周秦，即有饮用。降至晋唐，更为风行。自与海外通商以来，茶叶在对外贸易史中，即占有重要地位。1820年，茶叶输出额占普通货物四分之三。1867年，占五分之三。1886年输出量达200万担以上，值银三千三百余万两，足见已关系国计民生。浙江向来为我国的产茶区域，民国十五年，浙江出口茶叶量为339388

---

① 吴觉农：《皖浙新安江流域之茶叶》，安徽省立茶叶改良场刊1934年版，第1页，浙江图书馆藏，资料号：632.72/3029.2。

担，值银1164000两，占浙江省土货输出总额百分之三十以上。对于浙江省经济所占地位之重要，可想见矣!"①

1946年第22卷第7期的《商业月报》上，有一篇张璇铭所撰写的《浙江茶业前途的展望》，也提到了浙茶在茶叶市场中的重要地位。

"浙江，为我国著名的产茶区，虽不能算为全国第一，但也一直在茶叶市场中占着非常的优势。浙江茶叶除一部分充内销茶外，其余均制作箱茶出口。此项茶叶外销贸易，不仅关系浙江省民生经济，即对政府平衡国际收支，亦有莫大之贡献。"②

1936年第9卷第11期的《浙江省建设月刊》上，一篇署名为朱惠清的《浙江之茶》中，也对浙江茶叶有着较高的评价。"我国饮茶历史极为久远，传始于神农氏尝百草……产茶诸省中，尤以湘、皖、赣、闽、浙等省为著。浙江省以其地势之优越、气候之适宜，产量虽次于湘、皖，而茶之品质则过之。"③他将开化茶归为第四区分水区，分水茶为分水、淳安、开化等县所产。

当代茶圣吴觉农先生曾于1923年4月30日在祁门茶叶改良场写下《皖浙新安江流域之茶叶》一文，并于1934年发表在安徽省立茶叶改良场刊第三期上。他认为，新安江流域一带的珍眉绿茶区，产量固然较昌江及娥江两流域为多，品质也比那两区更胜一筹。

浙江省的制茶行业是随着出口的扩大而逐步形成和发展起来的。民国时期，随着茶叶消费的增长和商路的开辟，在杭州、温州、遂安、淳安茶区，都开设和发展了一批茶庄、茶号。其中，开化的万康元、郑康元茶号就是这一时期较为有名的茶庄、茶号。在俞海清所著

① 俞海清:《浙江茶叶调查计划》,《浙江省建设月刊》1930年第4卷第5期，浙江图书馆藏，资料号: 3212131910。
② 张璇铭:《浙江茶业前途的展望》,《商业月报》1946年第22卷第7期，浙江图书馆藏，资料号: 0022732740。
③ 朱惠清:《浙江之茶》,《浙江省建设月刊》1936年第9卷第11期。

的《浙江茶叶调查计划》一文中，他将开化划在第四区，属金华道。"查本省产茶之县，约达40。拟划为四区……金华道为第四区……为开化遂安淳安等县……其地与安徽之徽州、江西之玉山等产茶名区相接壤，其土质气候，颇宜植茶，且万山重叠，交通阻滞，其他事业，不甚相宜……故以为发展浙江茶之余地也。"[①]

虽然因人因时不同，开化茶叶所属产区有所不同，但无论是遂淳区、分水区还是金华道，民国时期的主管部门已提出大力发展开化等地的茶叶。因为不仅其地与安徽之徽州、江西之玉山等产茶名区相接壤，其土质气候颇宜植茶，而且万山重叠，交通阻滞，其他事业不甚相宜。大力发展该地区的茶叶种植、生产和销售，不仅可以提振当时的出口贸易，更关乎国计民生，可平衡国际收支。

写于1927年的《浙江之茶业》对开化茶产业状况有更进一步具体细致的描述，"（浙江）茶之产地，其他旧衢州府属之开化江山……亦均有相当之产额……衢州府属如……开化县之东乡北乡诸山亦为产茶极盛之地"[②]。

在1923年的浙江各县产茶地亩表中，开化县产茶地面积为67071亩、常山为372亩、淳安为17097亩、江山为3754亩、新昌为120000亩，绍兴为107893亩。可见，当时开化茶叶的产量非常大，茶园面积仅次于新昌、绍兴，远超于建德、淳安、江山等地，是浙江省内第三大产区，也是浙西茶区的核心地。

这一时期，浙江出口之绿茶多运往上海第一茶市。据上海商业储蓄银行调查部1931年出版的《茶》中显示，通过上海茶市出口或转运的茶叶，大体分为箱茶和毛茶两类。其中，箱茶主要有徽州茶、

① 俞海清：《浙江茶叶调查计划》，《浙江省建设月刊》1930年第4卷第5期，浙江图书馆藏，资料号：3212131910。
② 《浙江之茶业》，《中外经济周刊》1927年第220期，第1页，浙江图书馆藏，资料号：5000623233。

祁门茶、平水茶、玉山华埠茶、德兴茶、两湖茶诸品。其中，将彼此毗邻的江西上饶市玉山县和浙江开化县华埠镇的茶写在一起，合称"玉山华埠茶"，可见当时就包含了开化茶。[1]

但当时的中国外销茶行业，正面临着前所未有的挑战和危机，自清末以后，中国茶叶在国际市场上所处的垄断地位，已不复存在。其中的原因，一方面是日本、印度、锡兰等新兴的产茶国开始分庭抗礼，和中国抢占国际市场；另一方面则是因为战争。太平洋战争的爆发，直接影响了中国茶叶的出口。但开化地区的茶叶，仍得以幸存和生产。正如，吴觉农先生在《皖浙新安江流域之茶业》中曾经评价过的，新安江流域的珍眉绿茶还在最后挣扎着，这也得益于得天独厚的条件吧。[2]

《浙江茶叶》中提到，当时出口海外的珠茶主要产区在绍兴、余姚一带，因最大的集散地和精制加工点在绍兴平水，故统称"平水珠茶"。而眉茶的主要产区在淳安、遂昌、开化、长兴等地。晚清时，开化所在的淳遂区便是浙江四大产茶区之一。其他产区则为平水、温州、杭州，其中温州以红茶为主。

在浙江省档案馆的历史资料中，我们查到浙江省合作事业管理处编写的刊物《茶叶》。其中，1936年有一篇《茶叶合作产销业务计划纲要》写道，"本省平水淳遂温州为三大产区……毛茶集中区淳遂区为淳安遂安开化三县……茶叶运销以运销上海为原则……经营国际贸易。淳安设一厂（开化茶主要运往淳安）"[3]。

在查阅《开化林业志》时，我们发现其中有关于开化茶厂的相关记录。据《浙江省茶业统计》记载，开化县经浙江省登记合格的茶

---

① 上海商业储蓄银行调查部编：《茶》，1931年铅印本，第21页，浙江图书馆藏，资料号：664.28/21301。

② 何建木：《商人、商业与区域社会变迁——以清民国的婺源为中心》，博士学位论文，复旦大学，2006年，第96页。

③ 《茶叶合作产销业务计划纲要》，1936年，浙江省档案馆藏，资料号：L084392。

厂，光绪三年（1877）建厂的有一家，1931年建厂的有两家，1936年建厂的有三家，1937年建厂的有一家。资金额均在5000元以上，其中1万元以上的有两家。1939年有万康元、万康元合记、万康元信记、同兴华、同兴昌、祥丰永、惠康、发芬原八家茶厂，出厂箱茶4436箱，重2691.26市担，占金衢严区产量的8.91%。出厂箱茶花色有抽芯855箱，重567.72市担；珍眉1482箱，重945.74市担；特珍524箱，重326.56市担；针眉392箱，重235.85市担；秀眉421箱，重247.45市担；贡熙756箱，重363.98市担。[①]资料显示，彼时的开化茶叶出口业务是相当活跃的。不仅从业厂家众多，而且花色品种丰富。虽地处偏僻浙西，但也成为浙江茶叶经济中一个重要的部分。

① 《开化林业志》编写组，童献南、郑民荣编纂：《开化林业志》，浙江人民出版社1988年版，第126页。

抗战时期的开化茶厂

　　眉茶（mei tea），是当时中国绿茶出口的主要品种。"mei"之于中文，意为"眼眉"。眉茶因其细长如眉，故名。可细分为"珍眉""秀眉"等，其外形紧结匀嫩，香高持久，味浓鲜爽。浙江眉茶在19世纪后期主要销往美、英、法等地，但清末民初以来，内销的比重开始增加。1931年，抗日战争爆发，阻碍了茶叶的外销。在1938—1939年间，敌人虽占领了上海，但因温州宁波尚未沦陷，所以茶叶外销还不至于有什么变动。同时，中国茶叶公司与浙江省油茶棉丝受理处都能深入产区，以合理的价格收购毛茶，自行制作，再统筹运输出口，茶价也因而提高。彼时，毛茶每担可达40—50元。茶农卖茶所得，可购米5—6担，那时可说是茶叶在战时的一个黄金时代了。以图4-2的数据为例，1939年金衢严区的炒青毛茶，尤其是来自华埠的炒青，每担最高市价为34.40元，最低市价也有26.80元。

　　以图4-2中1939年5月份金衢严区的毛茶市价统计数据为例，我们可以看到当时每担炒青的平均最高价可以达到36.16元，每担烘青的最高价是36.60元，每担晒青的最高价是28.50元。

浙江省金衢严区毛茶市價統計表
二十八年五月份

| 茶價 種類 産區 | 妙 | 青 | | 烘 | 青 | | 晒 | 青 | |
|---|---|---|---|---|---|---|---|---|---|
| 格 | 每 | 擔 價 | 格 | 每 | 擔 價 | 格 | 每 | 擔 價 | 格 |
| | 最高 | 最低 | 普通 | 最高 | 最低 | 普通 | 最高 | 最低 | 普通 |
| 淳 　 橷頭 | 32.40 | 31.60 | 32.00 | | | | | | |
| 十五都 | 39.20 | 28.40 | 33.80 | | | | | | |
| 安 　 威平 | 37.60 | 30.10 | 33.55 | 36.60 | 32.10 | 34.35 | | | |
| 開 　 華埠 | 34.40 | 26.80 | 30.10 | | | | 28.50 | 26.50 | 27.50 |
| 化 　 焦坑口 | 32.30 | 24.00 | 28.15 | | | | | | |
| 遂 　 城區 | 38.00 | 25.10 | 31.55 | | | | | | |
| 安陽炊 | 34.00 | 25.50 | 29.75 | | | | | | |
| 十三都 | 39.10 | 32.20 | 35.65 | | | | | | |
| 九都 | 36.20 | 24.00 | 30.10 | | | | | | |
| 橫沿 | 36.20 | 24.00 | 30.10 | | | | | | |
| 龍門里 | 37.30 | 23.70 | 30.50 | | | | | | |
| 安 　 鄭家 | 37.30 | 23.70 | 30.50 | | | | | | |
| 平 　 均 | 36.16 | 26.57 | 31.39 | 36.60 | 32.10 | 34.35 | 28.50 | 26.50 | 27.50 |

图4-2　浙江省金衢严区毛茶市价统计表（1939年5月）[①]

①　《浙江省油茶棉丝受理处茶叶部十月份工作报告书》，载《浙江省之茶业统计》，1939年，浙江图书馆藏，资料号：664.28/3239.3。

当时，为了争取英美市场，人们致力于改良产品，提倡精制绿茶和精制红茶。为了训练与组织茶农，政府组建战时合作工作队，许多知识青年深入茶区，组成茶叶产销合作社，一种为抗日而奋斗的朝气，充溢在山峦间。

浙江省农业改进所在1940年的茶叶改进工作报告中提到，"茶叶为浙江省特产，产区宽广，产量甚巨，其中著名外销茶产区凡三：一为曹娥江流域……二为新安江流域之遂淳区，以产珍眉绿茶著称……其著名产地包括淳安、遂安及开化等县"。为提高茶叶品质，增强国际信誉起见，当时的浙江省农业改进所"在宁波永嘉两地设立宁绍台温处茶叶检验处……期间几经努力，外销茶之品质大为改进"，"本所改进机构划定……遂安区以淳安、遂安、开化等县为指导改进区域"[①]。

1939年，为完善全县各产茶区的生产登记管理，浙江省油茶棉丝受理处茶叶部还做了全省茶厂茶行的摸排登记。其中登记合格的茶厂306家，茶行214家。

　　登记在册的茶厂如下。
　　宁绍台区：绍兴68家、诸暨9家、新昌6家、余姚3家、鄞县6家、上虞15家、奉化13家、嵊县44家；
　　金衢严区：遂安32家、淳安10家、开化9家；
　　温处区：平阳64家、永嘉20家、泰顺5家、缙云1家、庆元1家。
　　登记在册的茶行如下。
　　宁绍台区：嵊县38家、上虞8家、绍兴5家、新昌40家、

① 浙江省农业改进所：《浙江省农业改进所二十八年度工作报告》，1940年，浙江图书馆藏，资料号：630.763/3239.3。

萧山4家、临安1家、鄞县5家、富阳2家、建德1家、浦江8家、镇海8家、天台33家、黄岩3家、温岭1家；

金衢严区：淳安7家、开化2家、东阳4家；

温处区：平阳25家、缙云2家、青田1家、泰顺1家、永嘉15家。

同时，1939年还登记了茶叶运输业。全省合格运输业的分布如下：金华26家、兰溪39家、永康17家、开化1家、瑞安4家、平阳7家、嵊县7家、丽水33家，共计134家。

另外，战后因贸易委员会的积极调整，出口数字逐渐上涨，所以茶叶部根据1938年的出口情形，事先预计产制数量，而本省茶商于去年国际销路之健旺，故本年经本部举办登记之结果，茶厂茶行数量，亦见增加。对于本年各县预定制茶数量，也统计了各县各区预制箱茶数额：绍兴124000箱、诸暨26800箱、上虞35500箱、嵊县58100箱、新昌19500箱、余姚2200箱、鄞县6100箱、奉化17700箱、永嘉2000箱、泰顺4200箱、平阳35400箱、丽水2000箱、开化5500箱、淳安4800箱、遂安28660箱。

从这些原始材料中，我们可以看到，虽然战争爆发，但浙江省各茶区的生产工作并没有停止。其中，有一重要的人群起了作用，那就是"水客"。根据茶叶部的记录，水客的工作主要是收购毛茶，类似于现代的茶叶采购者。"本部对于茶厂派赴各地山头收买毛茶之水客，应负有鉴别丑劣之责任。本年因茶厂增加，不免滥竽充数之辈，故迅速举办登记，藉免良莠不齐。况值此非常时期，各地军警稽查至为严密，倘给予证明，对于茶厂收茶将会便利多多。"由各茶厂派往山头收买毛茶的人称为水客，由茶叶部统一登记，并出台了《茶叶水客登记规则》。根据调查员报告，合格者则由茶叶部给予办理合格证（见表4-5和表4-6）。

表4-5　　　浙江省登记合格水客籍贯年龄服务年历统计
（1939年6—9月）①

| 籍贯 | 总人数 | 年龄 | 人数 | 服务年历 | 人数 |
|---|---|---|---|---|---|
| 绍兴 | 146 | 30—35 | 68 | 1—5 | 171 |
| 嵊县 | 49 | | | | |
| 诸暨 | 36 | | | | |
| 安徽 | 23 | 36—40 | 41 | 6—10 | 94 |
| 奉化 | 22 | | | | |
| 平阳 | 17 | | | | |
| 瑞安 | 14 | 41—45 | 47 | 11—15 | 30 |
| 新昌 | 13 | | | | |
| 淳安 | 12 | | | | |
| 永嘉 | 4 | 46—50 | 74 | 16—20 | 18 |
| 泰顺 | 2 | | | | |
| 开化 | 2 | | | | |
| 衢县 | 1 | 51—60 | 81 | 21—25 | 14 |
| 江山 | 1 | | | | |
| 上海 | 1 | | | | |
| 余姚 | 1 | 61岁以上 | 32 | 26—30 | 17 |
| 上虞 | 1 | | | | |
| 海宁 | 1 | | | | |
| 孝丰 | 1 | 70岁以上 | 4 | 30年以上 | 3 |
| 遂安 | 0 | | | | |
| 鄞县 | 0 | | | | |
| 合计 | 347 | 合计 | 347 | 合计 | 347 |

① 《浙江省油茶棉丝受理处茶叶部十月份工作报告书》，载《浙江省之茶叶统计》，1939年，浙江图书馆藏，资料号：664.28/3239.3。

表4-6 浙江省各县登记合格水客逐月统计（1939年）① 单位：人

|  | 6月 | 7月 | 8月 | 9月 | 合计 |
|---|---|---|---|---|---|
| 绍兴 | 19 | 80 | 2 | 28 | 129 |
| 嵊县 |  |  | 20 | 23 | 43 |
| 上虞 | 2 |  |  |  | 2 |
| 新昌 |  | 1 | 16 |  | 17 |
| 奉化 |  | 14 | 8 |  | 22 |
| 诸暨 |  | 27 | 10 | 5 | 42 |
| 鄞县 | 2 |  |  | 2 | 4 |
| 开化 | 16 |  |  | 4 | 20 |
| 淳安 | 12 | 9 | 9 | 1 | 31 |
| 永嘉 |  |  |  | 14 | 14 |
| 平阳 |  | 4 | 8 | 5 | 17 |
| 瑞安 |  |  |  | 4 | 4 |
| 泰顺 |  |  |  | 2 | 2 |
| 合计 | 51 | 135 | 73 | 88 | 347 |

　　从表4-5和表4-6的水客统计中，我们可以看到当时活跃在开化地区的水客约有20人。水客的主要工作是负责为茶厂收购毛茶。

　　我们在前文中已经提到1939年在开化当地登记的茶厂有9家，那么这9家是怎么样的规模呢？9家中有两家茶厂的资本额在1万元

① 《浙江省油茶棉丝受理处茶叶部十月份工作报告书》，载《浙江省之茶叶统计》，1939年，浙江图书馆藏，资料号：664.28/3239.3。

以上，7家茶厂的资本额在5000元以下。这与绍兴的万元茶厂有43家、嵊县的万元茶厂有29家、平阳的万元茶厂有55家的规模相比，还比较少。1939年开化茶叶加工的规模，与邻近的淳安相似。而这9家茶厂都属于商营性质的非合作社制茶厂。

那么，这9家茶厂生产出来的茶叶，又是如何运输出去的呢？当时政府在各地设立了茶叶仓运受理站点。金衢严区的站点是威坪、兰溪、金华、江山、永康；宁绍台区的站点是临浦、曹娥、宁波、新昌；温处区的站点是丽水、永嘉、鳌江。其中，兰溪受理站分配人员为严志远、孙功熙、王德润，他们三人需要负责查验超运及过境茶叶。开化茶叶，要经过常山、衢县，再运到兰溪。可是，自从香港沦陷后，海口被敌人封锁。1940年中茶公司所收购精制的箱茶就无法出口，存储在平水区50多个仓库中。1941年因已制成的箱茶无法运销，毛茶当然无人问津。经过多方呼吁，由浙江省建设厅、茶厂联合会、中茶公司、中国银行，联合办理了一种救济茶农的茶贷，分设7个毛茶集中处收购。但茶农因饥饿难耐，早就以一百元四担毛茶的价格转售给茶商与茶贩，政府再由茶贩手中以75元价格收来，因此获得救济实惠的并不是真正的茶农。[①]在这种茶价惨跌的情况下，茶农惨遭灾难，尤其是会稽山里。因为山多田少，一向以茶为生，加上战时粮食管控，造成缺粮县份严重饥荒。山乡的茶农，只好将家里稍微值钱的家具变卖换米，但也只能聊济一时之急，老弱幼稚的惨遭饿毙，年富力壮的逃亡他乡。

1941年12月7日，日本联合舰队偷袭美国太平洋舰队基地珍珠港，太平洋战争爆发。在此之前的1941年4月17日，绍兴沦陷，其后，瓯海、宁波、温州相继失守。

1942年5月，日寇对浙东地区发起攻势，整个平水被占领，中

---

① 当时的米价每担是45元左右。

茶公司收储在平水区的茶叶全部损失，茶农更陷入悲惨艰苦的境
地。山峦重重的茶区，正是散兵游勇集结之地，因此欺诈勒索甚至
危害生命的事件层出不穷地上演着。农民因为种茶毫无利益，粮食
又如此昂贵，无奈之下只好把茶树砍倒换种稻粮。即使侥幸未被砍
去的，也因为数年来荒芜而不能生出好的茶叶来。中茶公司浙江省
分公司会同贸易会浙江办事处等相关机构和部门，在遂淳区积极推
广茶农合作业务，并在开化设立了2—3处联合精制厂，所产茶叶均
由中茶公司统一收购。① 当时作为茶叶改良主管机构的浙江省建设
厅在各茶叶主要产区，包括温州、杭州、平水、遂淳区，分别设立
茶叶指导所和茶叶改良场，开展茶叶合作事宜，以期在茶叶的内销
和外销上都有所提升。

　　当时的开化茶厂并不在县城的城关中心，而是在华埠镇。开化
茶厂原本只有总厂和白渡分厂两处，后来为了解决毛茶的收购和加工
问题，又新建了另外两个分厂。

　　事件源于1941年8月1日中茶浙江分公司一份关于协和乡未收
毛茶问题之意见的历史文件。文件分析为什么开化协和乡的毛茶收购
进度不尽如人意的原因时指出："过去婺源茶价较高，多向该处出售，
本年仍存此心以致观望。协和乡以茶叶为主，粮食较少。如协和乡茶
加入精茶则可提高箱茶品质。五祥乡茶叶也较好。"②

　　由此可见，开化与江西婺源、安徽屯溪等产茶地，不仅地域接
壤，而且在茶叶贸易上也存在密切关系。由于婺源的茶叶价格较之开
化的价格要高，所以当地的茶农存在观望心态，导致开化的毛茶不能
如期收购，进而影响茶叶精制出口。这种情况不是一年两年的事，而
是存在相当一段时间了。对此，中茶浙江分公司认为，应该加强开化

① 《四月二十三日晚谈话会吴协理报告记录》，《万川通讯》（合订本）1942年，第
95页。
② 中茶浙江分公司卷宗，浙江省档案馆藏，资料号：L067-004-1261。

当地毛茶的收购进度，尤其是协和、五祥两地的毛茶，如果加入精茶则可提高箱茶品质。

中国茶叶公司开化茶厂于1941年8月8日举行第二次厂务会议，也就是在中茶浙江分公司的这份文件出台的7天之后，便专门为此项收购问题召开了会议。会议主题是如何解决协和、五祥两乡毛茶收购一事。根据会议纪要，除总厂及白渡分厂外，在开化的华埠镇另设分厂，采茶工及炒工则从婺源招募。以前万康元茶号为第一分厂，以白渡为第二分厂，以前万泰元茶号为第三分厂。至此，开化茶厂形成一个总厂加三个分厂的构建体系。

开化茶厂建成后，当时万川通讯社的记者专程赶赴开化采访，并于1941年写下《开化茶厂剪影》一文。[1]

华埠镇位于开化县的南面，从衢开公路到开化的人们都要经过这里。所以，这个小镇慢慢繁荣起来了。开化茶厂就在这个小镇上。（开化茶厂分为总厂、一、二、三厂）

总厂是原来的万康元茶号，总厂并不制茶，只负责对三厂的业务指导和行政事宜。

第一厂。第一厂厂址就在总厂的边上。它是6月24日开工的。当下，首批毛茶260担，除掉副货，已制成抽芯四五件、特供四五件、珍眉六五件，再加上其他花色一共二百八十余件。待各号花色补齐后，即可匀堆成箱。

箱板已购就，铅罐则因中茶浙处承发的铅条尚未运到，已先向当地茶号购进存罐五百余个，每个价值六元。因为生活指数日高……炒工工资改为五角（原系四角），拣工工资改订为每斤三分（原系二分四厘）。

---

① 此文载于《万川通讯》（合订本）1942年，第75页。

第二厂。第二厂设在离华埠镇十五华里的白渡村上。

第三厂。第三厂接近总厂，两个厂门相互可以看得见。它是为了补第一、二厂场面的不足。有吊筛、手筛100面。目前入厂毛茶有26480市斤，本月14日开始复火和打毛筛。

因人手不足，向江西玉山雇炒茶工。


开化茶厂当时的全称是中国茶叶总公司浙江分公司开化茶厂，其生产的茶叶由中国茶叶总公司浙江分公司统购统销。从此文可见，当时，开化茶厂所生产的茶叶大多为外销茶，其所用的箱板、铅罐和铅条，由浙江分公司提供。而为了解决炒工不足的问题，需向玉山、婺源等地雇用工人。

在茶叶的采摘和制作过程中，匀堆对于茶厂来讲也是一件"盛事"，其重要性类似于现代的"开采"环节。每年春茶季一到，各地茶区都要隆重地举办"开茶节"或者是"开采节"，部分县域还会去北京、上海等一线大城市举办新闻发布会。而在民国时期，对于茶叶加工厂而言，更重要的是"匀堆"，这意味着一年的生计正式开始了。

"开化茶厂的茶叶匀堆也请了一位小姐来剪彩。她拿着一（把）茶叶，严肃地站在围成长方形盖着大幔布的茶箱上，旁观者也是屏声息气。炮声一响，她像天女散花一样，把篓中的茶叶，散到大幔布中，接着是茶司们迅捷而紧张地工作。"

有一个叫黄炽的人，在现场目睹了这一盛大的匀堆仪式，并做了珍贵的记录。这位小姐是谁，不得而知。不过，从文中的描述，我们可知这个"匀堆"的精制过程，在当时是非常重要的加工环节，需要公开举办仪式来进行。而且，还有一个专门的工种"茶司"。

什么是茶司？

《中国茶叶大辞典》解释茶司为茶马司简称，乃官署名。宋代

以后专掌茶马贸易的机构。初为茶场司与买马司合称，熙宁七年
（1074）始置官管理成都收买茶货，以供奉凤熙河路买马之费，遂置
茶场司。元丰四年（1081）合二司为一。庆元六年（1200）以提举
茶事兼理马政，改称都大提举茶马司。嘉泰三年（1203）复分二司。
凡市马于边区则以茶交易。置都大提举及主管、同主管官，许其自置
僚属。明初沿置于秦州（今甘肃临夏）、洮州（今甘肃临洮）、河州
（今甘肃天水）、雅州（今四川雅安），管理同少数民族地区茶马交易。
明洪武十五年（1382）改令，以河州兼官。三十年曾改秦州为永宁
（今四川叙永）茶马司，后复旧。清代于陕西、甘肃、云南等地设置
茶马大使，掌茶马交易事宜。茶马司主要职能为"易马赏番"，定期
招番互市，将每年以茶易马数造册上报朝廷，并把所市马依例分给边
卫骑操或苑马寺牧养。①

　　历史上的茶司是对财政和国防有举足轻重作用的职位，但是开
化茶厂这里提到的"茶司"应该不是指茶马司，而是擅长匀堆的娴熟
制茶能手。不过，从现代绿茶的制作工艺来看，并无"匀堆"这一环
节。可见，当时的"匀堆"应该类似于现代工艺中的"拼配"。在毛
茶制作完成后，将不同批次的茶叶拼配在一起，再装箱销售，视为茶
叶精制加工。

　　这一时期开化茶叶的品目，其类至繁。就普通产地而言，有高
山茶、平地园茶之别，高山茶比平地园茶更佳。就采摘季节而言，在
茶芽初萌即采者，谓之春前。在清明节前所采者，谓之明前。谷雨节
前所采者，谓之雨前，亦曰早春。立夏节前所采者，谓之迟春。立夏
节后所采者，谓之夏茶。五月采者谓之梅尖，六月采者谓之梅白，至
立冬者尚有采者，谓之小春。

　　就茶之形状而言，茶芽初发时，其叶尚卷而不舒。及茶芽转绿

---

① 　陈宗懋主编：《中国茶叶大辞典》，中国轻工业出版社2000年版，第13页。

色而未放者，谓之莲心。至其芽略放大，而形如雀舌者，谓之雀舌，亦曰枪茶。至茶芽初放一叶，余叶尚卷而未敷者，谓之旗枪，盖以所放之叶喻旗，而以未放之叶喻枪也。至茶芽全敷为叶，则悉称老茶。就制造方法而言，旧式有长形圆形两种，长形者叶多揉扁，俗称芽茶；圆形者制为拳状，旧有龙团凤团之称。

1940年还发生了一件事，开化郑康元茶厂所制箱茶未进总厂仓库。为此中国茶叶总公司还让浙江分公司特地下派人员进行调查，并写出了一份调查报告。在这份工作报告中，这样写道：

> 华埠郑康元茶厂二十九年度当有箱茶一批计三万余件，而香港分公司曾预付该厂茶款……但该批箱茶迄今仍未进仓……遂成悬案。该厂经理王蓬辉称，该批箱茶三万余件系上海忠信昌茶，是驻浙代表黄子奥于二十九年度时委托本厂代制……须要借本厂（郑康元）牌号及负责人（王莲辉）方能向收购机关申请登记及收购。该批箱茶尚未进仓时，黄已向香港分公司预领茶款。名义上由郑康元茶厂领得，但实际上由黄领去，故不进仓，以免以后发生纠纷。[1]

而此时的遂淳产区，也正遭受着战争的危险。文献中记录了当年度茶事动态情形，"本年遂淳区茶厂在浙东战事未发生前仍有三处合作社茶厂向贸会浙处遂淳区工作站申请登记完竣……嗣以战事日益扩大，遂淳区各厂无法开工。自开化厂结束后，衢州战事日益严重，及上月二日，华埠首次遭受轰炸，四日又炸一次"。

在一份中茶浙分公司遂淳区收茶处写于1941年10月的工作日记报告中有这样的记录，"各厂本批箱茶已进仓……虽开化、十五都两

---

[1] 《浙江之茶业》，《中外经济周刊》1927年第220期。

厂已在陆续进仓中……开化十五都两厂全部进仓完竣后即可派员分赴各该厂同时办理扦样过磅。十月中旬扦磅，十二月揭秘送核。自评分结束后，茶师将茶叶评价单送业务系办理翻密。当交由密码室，按照密码记载簿分别翻揭密码。并填具明密码对照表一式两份，一份由业务系妥收，一份交由郑兼主任亲带永康呈请核办"[①]。

　　当时的箱茶是用于出口的，茶师要对茶叶进行密码评价，包括抽珍天、珍眉地、特针元、针眉黄、虾目宇、贡熙宙。并且有专门的密码室和密码本，管理非常细致。

　　太平洋战争的爆发，使得战火蔓延至海上，战争切断了中国茶叶的外销。这一时期，茶叶除一部分精制后出口，另一部分则积极开展内销。在1941年11月3日开化茶厂剩余晒青不予收购案卷宗中，记录有"本厂今年收进毛茶生茶多于炒青，恐不及制完，影响成本，拟请提早结束，请核示"。今年收进毛茶生条多于炒青，此乃开化历年产茶之状况。以成箱额从速进仓，未制生条暂由浙江分公司收购，改为内销茶。这是一份衢县茶叶研究所请转吴协理觉农的电文，中茶浙处给出的回复是"不合收购一节"，称要"必待精制再予收购"[②]。

　　吴觉农在1942年4月27日给时任中茶浙江分公司朱义农的一份电文里写道，"淳遂开三县茶叶合作事业系由浙江建设厅合作管理处主办，会同贸会浙处和中茶浙分公司等有关机关共同推进"。东南茶叶改良总场（吴觉农所在）此时"因公留渝"。开化茶厂关于剩余生条收购一事如何处理，仍需卓裁。最后，几经反复推送，这批开化的生条毛茶转由安徽屯溪出售。

　　虽然战火连连，但开化一直没有中断茶叶生产。1941年，开化

① 《浙江之茶业》，《中外经济周刊》1927年第220期。
② 《开化茶厂附剩余晒青不予收销案》，中国茶叶公司浙江分公司卷宗，1941年，浙江省档案馆藏，资料号：L067-004-1261。

县还曾从温州购进旧式制茶机两台。当年开化县有制茶厂三四家，出厂箱茶759.95市担，价值达53264.89元，主要有毛峰、雨前、雀舌、珍眉等品种。①

1942年，中茶浙江分公司要求各区收购样茶，其中开化属遂淳区，有抽珍、珍眉、特针、特贡、针眉、贡熙等。其包装及唛头分别标为"天、地、元、黄、宙、洪"。

1942年6月一份由中茶浙分公司遂淳区收茶处给浙分公司的请示报告，记录了呈送本处财产物资紧急处理及撤退经过。

"查本年五月间，浙东一带敌人又度蠢动……本处将重要文件账册等公物，派郭仲光钟立德押至华埠，期于必要时绕道回返浙茶……敌人又由建德境内经手，寿昌遂安边境犯龙游，故6月1日由遂安撤退至华埠继续工作。待至华埠于6月4日起即将收购开化茶厂晒青之未了事宜赶办完竣，但敌人又由龙游犯衢县常山等地（常山离华埠四十余里），回浙茶之路已封，故我经越马金镇步行撤退屯溪。5月18日奉浙分公司电开化茶厂剩余晒青准予收购。即日……速办过磅，但该项晒青均系散装，需全部逐一过磅。经日夜赶办，始于27日磅竣，并办理成交手续。6月2日，敌机轰炸华埠，幸该项晒青原堆仓库安全无恙。该项晒青原储开化第一厂（即前万康元茶厂）和第三厂（即前万泰元茶厂），自华埠被炸，战事日见迫近，自应紧急疏散，但此时人工贵昂，仅搬运费已达……（约占总值五分之二）乃不得不仍储原址另候处理。并派本处职员钟立德、勤工陈阿炳负责留守看管（后开化三厂在华埠沦陷时被焚）。"②这是当时呈浙茶分公司的一份文件，由此可见当时开化所在的遂淳区茶叶对国民经济的作用非常大。在中茶浙江分公司1941年成立遂淳区箱茶收茶区和有关业务情形的

① 《开化林业志》，浙江人民出版社1987年版，第126页。
② 《收茶须知》，中国茶叶公司浙江省分公司卷宗资料，1951年，浙江图书馆藏，资料号：F762.2/564。

报告卷中，其中1941年遂淳区收茶处张寿基给浙茶分公司的一份便函中提道：开化厂成本达175元之高，唯品质正优。虽然开化厂的制茶成本较高，但品质非常优良。即使战争期间，生产也没有停止，反而加快了茶叶的收购、制作、运输和销售。

到1948年时，开化县只剩下了惠康一家制茶厂，收购毛茶281市担，制成箱茶176市担。精制的茶叶装以锡罐，套以木箱，外用箬片竹篓包装启运。外销茶分箱茶、篓茶两种，箱茶由本县茶号复制，篓茶则运销杭州，品名有抽芯、珍眉等七种。

1949年5月4日，开化县解放，归属衢州专区，开化茶叶也快速恢复了生产。我们可以从表4-7的1952—1961年数据中，看到这欣喜的增长。1955年衢州专区撤销，开化县属建德专区。1958年12月又改属金华专区，1985年5月撤销金华专区，分置金华和衢州两省辖市。自此，开化县属衢州市至今。

表4-7　开化县历年茶叶产量分布情况（1952—1961 年）

| | 年份 | 1952 | 1953 | 1954 | 1955 | 1956 | 1957 | 1958 | 1959 | 1960 | 1961 |
|---|---|---|---|---|---|---|---|---|---|---|---|
| 全县总计 | 生产茶园面积（亩） | 6721 | 6721 | 7000 | 8560 | 10911 | 12940 | 12940 | 12940 | 13000 | 13000 |
| | 茶叶总产量（担） | 4116 | 4273 | 4863 | 6086 | 6837 | 6588 | 9100 | 11281 | 5800 | 2546 |
| | 春茶（担） | 3521 | 3713 | 4115 | 4564 | 4705 | 4630 | 5103 | 4298 | 2700 | 2146 |
| | 夏茶（担） | 595 | 560 | 714 | 1217 | 1708 | 1653 | 1530 | 1212 | 866 | 400 |
| | 秋茶（担） | / | / | 34 | 304 | 424 | 304 | 2467 | 5771 | 2034 | / |
| | 总收购量（担） | 3003.31 | 2994.91 | 4484.8 | 5601.65 | 6391.03 | 6130.07 | 8727.91 | 9087.2 | 4926.73 | 2206.98 |
| | 总金额（元） | 160660 | 194016 | 302584 | 439776 | 529415 | 600091 | 692229 | 553228 | 315648 | 208964 |
| | 每担均价（元） | 53.5 | 64.25 | 67.46 | 78.5 | 82.9 | 98 | 79.45 | 60.9 | 64.2 | 94.7 |
| 马金区 | 茶叶产量（担） | 1351 | 1400 | 1478 | 1760 | 2014 | 1950 | 3100 | 2926 | 1435 | 620 |
| | 春茶（担） | 1242 | 1322 | 1393 | 1482 | 1500 | 1460 | 1603 | 1208 | 715 | 485 |
| | 夏茶（担） | 109 | 78 | 82 | 250 | 400 | 400 | 380 | 287 | 177 | 135 |
| | 秋茶（担） | / | / | 3 | 28 | 114 | 90 | 1122 | 1431 | 543 | / |
| | 收购量（担） | 498.24 | 575.93 | 1319.54 | 1520.14 | 1882.27 | 1859.32 | 2932.12 | 2834.43 | 1241.42 | 541.79 |
| | 总金额（元） | 22154 | 34259 | 81793 | 116290 | 154587 | 177144 | 236950 | 1548.15 | 70947 | 48110 |
| | 每担均价（元） | 44.45 | 59.48 | 61.95 | 76.5 | 82.2 | 95.3 | 80.8 | 54.7 | 57.05 | 88.8 |

续表

| 年　份 | | 1952 | 1953 | 1954 | 1955 | 1956 | 1957 | 1958 | 1959 | 1960 | 1961 |
|---|---|---|---|---|---|---|---|---|---|---|---|
| 明口区 | 茶叶产量（担） | 445 | 466 | 547 | 674 | 742 | 700 | 1181 | 1761 | 883 | 490 |
| | 春茶（担） | 3C4 | 406 | 458 | 478 | 500 | 515 | 685 | 625 | 349 | 415 |
| | 夏茶（担） | 51 | 60 | 85 | 160 | 187 | 155 | 280 | 230 | 180 | 75 |
| | 秋茶（担） | / | / | 4 | 36 | 55 | 30 | 185 | 906 | 354 | / |
| | 收购量（担） | 310.29 | 360.67 | 456.58 | 585.82 | 693.68 | 646.71 | 1113 | 1578.25 | 625.07 | 438.15 |
| | 总金额（元） | 14467 | 20343 | 30037 | 41294 | 57698 | 58281 | 79095 | 84849 | 40226 | 39980 |
| | 每担均价（元） | 46.62 | 56.4 | 65.8 | 70.49 | 83.1 | 90.2 | 71 | 53.7 | 64.3 | 91.2 |
| 城关区 | 茶叶产量（担） | 870 | 903 | 1095 | 1396 | 1430 | 1374 | 1620 | 2344 | 1333 | 600 |
| | 春茶（担） | 710 | 713 | 866 | 942 | 975 | 1015 | 1030 | 875 | 670 | 510 |
| | 夏茶（担） | 160 | 190 | 215 | 367 | 386 | 335 | 310 | 290 | 228 | 90 |
| | 秋茶（担） | / | / | 14 | 60 | 69 | 64 | 280 | 1179 | 435 | / |
| | 收购量（担） | 678.39 | 787.2 | 983.52 | 1418.23 | 1338.97 | 1284.95 | 1598.39 | 1278.66 | 1176.9 | 528.37 |
| | 总金额（元） | 31C82 | 43915 | 63962 | 106830 | 101101 | 119650 | 123336 | 97236 | 73121 | 49451 |
| | 每担均价（元） | 45.81 | 54.3 | 65 | 75.3 | 75.6 | 93.2 | 71 | 76.1 | 62.2 | 93.1 |

茶埠

| 年份 | | 1952 | 1953 | 1954 | 1955 | 1956 | 1957 | 1958 | 1959 | 1960 | 1961 |
|---|---|---|---|---|---|---|---|---|---|---|---|
| 华埠区 | 茶叶产量（担） | 230 | 277 | 328 | 636 | 812 | 735 | 940 | 1469 | 851 | 226 |
| | 春茶（担） | 205 | 263 | 298 | 477 | 530 | 525 | 495 | 380 | 353 | 186 |
| | 夏茶（担） | 25 | 14 | 27 | 99 | 200 | 150 | 180 | 120 | 100 | 40 |
| | 秋茶（担） | / | / | 3 | 60 | 82 | 60 | 265 | 969 | 398 | / |
| | 收购量（担） | 243.57 | 217.5 | 267.62 | 568.47 | 757.89 | 618.67 | 888.78 | 954.04 | 663.76 | 158.91 |
| | 总金额（元） | 13102 | 15230 | 20569 | 46084 | 67211 | 57558 | 67638 | 48180 | 36643 | 17291 |
| | 每担均价（元） | 53.44 | 70.01 | 76.8 | 81.14 | 88.8 | 87 | 76.2 | 51 | 55.2 | 108.7 |
| 虹桥区 | 茶叶产量（担） | 1220 | 1227 | 1415 | 1620 | 1839 | 1829 | 2260 | 2781 | 1298 | 610 |
| | 春茶（担） | 970 | 1009 | 1100 | 1185 | 1200 | 1116 | 1290 | 1210 | 813 | 550 |
| | 夏茶（担） | 250 | 210 | 305 | 315 | 535 | 613 | 380 | 285 | 181 | 60 |
| | 秋茶（担） | / | / | 10 | 120 | 104 | 100 | 590 | 1286 | 304 | / |
| | 收购量（担） | 1272.82 | 1060.6 | 1357.54 | 1508.5 | 1718.22 | 1720.4 | 2195.68 | 2450.82 | 1219.58 | 539.76 |
| | 总金额（元） | 79855 | 80269 | 106223 | 129278 | 148878 | 187458 | 185210 | 168148 | 94711 | 54132 |
| | 每担均价（元） | 62.7 | 75.6 | 78.4 | 85.7 | 86.6 | 109 | 84.4 | 68.8 | 77.6 | 100.3 |

备注：

1.1949年全县茶叶产量为2400担，1950年2500担，1951年3800担，因分区、分季数字无法查考，故未列入表内，本表内数字一般均根据收购实际而得。

2.表列年产茶园面积系指当年投入生产的茶园面积，新种和荒芜的不计入内。1959年、1960年两年秋茶产量基本上都是老叶。

3.1958年秋茶产量中，包括碎红茶产量1950担，其中乌金区1060担，明口区175担，城关区308担，华埠区132担，虹桥区275担。

1893年的一天，天气晴好。

在兰溪当学徒的汪笃卿，坐上渡船，准备去开化的华埠镇。虽然还未成年，可是出身徽商世家的他，对于生意之道已经了如指掌，拨打算盘无人能敌。父亲汪应春在他未出生前，就去华埠镇做茶叶买卖，开了家"万泰源"茶号。经过十七年的经营，万泰源已经成为当地的大商户。这不，此番召唤儿子，就是为了让其回来协助管理自家的业务。兰溪离开化不远，走水路便可到达。当汪笃卿踏上华埠地界时，他的商业传奇人生也从此拉开了序幕。

而当时，他年仅十二岁。

浙
西
小
上
海

经过数百年的历史变迁，如今的衢州市下辖两区一市三县，分别为柯城区、衢江区、江山市、龙游县、常山县和开化县。其中，开化县已成为衢州市的茶叶主产区，亦是浙西地区最重要的产茶区。开化全县茶园总面积达到8000公顷，相当于80平方千米，将近12万亩茶园。

开化县辖华埠、马金、村头、池淮、桐村、杨林、苏庄、齐溪八个镇，林山、音坑、中村、长虹、何田、大溪边六个乡。茶园散布在各个乡镇之中，其中齐溪、马金、苏庄、池淮都是当下重要的产茶基地。不过，除此之外，还有一个更重要的乡镇是开化茶业的历史见证者，那就是华埠镇。

小小的一片绿叶，不仅承载起历史的沿革，更重要的是直接推动地域经济的发展。除了种植，茶叶还需要从产地运往销地。古时多行水路，所以在茶叶的主要种植地、集散地以及茶叶运输流经地，就逐步形成了一些重要的码头、集市和城镇。因茶叶运输和贸易而带动相关集市的兴起，开化的华埠就是一个典型例子。

华埠，因埠得名。

古时的埠，有两种含义。一是指停船的码头，靠近水的地方（古时亦作"步"）；二是指旧时与外国通商的城市，比如开埠和商埠。

　　华埠始建于唐末，距开化县城西南约15千米。唐末称华川，为屯兵戍防之所。唐天祐三年（906），于华川地域置甘露镇，隶常山县石门乡（五代时为开化场驻地）。宋乾德四年（966），吴越王钱俶析常山西境、设开化场时，华埠则为治所。宋朝太平兴国六年（981），开化升场为县，华川属开化县。淳祐年间（1241—1252），玉川（即今华埠下界首）首建龙窑，生产韩瓶。元贞元年（1295），改华川为华镇、华埠，隶二十三都。明朝天启年间设华埠市，为开化三市之一。

　　熙宁十年（1077），浙江省11个州共设置集镇和草市35个。衢州共增置4个镇，其中一个就是开化之孔埠（即现在的华埠）。古代的行政管理单位为县、市、镇、乡、村，因市大于镇，故又在与华埠市一河相隔的驿站所在地增设孔埠镇。又据明代弘治年间的《衢州府志》记载，彼时开化县有3市1镇，县城设上市、下市，华埠仍为大市。至正德二年（1507），华埠撤市改镇。到了清朝，华埠与县治、马金共为县域内的3大镇。[①]聚集了各种店铺300多家，其中手工业作坊有88家，从业人员达2360多人。清代顺治六年（1649），设立县前、溪盘、后台、孔埠、玉头5处驿铺，专施递送官衙公文。每铺配有4名候递司兵。10年后，华埠复设军营。咸丰五年（1855），太平军首次占据华埠。到抗日战争爆发前，华埠仍为浙西地区最繁荣的重镇，有"小上海"之称。当时停泊的船只每天有300艘以上，若逢年尾大集，沿江停泊货船可达上千只，毛竹筏百余排，连绵几里长。每年由此销往杭州、上海的木材，达到

————————

①　清末称开阳，即如今的城关镇，县政府所在地。

22000—25000立方米。1949年5月，成立华埠镇民主政府，次年改为人民政府。自1956年起，几经撤区并乡扩镇，1992年后，镇域为105.4平方千米，辖3个居委会，24个行政村，1个果木场，67个自然村。

> 像一座门户似的，华埠镇静静地扼守在开化县的南面，从衢开公路来开化的人们，都得打这里经过或歇脚。于是，这荒村般的小镇，便慢慢地繁荣起来了。[①]

1914年，一位署名为"芹"的作者为《万川通讯》写稿，如是描写了他眼里的华埠，用"门户"一词形象地指出了华埠地理位置的重要性。华埠地处浙、皖、赣三省边界通衢，有"钱江源头第一埠"之称。华埠的地貌比较特殊，为低山丘陵地形，全境东西窄，南北长。因受新地质构造运动影响，具有典型的江南古陆强烈上升山地的地貌特征。由于下古生界、加里东旋回的作用，出现焦坑口—阴山坝、薛家岭—华埠、里洪—泉坑三条斜交断层，控制了龙山、池淮、马金三条水系，形成山河相间的地形特点。因此，开化境内的主要河道马金溪、池淮溪、龙山溪、马尪溪于此汇合后，下游经衢州、兰溪达杭州。陆路则是江西婺源、德兴、玉山、乐平和安徽休宁、歙县、黟县、广德八个县的连接中心。因为地理位置的特殊性以及水系的发达，华埠在开化，以及在新安江流域的商品生产和销售中都具有举足轻重的地位和作用。上述提到的八个县所出产的特产和货物，均以华埠作为商品交易和运输流转的集中地。

华埠镇，西邻皖赣两省，至东可延钱塘接运河北上京沪，或越仙霞入闽粤出海漂洋。华埠的重要性是由地域形成的，乃三江交汇

---

① 《开化茶厂剪影》，《万川通讯》（合订本），1942年。

地。开化境内三条主要的河流马金溪、池淮溪、龙山溪三溪汇流于华埠。所谓三水绕半岛,一江通钱塘。其上,龙山溪回环十二曲至华埠注入金溪。金溪上有二源,一出马金岭下,经九里峃环石柱。一出百际岭,二水合流曰马金溪。南四十里至钟山,环县治又东南至华埠,始容小舟。又南入常山,而水流始大,亦曰金川。

马金溪发源于莲花尖,流经齐溪、霞山、马金、音坑、城关等乡镇,沿独山村西面流入华埠镇境内。自马金至华埠段,历史上皆为主要航道,每年平均流量每秒39.8立方米,水深0—3米,宽100—250米。自马金七里垄头至县城可容载千市斤之船,自县城至华埠可容载3000市斤之船。自霞山至华埠镇42.5千米,可放运木排(见图5-1)。

图5-1 船泊古埠(1984年摄)①

当年那些到开化县城上任或视察的官员乘船到华埠就要上岸,

---

① 《华埠镇志》编纂小组编:《华埠镇志》,浙江人民出版社2003年版,第1页。

或换马或换船，或到华埠公馆小憩。而那些从赣皖翻山越岭而来的山客和溯江逆流而上的水客，到了这里以后，也往往会将此地作为一个中转站。山客到了这里，要么雇船将货运到衢州府或更远一点的地方，如杭州、上海，以求卖个好价钱；要么就此摆摊遇到一个好买主就地卖了，再买一点山里需要的生活物品。而那些水客，也同样面临这样的问题，要么雇船再溯江而上，但所雇的只能是些小船；要么看看那些山客背篓里有什么合适自己的货物，挑一点装到来的船上再顺流回去。

开化县在中华人民共和国成立前商业以华埠、城关两镇最为繁荣，尤以华埠镇为商业中心。开化商家的进货渠道，少数大的商号从衢州、兰溪、杭州进货，多数商家和江西周边各县的商家都从华埠镇进货，华埠镇的地理空间优势使其成为一个著名的交易集散地。另外，华埠话旧时还被称为"土官话"，主要分布在华埠、杨林、张湾、星口等乡镇的部分地方，可见华埠镇的重要意义甚至大过城关镇。当然，华埠镇的重要意义，并不在于其是开化县的商业交易中心，而是浙西片区，包含安徽、江西等金三角地区的一个重要商贸地。

其中，食盐、茶叶、木材，均是经华埠镇出境的大宗商品。食盐，在清代以前，直至民国初期，均为统配物资。盐的专营始于汉武帝元狩年间（公元前122—前117），茶的专营则要晚得多。唐代虽开征茶税，但无专营。宋乾德三年（965）才建立茶的专卖制。[1]没有盐，人们无法生存。茶也跟盐一样，是同等重要的物资。茶马互市，是将茶作为等价物与马交换，以换取国家物资，因此茶叶受到的重视程度并不亚于盐。1178年，陆游被任命为提举福建常平茶盐公事，次年调任提举江南西路常平茶盐公事。这里的"常平"，是指将物价维持在平价状态。在物价较低时由政府买进，防止物价下跌损害生产者的

---

[1] ［日］陈舜臣：《茶事遍路》，余晓潮等译，广西师范大学出版社2012年版，第91页。

利益，而当物价高企之际则将商品投放市场，防止物价上升损害消费者利益。在这里，茶和盐是并称的。茶和盐，都是官方专营的对象，摘山煮海之利以佐国用。茶是山物，盐是海产，所得之利为国家垄断专有。

根据浙江盐业资料记载，自东汉置郡国盐官起，均由历代官府实行专卖。宋代虽有改革，创行"盐钞""盐引"法，令商贾凭"钞引"领盐运销，亦属官府委托专卖制。民国初期仍沿用清制，"引""票"兼行，招商运销。1941年，取消引盐制，招商登记，纳保证金，发给许可证经营食盐。浙江食盐的运销，划分浙东和浙西两大引销区域，开化属浙东引销区。民国时期，开化县的盐仓（栈）均设在华埠镇，而非在县城，可见华埠镇在开化县的商业地位非常重要。

除了食盐，经华埠镇外销的还有木材、桐油、香菇、靛青、茶油、木炭、松香、毛棕、箬皮等货物，常年都在1000市担以上。

华埠镇的商业非常发达，人们以水为生，有不少水上人家。镇上有一条商业老街，由前街、后街、横街三街组成。前街，又称华埠街，是镇中心，南北长1.2千米，宽近4米，街道中间铺着青石板，两面镶嵌鹅卵石，两侧排列的商家店铺有茶馆、盐仓、茶号、钱庄等。因为屋檐相距很狭小，上面只需竹笠和油布一盖，即可为老街遮阳挡雨。引人注目的是，除了成大油榨、八家盐仓、一家当铺外，其他店铺均是清一色的砖木结构的徽式建筑。两边马头墙，梳楼向外伸出半米，有木制的两扇雕花门窗，瓦檐多数是用白铁皮焊成的，也有少量用毛竹的。镂刻着花鸟人物的牛腿中间挂着店号招牌，店内是曲尺柜台，木板大门。每间店面宽3—5米，有的两间，有的三间。一般为三进：店面、客堂、厨房，还有一小门直通内室。有的是前店后舍，有的是前店后厂或作坊。坐西朝东的一面，除店铺外，相隔几幢房舍，就建有会馆、寺庙和戏台。从北到南，有万寿宫（即江西会馆）、昭灵庙（即蔡令公庙）、徽州会馆、天后宫等。

而商业老街背靠马金溪的那一面，则每隔10余家，就有一处船埠。从南至北，共有10个船埠。街的北面尽头，登上几级石阶，是一条自华严古刹向东至马金溪畔长达300多米的唐代防洪大堤，与街头相接处有一盏木制方形的天灯。

后街，则是穿过东西向的万寿宫弄，走过向南的一条曲折狭长、青石板铺成的小街，经过昭灵庙、万康源茶号、武官衙门、五猖庙、天主教堂、过天后宫、周王庙后门直到营里，名为后街。虽无主街宽，却是华埠的政治中心。宋代设置的巡检司、明代的把总防御所、清代的公馆、保婴局和民国初年的警察所都建在此处。

横街，则是自马金溪畔的蓝氏杂货店起，到双井头再向西至徽宁义园，街长350米。街两边除店铺外，建有茅令公庙、耶稣堂、周王庙、关帝庙、社庙。社庙戏台的两边有两株千年古樟，枝繁叶茂，覆盖庙前一亩多宽的空旷场地。过社庙门沿石子路行不到15米，有一座石拱小桥，自苏坞向东流出后折向南的小溪穿过桥下，沿社庙西边注入龙山溪。石桥之西，即为通往江西之要道。

这条商业老街曾经商铺林立，我们看看表5-1，便可想象昔日的繁华景象。

表5-1　民国时期华埠镇的商号列表（1931—1936年）[①]

| 类别 | 数量（家） | 商号名称 |
|---|---|---|
| 盐业 | 8 | 杜源丰、裕昌、开泰、颜裕隆、锦泰、裕泰、诚泰、鲍德顺 |
| 茶号 | 7 | 万泰源、万康源、刘新宝、同兴华、恒大、桂芬、生记 |
| 百货业 | 5 | 仇新号、冯协记、戴道源、徐镒泰、广泰昌 |

① 根据《华埠镇志》中的资料，笔者整理成表。

续表

| 类别 | 数量（家） | 商号名称 |
|---|---|---|
| 棉布业 | 8 | 王有丰、裕大成、义隆、邦达、万隆、华达、德泰、祥记 |
| 烟丝业 | 5 | 泰山、丰大、王同裕、同昌、恒大 |
| 南北杂货业 | 9 | 万康源、张成泰、和丰泰、华成厚、立泰、丰大、乾泰、诚泰、人和栈 |
| 山货粮油业 | 11 | 樊同春、吴万昌、余阜成、刘培昌、蔡润丰、操源大、元成、德茂、恒源、张益丰、义和栈 |
| 桂元栈 | 2 | 赵裕源、赵元兴 |
| 酱园 | 5 | 胡溶大、人丰厚、胡遂康、郦永记、乾康 |
| 煤油公司 | 4 | 德大、协和、德茂、兴华 |
| 国药店 | 5 | 德裕堂、种德堂、方大生、同仁堂、同德堂 |
| 西药房 | 4 | 沈南泉、叶士林、余如冰、郑怀德 |
| 典当业 | 1 | 永济 |
| 钱庄 | 3 | 万泰裕、祥记、王有丰 |
| 银楼 | 3 | 万源楼、乾源楼、新源楼 |
| 文具书店 | 1 | 协群文艺社 |
| 草席店 | 2 | 张同兴、金永兴 |
| 丝线店 | 1 | 方生记 |

　　除表5-1中这些有名称记录的商铺外，华埠镇上还有火腿行1家，肉店6家。手工业作坊有油榨2家、染坊2家、槽坊（即酒坊）4家、三白酒坊1家、糖坊4家、豆腐坊（水作店）13家、成衣店6家、油漆店4家、灯笼店2家、雨伞店2家、棺木店2家、石碑店2家、锡匠店2家、铁铺6家、原木店8家、棉花店5家、理发店6家、笔墨店2家、钉鞋店5家、挂面店8家、机面店1家、粉丝坊1家、孵坊1家。还有

与商业相配套的服务行业，有转运过塘商行、轿马行、客栈、饭铺等。特别是转运过塘商行，主要是替商家寄存货物，办理中转业务，转运周边各县货物，作用很大。

1942年，日军攻陷华埠镇。在镇四周5千米范围先劫后焚，死难者95人，烧毁房间3727间，其中2000多间商铺一夜之间化为灰烬，商业自此衰败。民国期间，虽有复苏，但发展缓慢。中华人民共和国成立后，工农业生产得到较快发展，尤其国营工业迅速崛起，才使华埠镇很快成为开化的工业重镇。

# 茶 埠

茶埠：八仙埠头

汪笃卿从埠头上得岸来，此时的华埠正是最为热闹的时刻。

交易季节，渡口停满了各色船只，有批发木材的，有收购桐油的，也有收茶的，一排排停在河面上。这些货物有的运往上海、宁波、温州，再从这些港口外销到国外。商人们多来自附近安徽、江西等地。还有一些茶农们，清晨结伴来华埠渡口，乘着渡船到对面的山上采茶，傍晚又乘着渡船回来。采茶的时间，人们很讲究，是谓早茶晚茗。这里俨然是一个小小的茶生态圈，种茶的、采茶的、收茶的、卖茶的，各路人等将这藏于浙西山区的优质绿茶送往世界各地。

华埠，由此繁华。

之所以，在本书的空间篇章中，我们要将华埠镇作为第一个研究对象，不仅因为这里是浙西集散交易中心，也因为这里曾经出现过专业的茶叶码头——茶埠。

说到因茶而兴盛的集镇，福建武夷山的星村也是一个重要的茶镇。星村位于九曲之末，每逢茶市开秤，便茶堆满街，茶商云集。明清之际，星村的茶叶生产就已经达到相当大的规模。山中土气宜茶，环九曲之内不下数百家，皆以种茶为业，岁所产数十万斤，水浮陆转，运之四方。每逢茶季开始，茶农们将自家的茶叶挑至星村由商人收购，星村云集了全国各地诸多客商，茶也以水路运出。而武汉的汉口，则被称为"茶港"。因为中俄茶叶贸易，诸多俄商、徽商、晋商汇聚在汉口，在此进行集中交易和茶叶出口的中转。这使得汉口成为华中茶叶的转运地和长江沿岸产茶区最大的茶叶集散地。[1]

相比汉口和星村，华埠作为浙赣皖金三角片区的集散中心，自有其航运特色和历史价值。

华埠镇的航运相当兴旺，常年有载重5—10吨的4—8舱木帆船运输货物，每天停泊在各码头的大小船只在300只以上。春季涨水期，还可通航载重25吨的12舱大船。池淮溪、龙山溪的货物由小船和竹筏运至华埠，马垅港的货物则运到文图河边，再用5吨以上的木帆船接运出港。马金溪的货物，先运至县城，再驳运至华埠用大船转运出港。在这些码头及其支流中，在村溪、张湾溪、严村溪运输的小船就有300余只。[2]金华、武义、佛堂、兰溪、建德、龙游、衢县、黄坛口、常山等地的货船也常来华埠运输物资。每逢商业旺季或年尾大集，在各码头停靠船只有近千艘。

因为华埠繁华，商铺众多，交易的商品数量和种类也繁多，因此出现了分工明晰的各类专业埠头。为满足水路运输的需要，先后于华埠老街之东沿马金溪相继修建了油榨、盐埠、联珠、仁彩、长庆、八仙、官埠、邋遢、纸埠、关王庙十个船码头。这十个码头，功用各不相同（见表5-2）。其中官埠专为官员赴开化上任或视察时，从此埠上岸，再赴驿站或公馆小憩所用。普通百姓，如贩夫走卒、引浆买车者则不能登临此埠。另外还有油榨埠头，是以运送榨油所需茶籽、油菜籽和成品油为主。八仙埠头，则主要进出运输杂货，诸如茶叶、食品、瓷器等，种类繁多，宛如八仙过海。取名八仙，自然贴切又生动形象。

---

①　刘晓航编著：《大汉口：东方茶叶港》，武汉大学出版社2015年版，第9页。
②　这种小船，旧时俗称小麻雀船，载重量2–3吨。

表5-2　　　　　　华埠镇的十大埠头列表[①]

| 名称 | 方位 | 功能 |
|---|---|---|
| 华埠官埠 | 老街中段 | 供官员上岸 |
| 盐埠头 | 老街北端 | 华埠有八大盐仓，均从该埠外运到周边县市 |
| 油榨埠头 | 老街北端 | 运送榨油所需茶籽、桐籽、柏树籽、油菜籽、成品油 |
| 八仙埠头 | 老街中段偏北 | 运送茶叶、食品、棉布、瓷器、药材、海货等 |
| 纸埠头 | 老街南端 | 运送靛青、草纸、箬皮、板纸 |
| 关王庙埠头 | 老街南端 | 旧时为搬运工人集会、休息之所 |
| 联珠埠头 | 老街中段偏北 | 因对面店铺有一上书"珠联璧合"的洞门而得名 |
| 仁彩埠头 | 老街北端 | 供渔舟停泊之用 |
| 长庆埠头 | 老街北端 | 供渔舟停泊之用 |
| 邋遢埠头 | 老街南端 | 竹排、木船破损，均送此修理 |

　　茶埠，是指专门用于茶叶转运的码头。当地人方言中将"码头"，称为"埠头"。按码头转运物资的分类来命名码头，功能化定义码头，这是航运的精细分工，足见华埠的繁茂程度。

　　既然有埠头，就少不得有茶庄茶号。这里的人们以水为生，也少不了茶馆饭庄。沿河众多的茶馆，也是当年华埠繁荣的一道风景线。事实上，衢州一带还有一种特殊的人群与茶有关，叫"茶娘"。1935年有一篇由陆合丰撰写的通讯，就描绘了这一特殊群体。

　　　　到过衢州的人，差不多没有不知这批茶娘的吧？！在五圣巷、西门、儿树巷、新河沿这一带走过时，就有"喂，老板，进来吃茶！"她们并排坐在门口（每家一个或两三个不等），身上大多穿着花绿的洋布衣裳，脸上涂得雪白、血红，也有少数效仿女学生的装束。[②]

① 根据《华埠镇志》中的资料，笔者整理成表。
② 陆合丰：《衢州的茶娘》，《衢州通讯》，1935年，浙江图书馆藏，资料号：D675.53/21221/ 32330。

茶娘是民国时期在衢州地区出现的一个特殊群体，她们依托各种茶馆生存，在门口拉客人吃茶。为茶馆老板所雇用，每月一元的薪水。在那个时代，只是这种以茶贸易的城镇经济结构中出现的群体，为生活所迫而产生的职业种类。

明清时期的茶文化发展中，最引人注目的是茶馆的普及性。特别是清代，茶馆作为一种平民化的饮茶场所，如雨后春笋般发展迅速。老舍的名剧《茶馆》就反映了晚清至民国时期北京茶馆的生存和发展状况。在浙西，茶馆的发达程度也不亚于大城市。

茶娘是旧时代的缩影，茶馆是她们的生活场所。在华埠做田野调查时，我们有幸看到了一通记录华埠茶馆的石碑。上面镌刻着一段文字，"明清以来，华埠水上运输蓬勃发展，除旅馆饮食外，茶馆业应运而生，狭长的小街竟有十二家之多。茶馆成了商家们休闲之所和了解行情的讯息中心"。

华埠镇有记载的茶馆有十二家，多数设在船埠头和洋桥头。比如油榨埠头的杜妹茶馆、盐埠头的汪东卿茶馆、官埠头的犀英茶馆、洋桥头的兰英茶馆，以及中街的顺风楼等。来自四面八方的客商，当地的船主和包头，每天都上茶馆品茶聊天探市。排工和脚夫们也来此喝茶歇脚。茶馆成为商家们摸行情、谈生意的场所，成了忙碌人群的休闲处。茶馆老板为了招揽客人，在茶的品类上尽量拓宽，高档、低档茶应有尽有。在服务方法上也增添新的内容：有的请来说书人，讲《李三保打华府》《说岳全传》《七侠五义》；有的请清唱班来唱《郭子仪拜寿》《花园得子》《水漫金山》等。当时，华埠镇的吉庆会清唱班、下田坞清唱班以及民间艺人王谪罗、余林富、鲍天云、余三进等就常在这些茶馆中卖艺。

当时，茶馆也是各种新式文化的汇聚地。尤其是在华埠镇这样的交通汇聚之地，五方杂处，可谓繁荣不受山水阻隔。宣统元年（1909），天主教传教士来华埠镇设立教堂。六年之后的1915年，基督教也来此地设立教堂。而1920年，郑怀德就在华埠镇开设了首家西医私人医院怀德医院。这在当时，都是开了先河的。1920年，华埠镇后街上的刘新宝茶号开始放映无声电影，是有关猎兽、捕鱼等纪录片。须知，中国最早放映的电影，是1896年8月11日法国商人在上海徐园"又一村"茶楼内放映的西洋影戏。可见，当时的华埠镇也是相当新潮，受到各种外来风尚的影响。中华人民共和国成立后，木运站、竹筏社和工人俱乐部均开办了茶室，但已不是原来的老茶馆了，成为集休闲和文化于一体的活动场所（见图5-2）。

华埠镇，不仅是浙西地区的贸易集散地，同时也是交通要塞。且它的要塞价值，远远高于经济价值。所以，历来是兵家必争之地。

图5-2 华埠的茶馆（1949年后）①

从名称上来看，华埠在唐末被称为华川，就是屯兵戍防之所。

---

① 《华埠镇志》编纂小组编：《华埠镇志》，浙江人民出版社2003年版，第1页。

元初，才改为华埠。正德七年（1512）秋，江西万年农民起义军进入华埠、白渡、星口、马金一带活动，次年六月退回江西。隆庆年间（1567—1572），设立华埠兵营，配有把总一员，哨官和士兵将近百人。清代顺治十六年（1659），华埠设军营。雍正六年（1728）设华埠分汛总司一员，外委一员，防兵六十名，哨船一条。千总把总每年轮换，皆辖左营调委。雍正七年（1729），华埠新立军营调衢协营都司驻扎镇守。咸丰五年（1855），太平军首次占据华埠，同治元年（1862）左宗棠督师开化与太平军交战，屯兵白虎山（即今华埠高山）。宣统元年（1909），设立华埠警察分局。

1931年春，江西省德兴县苏维埃秘密开辟由华埠经航头、油溪口、白沙关至德兴的贸易通道。3月1日，中国工农红军第十军一部由方志敏率领，攻克华埠镇。1932年，中共赣东北省苏维埃派员另辟一条由华埠经桐村、王畈、徐家村进入玉山的贸易线路，采办红军给养。1938年1月，陈毅率领新四军北上抗日，在万寿宫向群众和学生作国共合作、团结抗日的演说。3月，粟裕北上抗日，镇上数十名青年参军。1949年5月4日，华埠解放。

从这一段历史来看，华埠镇的军事地位绝不逊色于它的贸易价值。在第二次国内革命战争时期，华埠镇是通向闽、浙、皖、赣苏区的重要商埠之一。从1931年年初至1934年年底，华埠镇为革命根据地提供了数十万斤食盐和大量的医药、布匹、百货及部分军用品。可见，在特殊的年代里，这条茶叶之路，同时也是一条红色革命路线。

汪笃卿：徽商与华埠

　　虽然华埠镇在整个浙西地区的地位非常特殊，但事实上，它并不产茶。因为空间优势，它汇聚了浙赣皖三省的茶叶，也吸引了一个中国近代经济史上重要的群体——徽商。

　　徽商，系旧时徽州府籍的商贾。[1] 徽商这一群体，自宋代起逐渐形成。到了明清时期，尤其是清中晚期，其商业活动遍及全国。茶叶贸易是徽州商帮在明代中叶以后最重要的经营活动之一，它与商帮的兴衰相始终，是商帮起伏的典型标志。入清之后，茶叶贸易持续发展，并最终奠定了徽商盐、茶、木、质铺四者为大宗的行业格局。[2]

　　徽商的茶叶贸易始于明代，清初遭兵火之余逐渐衰落。不过，随着清朝政府实施"恤商裕课"的措施，徽商开始全面复苏。徽商经营，贯穿从产地到销地的全产业链。当时徽州仅歙县商人在北京就经营有茶行7家，茶号166家，小茶店数千。而且，徽商还南下广州，开展与洋庄的业务，将收购的安徽、江西两地名茶运至广州，做茶叶

---

[1]　古徽州辖现在的安徽歙县、休宁、祁门和江西婺源等地。
[2]　周晓光：《清代徽商与茶叶贸易》，《安徽师范大学学报》(人文社会科学版)2000年第3期。

外销贸易。1843年7月，《中英五口通商章程》签订后，原先以广州为唯一通商口岸的局面被打破，变成五口通商的新格局。①很快，上海因地理优势，迅速取代广州成为中外通商第一口岸。众多做茶叶生意的外商洋行云集上海，使上海成为当时中国茶叶出口最重要的基地。针对上海开埠后外贸出现的新格局，徽州茶商也纷纷改贩茶粤东为业茶上海。②

汪笃卿在华埠老街上轻松地找到了自家茶庄。汪家就是安徽歙县人家，也就是人们所称的"徽商"。清朝光绪二年（1876），其父汪应春来华埠开创了开化首家经营茶叶的万泰源茶号。以17万银元为资金，专门收购毛茶，加工精制箱茶外销。随着销售量的增加，生意越来越好，光绪十九年（1893），汪应春将儿子汪笃卿召回协助其管理店务。

汪家所从事的是毛茶收购和销售的茶叶生意，毛茶就是已经初加工的茶叶，由茶农完成，茶商只负责收购。每年农历的三月前后，徽州茶商在茶区水陆交通便捷之地开设茶号，收购茶农的毛茶。规模较大的茶号，通常在各地设有数目不等的小茶庄，具体从事收购毛茶的业务。小茶庄的收茶资金多由茶号发放，其经理亦多系茶号老板之亲信。在小茶庄和茶农之间，还有为数众多的茶叶小贩，徽州人称之为"螺司"。茶农的毛茶，正是通过"螺司"专卖到小茶庄，再由小茶庄送至茶号。茶农—螺司—小茶庄—茶号，这就是清代徽商毛茶收购的具体环节链。③

民国时期，万泰源茶号收购毛茶达848市担，外销茶高达1075箱。这一时期，开化外销的茶叶大多送往上海第一茶市，彼时的万泰

① 五口通商中的五个口岸，分别是指上海、广州、福州、厦门、宁波。

② 张晓玲：《清代的茶叶贸易——基于晋商与徽商的比较分析》，硕士学位论文，山西大学，2008年，第16页。

③ 周晓光：《清代徽商与茶叶贸易》，《安徽师范大学学报》(人文社会科学版)2000年第3期。

源已经成为华埠最大的茶商。

1075箱，在当时是什么规模呢？

一般而言，徽州茶商在茶叶出号之前还需要将成品茶包装好。洋庄茶通常先用锡罐，然后再装入彩画的板箱。每个板箱大概可以运装粗茶30多斤、细茶40多斤。假如按照这个装箱重量来计算的话，那1075箱也就相当于细茶是41800斤。如果是粗茶的话，大概也有32250斤。

那么横向比较的话，万泰源的茶叶规模在当时的徽商群体中又如何呢？清末著名的徽州茶商歙县罗三爷、婺源孙三森、休宁汪燮昌等开设的茶号年制茶在万箱以上。光绪年间，歙县坑口村茶商江耀华的"谦顺昌"茶号，每年加工毛茶均在2万—3万斤，光绪二十三年（1897）更出产了68196斤。[①]可见，当时万泰源的规模也是相当大了。

汪家茶叶出号后，走水路东下，在杭州过塘，经过嘉兴、嘉善、松江、黄浦等地到达上海。光绪年间，因清廷在杭州经嘉兴到上海的途中设卡收费，徽商一度也曾不经杭州，而改由绍兴内河，经余姚到宁波，换海轮运茶到上海。茶叶抵达上海后，通过茶栈将茶叶卖与洋行。茶栈为茶号代理销售，并收取佣金和其他费用。据光绪三十年（1904）上海"谦顺安"茶栈为徽商"谦顺昌"茶号代售茶叶的一份《代沽单》可知，茶号通过茶栈销售茶叶的各项费用，约占售价的4.36%。其中包括洋行息、打包、修箱、茶楼、磅费、叨佣、码头捐、栈租、力驳、堆拆、出店、火险、各堂捐、律师、会馆、商务捐、膳金、息共18项内容。[②]

① 周晓光：《清代徽商与茶叶贸易》，《安徽师范大学学报》(人文社会科学版)2000年第3期。
② 赵驰：《明代徽州茶业发展研究》，硕士学位论文，安徽农业大学，2010年，第41页。

父亲为其打下的业务基础，让12岁的江笃卿可以大展拳脚。这位商业奇才进行多元化经营，茶庄生意日益兴隆。有必要指出的是，汪笃卿所处的时代，已经是徽商茶叶贸易走向衰落的时期。光绪十一年（1885）到清末民初，被学者认为是徽商茶叶贸易的衰落期。在国际市场上，自印度、锡兰等国引种茶叶成功后中国茶叶受到了强烈冲击。所以，徽商并不单独经营茶叶，大多兼营盐业、木材、山货等。

　　汪氏家族为典型的徽商，他们以茶起家，不久汪笃卿独资两万银元又创办了万泰源钱庄，业务涉及皖浙沪三地。钱庄业务以汇款为主，存放款为辅。汇款给杭州、宁波、衢县、玉山可直接通汇，至上海则由杭州转汇。1932年，万泰源钱庄的营业额达25万银元，加上华埠镇的泰裕钱庄、义隆钱庄，三家钱庄的业务总额达60万银元。钱庄主要以信用放款为主，贷款则要有殷实商号作铺保。万泰源钱庄不仅是开化私人钱庄经营规模之最，而且除茶号和钱庄外，还兼营贩运菜油、柏油、桐油和食盐等。在衢县、屯溪设有分号，常年有职工40余人，是华埠镇上最大的商号。同时，还在上海创立了汪裕泰茶行。

　　徽商和开化有着深厚浓重的渊源和千丝万缕的联系。据史料记载，清末民初，开化县城关、华埠两镇的主要商号中，以徽商居多，其中，钱庄、典当、盐栈等，几乎为徽商垄断。徽商在经营活动中，看重"诚信为本、以义取利"的经营原则，财自道生的儒商规范。正是徽商的良好商业道德，为其赢得市场而称雄商界，历史上有"无徽不成镇"的称誉。

　　华埠镇的水路辐辏，舟楫之利，为徽商在衢州的经营活动提供了一个良好的平台。迁徙衢州的徽人以歙县、休宁、绩溪、婺源诸县居多，寓衢徽商的主要姓氏则为程、汪、叶、许、方、鲍、洪等。

　　汪家之所以选择开化作为茶商事业的起步点，是因为这个有着

"钱江源头第一埠"美誉的地方，不仅是贸易集散地，也是著名的茶叶产地。据《华埠镇志》记载，华埠多低山丘陵，土壤以红壤为主，大多由砂岩、页岩风化而成，其地势、地形、地貌、地质，极宜茶叶的种植和生长。[1]在1941年中国茶叶公司浙江分公司开化茶厂的一份茶叶收购资料中显示：开化茶厂毛茶集中供应处有二，一为马金，二为华埠。

据民国时期上海的一份资料显示，在上海茶市出售和交易的箱茶主要有徽州茶、祁门茶、平水茶、玉山华埠茶、德兴茶、两湖茶诸品。在这里，开化的华埠茶和江西的玉山茶被归为一类，皆因华埠界开化、玉山、常山三县，所产茶叶和祁门、平水、德兴、两湖等著名的茶叶产地比肩而立。这说明，华埠茶和玉山茶在色香味形等诸多方面相近，品质无异。

民国期间，销往江西安徽等毗邻各县的货物全部靠肩挑和车拉。车，就是那种独木轮的"羊角车"，可在小路、山路上运行。20世纪30年代，通往婺源的公路开通后，运输多时达百余辆。众多挑客，将当地的土特产运来，将食盐运走。赣皖周边各县经华埠运出的货物有景德镇的瓷器、婺源的茶叶、德兴的药材、鄱阳湖的鱼干等。这些物资由华埠水路运出，销往沪杭各地。回运的货物有糖、布、百货等。全县经华埠运出的物资中，以茶叶、木材居多。

茶叶，在华埠出口外销较早。道光年间已产眉茶，光绪三年（1877）万康元始产精制茶。1931年时有茶号三家，生产出口箱茶1053担。1936年茶叶畅销时，镇上有7家茶号，共生产精制箱茶4436箱，计2600多担。精制箱茶有抽芯、珍眉、特珍、针眉、秀眉、贡熙等7个品种，并以珍眉著称。其中抽芯855箱、珍眉1482箱、特珍524箱、针眉392箱、秀眉421箱、贡熙756箱，占金衢严产区总

---

① 《华埠镇志》编纂小组编：《华埠镇志》，浙江人民出版社2003年版，第16页。

产量的8.91%。1941年，主要产品有毛峰、雨前、雀舌、珍眉等。此后茶叶销量因为战争爆发而急剧下降。

据《开化县外贸志》载，20世纪20年代至40年代初，为开化茶叶外销的旺盛时期，开化全县有茶号8—9家，开设在华埠的就有万泰源、万康源、刘新宝、同兴华、恒大、桂芬、生记7家。精制的外销茶叶有绿茶和红茶。全县最高年外销量达6000市担，基本上经华埠输出。华埠7家茶号销往沪杭等地的箱茶，每年也有4000—5000箱。

民国期间的开化茶厂就设在华埠，其中万泰源和万康元都为开化茶厂的分厂。1937年，抗日战争全面爆发，浙赣铁路运输受阻，茶叶运销量逐年下降，进而停顿。

抗日战争结束后，为响应吴觉农先生当时提出"复兴华茶"之主张，各地纷纷冠以"复兴"二字。浙江复兴茶叶有限公司就来华埠设厂制茶，促进了茶叶的外销恢复。其时，精制茶分箱茶和篓茶两种。箱茶外销，先将茶叶装入锡罐，再装入木箱。篓茶则销往杭州等地，外用竹篓和箬片包装。

茶叶等物产的销售也带动了华埠当地航运业、转运行等相关产业的发展。1918年，吴祖蛟创办首家货物转运行德源行，转运靛青，兼运茶叶等山货。其后有王慕堂、江荣春、翠丰行，都以转运江西邻县的货物为主。凡运往婺源等地的食品，先从水路运至华埠，再肩扛车拉至以上各地。

华埠的徽商多于明清时期就来此经商定居，庄塘徐氏则由清末自江西玉山迁居于此。入清以后，随着茶叶外贸发展的需要，红茶由福建很快传到浙江，闽南话也逐渐成为华埠的主要方言。那些从徽、赣、闽或经商或迁居至华埠的人很快建立起了自己的会馆。会馆，始设于明代前期，嘉靖、万历时期趋于兴盛，清代中期最多。会馆前期以同乡会性质为多，而后期则多以同业公会的面目出现。

在华埠镇，除徽商外，还有赣商。最早成立的江西会馆，建于明代崇祯年间，由当时寓华埠的江西籍商户集资建立，又称万寿宫。可惜，1942年8月被日寇焚毁。安徽会馆、福建会馆则建立稍晚，建于清代。其中，康熙五十五年（1716），福建会馆建立，名天后宫。乾隆年间（1736—1795），安徽会馆建立，又名朱夫子庙。后遭火灾，再建徽州会馆。

在华埠的建镇历史中，徽商也起到了重要的作用。乾隆十三年（1748），安徽歙县商人创办的胡溶大酱园开业，集合资金五万银元，雇工将近百人。同治十三年（1874），徽商李永英为首募资，创建华埠保婴公局。后改称保婴所（俗称保婴堂），并置田产60余亩。光绪二年（1876），万泰源茶号开业，有资金17万银元，收购毛茶，加工精制箱茶外销。光绪十八年（1892），万泰源钱庄开业，独资3万银元。

开化县商会则于清光绪二十八年（1902）成立，设同业公会，会员46人，余绍骞任主席，经费由各商店摊派。这一时间与当年全国最早成立的上海商会同庚，比衢州商会早四年。当时提起申请并组成商会的都是华埠镇的商家，故虽名为开化县商会，实为华埠镇商会。

商会在推动华埠的发展和浙西地区的贸易经济中有重要作用。商会组织建立各同业公会，在最盛时期下设的同业公会有南货、百货、棉布、国药、新药、盐业、山货、粮食、酱油、油坊、糖坊、水作、屠宰、旅馆、茶饭馆、制衣、铁木业、银、铜、锡器，共20个。另有非同业公会商店近百家，如理发店、丝线店等。各同业公会设有理事会和常务理事，处理行业日常公事。同业公会立有章程，为发展商业和维护商家的权益，起到积极的作用。1945年抗日战争胜利后，复兴茶叶有限公司当时来华埠设厂制茶，商会即向开化全县农村印发"好消息"，劝导农民种植茶叶，促进了茶叶外销的恢复。

好消息（摘要）①

明年华埠恢复设厂制茶

望全县农民努力挖山种茶增加生产

桐油外销畅通并希加紧植桐

全县农民同胞们：

茶叶是我们开化特产之一，生产量很是可观，过去行销于国内外，对本县农村经济有很多的帮助。

自从1937年，日本强盗打进来以后，国内交通不便，到外国去的海口通路也都被他们封锁起来，以致茶叶的行销就全部停顿下来，到现在竟成没有人过问！

现在是好了，抗战是胜利了，交通也恢复了，尤其是明年复兴制茶公司决定到华埠来设厂制茶，并且已经与华埠三老板（王莲辉先生）订好租用茶号的契约，三老板也参加入股，范围是相当大。

农民同胞们，茶叶有人家来收购了，茶叶又可以畅销于国内外了。

希望大家及时挖山种茶，使明年有大量茶叶的产生，而增加每一个农民的收益。

至于桐油，也是本县出产大宗，同时也是重要的外销物资，希望人家同样尽量种植，以增加产量。

尽量劝导农民种茶种桐，来增加农民生产，发展农村经济，以改造本县凋敝的农村。

开化县华埠镇商会敬启

1945年10月

①《华埠镇志》编纂小组编：《华埠镇志》，浙江人民出版社2003年版，第94页。

　　从这份珍贵的资料来看，当时商会对于华埠的经济是起到重要的指导和管理作用的。而茶叶，在开化一直是特产，且远销海外。外来制茶公司与本地的茶号以及茶农，作为产业链上的三个重要环节，也是相当成熟。制茶公司与本地茶号的股份制合作的经济模式，也促使开化茶业发展迅速。

　　回到汪氏家族上，汪笃卿就曾屡次被推举为开化商会会长和自治法会议代表。汪笃卿一生，除经商外还喜好博览群书，尤其对阴阳风水、易经八卦更是颇有心得。交友以信，待人以诚，热心地方公益。1915年6月，开化连日暴雨，华埠街洪水涨至店屋楼板，淹没食盐十八万斤，大水冲去杉木排十五六万斤，农村田禾多数受损。汪笃卿和地方乡绅一起向当局请求免去灾民各种税收，同时还自己出巨资赈济，使人们不至于流离失所，为此，当时的浙江省长特为他颁发一等奖章。

　　1920年，方振武率闽兵进入浙江，路经城关和华埠，为使境内居民安定，汪笃卿带头与诸商业同人筹措钱物，犒劳军警。1924年，省政府又向他颁发"闾阎保障"匾额，表彰他对乡邦慈善事业的贡献。1927年，国民革命军北伐进入开化县，汪笃卿又为首带动商界捐钱捐物，竭力资助北伐军。

　　抗日战争开始后，杭州、宁波外埠庄款来源减少，钱庄业务逐渐收缩。1934年4月15日，日军飞机轰炸开化。1942年，汪氏钱庄遭日军洗劫焚毁。汪笃卿去世后，复旦大学原校长马相伯亲题像赞，"黟山奇气，代有钟英。犒军北伐，功在浙东。热肠古道，当世典型"。

田<br>
野<br>
中<br>
的<br>
华<br>
埠

　　2017年的夏天，我们循着昔日之路前往华埠镇作实地调研。当时正值暴雨，我们犹豫着是否要改变行程，最终还是顶着暴雨坚持出发。华埠雨多，每年3—6月间的降水量占到全年的50%以上。6月中旬至7月中旬为梅雨期，降雨持久且面广强度大，极易造成山洪暴发，江河漫溢。在历史上，华埠的洪灾就被记录过多次。乾隆九年（1744）连日暴雨，河水猛涨三四丈，但受灾不举火者十之八九。可见，民风之淳朴。1915年6月26日，又是连日暴雨，洪水淹及街居楼板。1998年7月23日，百年一遇的特大洪水再度袭击了华埠，水位最高达到109.24米。在华埠期间，人们和我们提及的大多是1998年那场洪水，以和今日之水灾作比较。

　　在城关镇有公交车可以直接去往华埠，而且来往车辆频次非常密集。在现代公路兴盛的年代里，水路早已失去了运输功能，仅成美景以观赏。公交车比较破旧，只有14—15个座位，类似于小中巴。乘客以本地人为主，我们一众人显得有些另类。因为华埠目前不是开化县的主要旅游景点，游客们通常都会去苏庄或者马金方向，所以车上的人们很好奇我们去华埠做什么。我们说去老街找茶埠，他们就告诉我们要在解放路下车。

车行大概不到半小时，就到达华埠镇。从解放路下车，先看到一家茶叶店。我们便进去和店家聊了会儿，了解了一些有关埠头和老街的情况，然后穿过华埠农贸市场进入横街。横街是一条由老街整改过的商业街，主要经营服饰。穿过横街，便是华兴街，也是马金溪沿岸的一条最老的街。我们在老街上走访了一些老人，向他们了解到一些关于华埠老街及埠头的信息。住在老街的夏奶奶今年60岁，她是从外乡嫁到华埠来的，听说一百多年前这里就曾发生过非常严重的水灾。不过，自从她嫁到华埠后，印象里比较大的洪水还是八年前的那场，当时洪水大概没到她的脖子处。而今年的这次大水，水位最高时到膝盖，所以在她眼里这还不算是大水。她说埠头是一百多年前的事了，现在完好的埠头没有了，船也少了，改用车子运输了，所以她并不了解茶叶具体在哪个埠头出口。茶叶主要是销往杭州、上海、安徽、江西这些地方，油榨埠还出口茶油，现在当地人还保留着使用茶油的习惯。

在老街上有一个红色文化遗址，我们遇到了65岁的洪爷爷。他说，在抗日战争的时候，红军长征经过这里，并在这里开了会，听说政府现在要把它建成博物馆。华埠还是有一些遗迹的，在工商弄24号就有曾经的茶叶贮藏地。洪爷爷说他听说过官埠头、盐埠头、八仙埠头还有运输木材的埠头，以及五一码头。五一码头在"文化大革命"结束时，被停止使用了。当时，码头上还有许多挑夫。由于地处安徽、江西、浙江三省交汇处，生产的大宗绿茶都销往杭州、上海、内蒙古等地。洪爷爷家里一日三餐都要喝茶，仍保留着茶乡人家的本色。

生活在华埠镇上的老人很多，70岁高龄的吴奶奶是本地人。她出生在华埠，嫁在华埠，最喜欢的也是华埠。她给我们讲了很多华埠的过去和她自己的经历。年轻时，她在粮食部门工作，她的丈夫曾在粮油厂工作，两人育有一儿一女，子女们现在都在城关生活。在吴奶奶的记忆中，印象最深刻的是交通方式的变化。她回忆到，在她五六岁的时候，看到了当地跑运输的第一辆解放牌汽车，那时候她异常兴奋。小时候除了听说过华埠百年前的繁华，也见过五一码头的热闹。那时有交流会，汇集周围农村各种特色产品。盐、纸（贡品）、茶叶是曾经在码头运销的有名的产品，茶叶垒起来都有齐肩高。但并不是从单一的埠头运输出去，而是各个埠头都有运出，解放后茶叶大多销往杭州、上海、北京等地。发展码头是因为没有汽车，只能走水路。如今，公路发达了，船运就逐渐没落了。

从前在华埠镇上经营销售的客商，主要是徽商和本地商人，挑夫则多是本地人，一般就住在河边。1964年，吴奶奶到开化城关镇工作，1979年她回到华埠工作。由于茶叶提神使人睡不着，所以她喝茶较少，但家里会经常用茶叶籽油炒菜。她每天会在晚饭后沿河边散步，她说以前华埠曾经有一家老彩茶店十分有名，茶店里还有说书、说相声的人。可如今，这里一家茶店的踪迹都寻不见了。老街，也显得破败冷清了。

辞别老人后，我们又在老街上找到了一些碑文，上面记录了一些华埠简史。与我们此前从各种史料上发现的信息，正好可以佐证。依次收录如下（见表5-3）。

表5-3　　　　　　　　　华埠碑文统计①

| 顺序 | 碑名 | 碑文 |
| --- | --- | --- |
| 1 | 华埠江滨路文化墙碑 | 华埠镇，碧水环绕，钟灵毓秀，特殊的地理位置，深厚的文化底蕴。繁华的商埠集镇，使它久享盛誉于浙西，且千年涵育，人文蔚起。历代仁人志士以自己的作为，为家乡增添光彩。现精选古镇部分风土人情，铭刻于碑，以裨益当今而惠荫后代 |

---

① 本表信息根据华埠镇上碑文信息汇总整理而成。

| 顺序 | 碑名 | 碑文 |
|---|---|---|
| 2 | 繁华老街 | 老街历史上是华埠镇的经济文化中心，青石板街道两面排列店铺约300家，多数为徽式建筑，至明代永乐年间，商贸集市已颇具规模，到清末民初，已是商贾云集 |
| 3 | 胡溶大酱园 | 清乾隆十三年（1748），安徽歙县人胡溶在华埠老街创办了胡溶大酱园，生意十分兴隆。民国十八年，该作坊所生产的酱油在西湖国际博览会荣获一等奖 |
| 4 | 华镇官埠 | 宋室南迁临安后，华埠作为最大的水路码头，不仅为后街为官员往来建有行馆，而且临溪最中心地段入口处竖起一座牌坊，上书"华镇官埠"四个大字 |
| 5 | 华埠茶馆 | 明清以来，华埠水上运输蓬勃发展，除旅馆饮食外，茶馆业应运而生，狭长的小街竟聚有12家之多。茶馆成了商家们休闲之所和了解行情的讯息中心 |
| 6 | 源头古埠 | 华埠自唐以来就是浙、皖、赣三省边区水路交通要道。南宋迁都临安后，该地成为浙西最大的水路码头和物资集散地。临溪建有十个船埠，每天装满各种货物和贡品，从这里装船外运，往返穿梭 |
| 7 | 悠久历史 | 三溪环半岛，一水通钱塘。以水命名，古称华川。唐哀帝三年（906），屯兵戍卫设甘露镇。宋朝太平天国六年（981），开化建县，该地属开化县石门乡。元称华镇，属二十三都。明朝天启年间设市，崇祯年间废市设华埠镇至今 |
| 8 | 同乡会馆 | 明代以来华埠就成立同乡会，建于崇祯时期的有江西会馆、建于清朝康熙以后的有福建会馆、徽州会馆。每年由各会馆捐资举办座谈会，开展各种文娱活动 |

这条路现在的名字叫江滨路，沿着马金溪。石碑也非历史文物，是现代石刻碑文。华埠的历史现在仅存在这些文字和文化站刘高汉老师的笔头上。

刘高汉老师已退休多年，一直致力于当地历史文化的收集。我们约在文化站见面，他送了一本《华埠镇志》给我们。他说，从前这里有很多茶馆，但是现在与茶馆有些联系的线索都找不到了。至于哪个是茶埠头，也很难指明。不过，可以明确的是华埠的十个埠头中，是有专门的茶埠头的。刘老年事已高，但仍致力于开化当地的历史挖掘，不得不让人敬佩，他对家乡的热爱非吾辈所能及。

在镇上文旅部工作的周秋福先生介绍说，宋元明清时期交通比较发达，除了茶之外，曾经也有从其他地区如景德镇运来的瓷器、香菇等物品，使得华埠镇成为贸易集散地，因此发展出十个埠头。物品主要运往杭嘉湖地区，既有贡品运输，也有出口的大宗货物。人们用木筏将各类物品运输到各个地方，短则一个月，长则八年，所以有人直接在船上搭帐篷住。其中的官埠头，那时就在宋代吏部尚书戴敦元家门口。戴家门口有两棵大樟树和一座小木桥，出行和中科举回来都在这附近的一个小渡口，因而后来将之命名为官埠头。1938年，日本人入侵华埠后放火烧，整整烧了一个月零三天，华埠镇从此衰落。民国时期，华埠镇开出了十二家大茶楼，至20世纪90年代还剩下两家，如今都不复存在了。

周先生回忆说，在他小时候华埠还有很多老胡同。很多地名还是用大地主的姓名命名，"文化大革命"后重新命名，取了比如工商弄、华小弄等一些有鲜明时代特征的名字。

农经站的鲁齐友站长则认为当时华埠发展茶馆，主要目的是给客商们提供休憩之所，且往来船只大批运输茶叶不甚合理，用小船运输散茶的可能性更大。当时客商云集，镇上的会馆就有江西会馆和安徽会馆等，徽商和赣商云集华埠，相当繁华。

如今的华埠，已经没有了茶叶贸易，也没有茶埠头，那么还有茶吗？

事实上，从种植空间来说，现在的华埠镇在整个开化县境内都非重要的茶叶产区。我们询问华埠镇茶叶生产情况，鲁站长向我们提及了下溪的翠峰茶园和金星村的平地茶园。尤其是明星村金星村，它是比较典型的现代农业模式，与传统的农耕种植有很大不同。当年习近平总书记在走访金星村时，金星村的郑书记曾说，"三亩茶园可以娶一个老婆"。习总书记对此提出了"人人有事做，家家有收入"的要求。

"三亩茶园可以娶一个老婆"，茶叶的民生价值之高让我们必须前往金星一次了。于是我们踩着暴雨过后泥泞的乡间路，从华埠镇赶往金星村。

此时的金星村正发展旅游业，建设文明乡村，办民宿，房子统一黑瓦白墙，甚是整齐。茶树有的种在田里，有的种在山上，我们遇到正在田里修剪茶树的阿姨，知道这里家家种茶，家家有茶，家家喝茶。村干部给我们泡了绿茶，拿村里的规划资料给我们看，讲了一些村里的变化以及茶叶的情况。随后，我们又去了茶叶大户王大姐家做入户访谈。村里人很好客，我们就在一杯开化红茶中聊起她家的茶叶生产。

今年47岁的王大姐，一家都是本地人，王大姐的丈夫——夏大哥负责茶叶制作。夏大哥曾经做过小买卖，在自己开始做茶叶生意之前曾在茶厂工作过。合作社时期，他在村里主要做大宗绿茶，也做过一段时间的碧螺春。现在金星村每家每户都种茶，村里的经营形式也逐渐在改变。农户们开始转向个体化经营，这就使得茶叶市场相对饱和。

夏大哥2000年开始做茶，2001年承包了茶山，挖去老树改种新苗。如今承包了150亩茶园，其中山地茶园20—30亩。他认为山地茶叶香气高于平地茶叶，主要生产开化龙顶，以绿茶为主，做少量红茶和白茶。春茶忙碌季节，他会雇用些当地人来采茶和做茶，每天有几十斤干茶出产，在开化茶叶市场进行批发销售。不过，夏大哥没有做自己的品牌包装茶，以散装茶为主，价高的茶叶可以卖到每斤400—500元，便宜的大概是每斤20元。为了做好茶叶，夏大哥曾到福建学习做红茶。他说，做茶叶有些年会赔，有些年也挣得比较多。

虽然有波动，但还是比较稳定的生计。村里从2017年开始有十几家民宿，不允许养猪和鸡鸭。家里因为人比较多，有两位老人、两个大人和两个小孩，所以不太适合发展民宿。现在他琢磨能否通过旅游把茶叶推广出去，把茶叶和旅游结合起来，希望华埠曾经的历史能再度为产业而复活。

聊天时，坐在旁边的一位60多岁的老先生也加入了我们的茶叶话题。他是王大姐家的亲戚，也姓夏。此前，他从事泥工的活计，那时工资每天只有18元。后来，发展茶叶经济，他就从2013年开始做茶，自己购买了制茶机器。起步时因为制作经验不足而收益不多，随着经验积累和技术进步，收益也开始提高。和夏大哥自家有茶园不同的是，他本人没有茶园，主要是在村里收购鲜叶来制茶。每年出产5000斤左右干茶，有7万—8万元的年收益。

茶叶不仅是夏家的主要经济来源，也是金星村的主要经济作物。村里的农事安排一般是1月砍柴、烧柴，2月外出打工或者在家务农，3月下旬开始采茶、炒茶。茶季，人们难以休息，天天忙于收鲜叶—制茶—卖茶这一生产循环。一年中围绕茶事的活动依次是施肥—春茶—修剪—夏茶—秋茶，冬天是休整期。

在金星村做入户访谈时，我们还遇到了一位50岁左右的徐阿姨。她在田里种茶，村里的田地不种水稻，反而种茶。因为茶叶经济效益更好，而村民们普遍买米吃。每年每亩茶叶可以有7000—8000元的收入，从农历2月忙到农历9月，12月施肥为来年做准备。作为一个典型的茶叶生产村，村民已经围绕茶叶生产进行了明确分工。家家都有几亩茶园，有专门卖苗的，有只采鲜叶的，有加工鲜叶的，有销售毛茶的，村中形成了一条成熟的茶叶生产链。

离开金星村，我们回到华埠老街，沿着河边行走。马金溪左边有一座大桥，名为孔埠大桥，靠近大桥有五一埠头，就是以前的官埠头。沿河水的逆流方向看去，可以看到一座彩虹桥，以前十个埠头的位置基本是在彩虹桥向上不远处的河滩到孔埠大桥之间。

不过，那昔时繁华的景象需要我们去想象。如今的华埠街上，已没有当年记载的码头盛景。华埠与众多的山区小镇一样，水路早已废弃，改为陆路交通。河堤两边进行了修缮，早已没有了埠头或码头。人们的生活，也不再仰赖于水运和商业贸易，转为农耕经济。

在打算离开华埠回县城时，我们突然有了意外的发现。在河边那条不到百米的老街上，我们发现了一栋两层高的房屋。屋子是全木结构，沿河开着窗，窗台下有一个台阶。我走进屋里，主人是一位已年逾九十的老奶奶，她身体很健康，口齿也很清晰，正在准备午饭。她告诉我们，当年船到了码头边，就是从这个台阶上岸。以前的房子都是临河开窗，现在河面拓宽，路也修好了，当年的台阶只剩下这一个。这窗台下的台阶，应是最后的印记了，可以作为华埠这个当年的小上海繁华贸易的佐证（见图5-3）。也许，这就是我们到华埠所要寻找的那个茶埠头。

图5-3　华埠老街的临溪楼台（1980年摄）①

① 《华埠镇志》编纂小组编：《华埠镇志》，浙江人民出版社2003年版，第1页。

巍巍马金岭，插天几千丈。

维形壮东南，蓬壶俨相尚。

——（明）邝以名《马金岭》

图6-1　马金镇上的大榕树

（笔者摄于2018年）

马金霞山

　　离开华埠，我们沿水道一路向北，从茶叶的贸易集散中心出发，前往寻找茶叶的生产地。在开化县的东面、西面和北面，都有大规模的茶叶种植园。鉴于马金溪贯穿全境，是一条重要的水路运输之道，因此我们溯溪而上，奔赴位于县北面的马金镇。

　　在开化县北走访时，我们遇到一些古稀老人，他们沿溪而居，人们的生活与溪水有莫大的关联。溪边有棵参天古樟树，枝丫茂密（见图6-1）。在开化县境内，有众多的古树，见证着这一片山区的发展。

　　老人们对茶历史这一研究议题很好奇，在他们的记忆里，开化一直与安徽有重要的关联。因为小时候，每到茶季，这里来往的都是徽商。他们徒步而来，然后又翻山越岭携茶而去。其中，有些人因此定居在此，专事茶叶生意。所以，口音里夹杂着徽音的老人们，乃昔时徽商的后代。开化的方言分别为吴语、闽南话、马金话和华埠话。开化古为吴越之地，是故依软吴语为开化主要方言之一。又因毗邻福建，两地有经济交往，尤其是茶叶、丝绸、瓷器等物产，其中有一些物产从开化取道福建出口海外，有一些则销往内地。所以，闽南话成为开化联系海外和内地经贸的一种象征。而马金话和华埠话倒是地道的本土方言,不过与华埠镇的官话不同,马金镇处在吴语区和徽语区的交汇地带,境内方言是属徽语的马金话。马金话现在属开化四大方言之一,其人口规模、经济地位可见一斑。也正因为它地理空间的特殊性,边境之间的贸易和人员的流动所带来的族群居住和语言体系,带动了城镇经济的发展。

马金镇就是这样兴起的。

马金,是一座隐藏在大山中的古镇,地处浙皖赣三省交界地带,位于开化县城的北部。著名的钱塘江源头马金溪就沿村镇而过,地理坐标为东经118° 24′,北纬29° 18′,是开化茶产业的北部重镇。从前的马金镇,北有经齐溪镇到安徽省的古驿道,东有连接淳安镇的古驿道,南有直达开化县城再到衢州的古驿道,西有通往江西德兴、婺源的古驿道。现在的马金镇,境内有205国道和黄(山)衢(州)南(平)高速,开化至淳安公路贯穿,县乡道、乡林、康庄大道更是四通八达。当我特意从淳安镇搭大巴经淳开公路前往马金时,一路所见皆为田野风光,与我想象中的深山古镇有很大差距——无盘山崎岖之路。事实上,马金镇是被山体包围的一块平原。而正是这块隐藏在山脉中间的平原,使得马金镇成为开化县北部政治、经济、文化中心和军事要地,也是浙皖赣三省交界处重要的货物集散地。

马金镇的历史非常悠久,通过1979年从中村乡双溪口出土的石斧、石镰、石锛、石网坠、印纹陶等文物,可以考证远在新石器时代就有人类在这片土地繁衍生息。唐穆宗长庆三年(823),马金始设集市镇,当时隶属常山县崇化乡。北宋乾德四年(966),吴越王钱俶分常山县北境七乡置开化场,以开源(今县城一带)、崇化(今马金镇一带)两乡各取一字得名。太平兴国六年(981),升开化场为开化县,县内仍置七个乡,马金仍属崇化乡。元代,改乡为都,改里为图，马金为十都。[①]民国时马金镇与县治、华埠共称域内二镇。不过，与华埠作为开化县域内南部的茶叶贸易集散地不同的是，马金不仅是重要的北部茶叶生产乡镇，也是北部的茶叶贸易集散地。

马金古镇有一条始建于唐代的老街，是开化县级文物保护单位。尚有64幢古店铺与民居保存较好，属清代和民国初年的徽派砖木结构建筑。马金老街上的古祠堂、古民居和古钟楼等古建筑的布局、造型、结构、功能以及装饰，村民的生产、生活习俗和礼仪，无不留有徽州文化的印记。开化与徽州地缘接近，和徽州同属共气之地，两地交流密切。开化的人口，自唐宋以来主要是来自古徽州的移民。霞山郑氏便是由徽州歙县迁至开化音坑乡青山头，再转迁到现在的霞山定居的。千百年来两地的民间学人、商人、工匠频繁交流，使得徽州文化对于开化乃至浙西一带的影响极为深远。这一点，从马金和华埠的老街建筑上就可以看出。

马金老街，北接姚家古城墙南城门头，南至下街文昌路，长有一千米多，宽五米至六米。街面上铺着长条的青石板，据说曾是开化至徽州的一段古驿道。沿街有条水渠，供老街人日常和消防之用。该渠与和尚坝（现称八甲坝）同建于元贞元年（1295）。老街分上中下三段，其中中段原有一大草坪，并以此为界分上街和下街。现中段已多处被改建，而上下两段580米，有64幢古店铺与民居保存较好，属徽派砖木结构建筑。老街店铺多为木榫式二层结构，一般每户三间门面。店面用砖砌一米多高，再用木门板或木栅栏围起。店面出檐长，梁架以雕饰精美的牛腿（或者写成梁托）斜撑，有的楼层外梁间雕饰精美的木灯笼。店铺密集紧凑，店面、作坊、住宿三位一体。有的底层开店，楼上住人。有的前店后坊，有的前铺后居。而老街上的古民

---

① "都图"原为征收赋税的田亩图，都图制的推行反映了统治者对赋税征收的重视。

居，则多是青砖黛瓦，马头翘角，是一条典型的徽风清韵老街。

老街的上街头有关帝庙，中街有程华祠，下街头有文昌阁。关帝和文昌自不待言，一个为武圣人，一个为文圣人。关帝能治病除灾，诛罚叛逆，驱邪辟恶，还能司命禄，招财进宝，庇护商贾，所以除被奉为武圣人之外，还被南来北往的行商坐贾奉之为财神。之所以将关公奉为财神，据说理由有三：一是关公生前善于理财；二是因生意买卖最重要的是信用和义气，而关公信义俱全；三因传说关公逝后，真神常重返战场并获取胜利。如果生意受挫，商人们也希望能如关公一般东山再起。这种信仰在清代被各行各业所接受，对其顶礼膜拜尤盛。文昌帝君，相传为中国古代科举士子的守护神，主管功名利禄，也是福神。据说他也是刻字、书店、文具店、说书、抄纸的行神，所以昔日书商公会就叫作文昌会馆。古代士人进仕，以科举为途径，于是天下府县，处处建立文昌官（阁或庙）。如是，也体现了马金人求财祈福的寻常心态，并且注重阴阳平衡，讲究文武之道。

除了上街之关帝庙和下街之文昌阁外，中街还有一个程华祠。然而，程华又是何人，为何在中街建祠，与关帝文昌平起平坐，坐而论道呢？

程华祠坐落于马金老街中段，西临马金溪，与包山相望。初期以家庙形式建于南宋末年。然而，程华并非一人，宋为两姓统为一宗。关于程华祠的来历，在《续修马金程氏宗谱序》上有所记载，"始则以程而从华，感鞠育之恩也；后则以华而复程，溯本支之义也。程华分半，恩义兼尽，然合为祀堂，祭享共之"。在道光十八年（1838）的《程氏宗谱》中也记录了程氏家族的辉煌历史。

"新安歙篁墩始迁一世祖（程姓）元谭公……公孙百之公迁衢州之西安柘木村。又越七世，有常公娶西安瓯塘华氏。常祖早逝，孺人生一子，曰悌（程胄），从其母姓。宋末避乱迁开阳马金而卜居。于是其后子孙繁衍，人文蔚起，孝义联芳，称望族焉。至明永乐九年，乃马金始居以后，国富公之孙，邦宁公（程本）以孝登仕籍，宦游京师，与内阁商公（商辂）相交笔砚，因同题复姓，户部勘会，准令归宗敕赐忠孝（明正统九年复姓归宗）。有未复者，以庆公捐粟赈饥，有司达于朝，赐牌坊，旌表尚义。姑从舅氏而程华之由来，一而二，二而一者，固班班可考也。"①

程氏家族一世祖从新安迁移到衢州，后到七世时娶了西安瓯塘的华家女子。华氏生了一个儿子，跟随母姓。宋朝末年为了避乱来到马金，之后子孙繁衍，成为当地望族。到了明代永乐年间，程本登科进士，和当时的内阁商公商辂成为好友。所以，程华祠实际上是两姓同一宗。

程华祠的建筑格局和老街的其他古民居一样，为三进二天井格局，青砖黛瓦、马头翘角、徽风清韵、古色古香。祠中设有三个堂，分别为惇叙堂、熙庆堂和一本堂。

始迁马金时先修建的是熙庆堂，寓意为企盼家族未来人丁兴旺，事业鼎盛，因此命名"熙庆"。该堂是程氏家族喜庆典礼的场所。

惇叙堂建于明朝正统九年，程华分为二姓之后。惇叙堂的命名，用意极其深远。惇，意思是忠厚，仁义道德，兄弟团结，邻里和睦。叙，意思是言顺，讲道明事，公道忠义。惇叙之意，意指该堂是家族商讨重大事情之处。

惇叙堂的后面是一本堂，是祭祀祖先的重要场所。一本堂的命名，义诚深切而明白。天得一以清，地得一以宁，人得一以贞。且大之生物使之一本而无二，因此天地人物无不本于一也。万物本乎于天，人本乎祖也。马金街上的程华二姓似乎不同，然谓之一本。程、华原本两姓，因感鞠育之恩，溯本支之义。所以，程华分半，恩义兼尽，合为祀堂，祭享共之。

---

① 此部分内容源于田野调研时的民间资料。

是故，由此可联想到民间传说中关于马金镇的来历，颇有相同之处。据传，从前皖南金家村有一个金氏姑娘，爱上了邻村一个勤劳而勇敢的马姓青年。然而金姑娘的父亲金员外却是一个嫌贫爱富之人，他不看人才看钱财，嫌马家贫穷，对两人的交往横加干涉。金姑娘虽出生富贵，却是个有主见、有骨气、有魄力的女中豪杰。她和马家小伙偷偷逃出家门，往南而去。他们越过黄源岭，进入浙江地界，从钱江源头往东走。经岩潭，过霞山，走到一块草长莺飞的开阔地，发现这里四周峰峦叠翠，中间溪水长流，两岸一马平川的良田沃土。他俩心想只要勤奋劳作，这里足够人们的生活需求，于是结庐定居下来。按照传统习俗，先父后母，各跟一姓，男马女金，齐头并进。经过多年拼搏，原本荒芜之地渐渐形成一个人烟稠密的村庄。因为他俩一个姓马，一个姓金，互利互惠，合称马金。马金原本即为两姓合一，共建家园。

人如地名。走在马金的老街上，我们发现这里只剩下了留守的老人和孩子，看不到中青年。就像众多中国山村的现状一样，年轻人离开乡村去寻找城市梦，唯有孤寡的老人带着未成年的孩子坐在门前，成为我们镜头里的风景。马金方言带着徽派口音，我们听不懂。幸好，同行的郑求星先生为我们耐心做翻译，才得以与老人们顺利交流。

沿街的一户人家，正有四位奶奶坐在门口，做一些来料加工的活。四位老人，看面相估计年龄应该都在60岁以上。山里人的年龄，不好判断。这大夏天的上午，她们闲不住，依旧在忙着串珠子。我们走过去，向奶奶们打招呼。虽然我们听不懂方言，但是她们可以听懂普通话。再加上同伴的翻译，我们陆续知道了一些关于马金的信息。

四位奶奶中有三位很羞涩，见问问题，便纷纷避开了。剩下年纪最大的一位，成为我们的访谈对象。我们事后得知她已72岁高龄。奶奶说她并非马金本地人，而是从附近乡村嫁到马金。当年嫁到马金时，一到茶季，便需日日采茶做茶。那时的老街上有不少小型加工作坊，茶做好之后就用麻布袋装好，或送去安徽，或送到华埠。

和华埠一样，马金也成为开化茶叶的主要集散地。不过，相比华埠的贸易而言，马金的平原优势更让它成为开化重要的茶叶产地。在中国茶叶公司浙江分公司1941年的一份资料中写道："开化厂晒青大部分来自马金毛茶集中处。以七贤、公宁、集义、马金等乡镇为纯晒青区域。"可见，当时的马金镇是重要的晒青毛茶的集中生产地。

如前所述，马金镇位于一个四面环山的平原上。周边有霞山和天童山，马金岭连接着遂安和安徽。沿马金溪溯流而上，是为霞山。

霞山旧称九都，居浙西、通安徽、连淳安，徽开古道从村旁经过。如果从淳安出发到开化，半小时车程便可到达霞山。自唐宋时期起，就有不少商旅人士经过此地。西北向皖南，北向入淳安，西向走江西，南向经江山抵福建。概因徽开古道是徽商经陆路通往闽浙赣的重要通道，霞山就是这条通道上的一个重要节点。南宋建都临安后，安徽、江西及开化本地的茶叶、木材及土特产，就经霞山古埠沿钱塘江水道输往杭州。马金镇因茶叶日渐繁华，遂逐渐成为一个以古驿道和古商埠为中心，向四周呈扇形辐射的大村落。①

霞山境内从石撞岭至祝家渡，有十里唐宋古道。明成化年间，大学士商辂回乡省亲时经过霞山，曾感叹这十里长街灯光通明。商辂（1414—1486），字弘载，号素庵，是浙江严州府淳安县（今杭州市淳安县）人，明朝名臣。霞山的爱敬堂中所挂的一副楹联，"爱亲者不敢恶于人，敬亲者不敢慢于人"便出自商辂之手。这副楹联的出处，源于流传在霞山的商辂品茶结金兰的民间故事。

---

① 《走进传统村落（十一）》，《农村信息报》2014年3月8日第A8版。

宣德四年（1429），商辂游览时为江南四大书院之一的包山书院，借宿于当地石匠张卯生家。张石匠让妻子把不久前从青云岭上采摘刚炒好的新茶沏上一壶招待商辂。商辂注视杯中茶，澄清玉碧，芽叶朵朵，煞是赏心悦目。呷了两口，只觉味醇清香，大呼好茶，连问"是何名茶？"张石匠见问，心想摘自高山，妻子炒制，算什么名茶？就随口说高山云雾茶。

　　不久，张石匠就接到来信。商辂因功赐第南薰里，为兴建府第，特邀张石匠打造石础。他非常高兴，知道商辂喜喝高山云雾茶，便特意嘱咐妻子专为其采制新茶。

　　那时，霞山有个大财主郑旦非常仰慕商辂，于是请张石匠代为相邀。为迎接商辂的到来，郑旦重建永敬堂。竣工之日，永敬堂内张灯结彩，红烛高烧，商辂与张石匠应邀赴会。三人虽属同年同月同日所生，但按时辰排定，张石匠为长，郑旦次之，商辂最小。然而，郑旦却拥商辂坐首席，而让张石匠坐末位。商辂再三推让不掉，怕有拂主人之兴，只得权且落座。宴中对饮畅谈，言谈中，郑旦明显表露出尊商薄张之意。宴后，郑旦知商辂爱茶，端上当时极为名贵的西湖龙井和峨眉珠茶。商辂品过后，拿出张石匠送给他的高山云雾茶让郑旦品尝。郑旦只觉香气清幽，滋味醇爽。商辂见状一笑，说："人生交友如品茶，高山云雾虽无龙井之贵，亦不及珠茶之富。然，吸天地之灵气，饮岩泉之浆乳，质淳而德厚，此乃其他名茶之不及也。"话音一落，郑旦便知商辂的言外之意，为刚才自己重名轻友的举止感到羞愧。于是，他急忙走到石匠面前深深一躬，并亲扶他与商辂相并而坐。商辂当即泼墨挥毫写下一副楹联，"爱亲者不敢恶于人，敬亲者不敢慢于人"。郑旦为牢记此次教训，遂取对联中"爱敬"二字，改"永敬堂"为"爱敬堂"。

　　商辂目睹郑旦所为，深知他也是一个心存仁厚，知错能改的忠信之士。于是，提议以茶代酒，义结金兰。当即三人点烛焚香，结为异姓兄弟。这段因茶结缘的佳话，一直流传于遂淳地区，为茶赋予了清廉友情之深意。

霞山古镇包括霞山村和霞田村，两者紧紧相连，处处遗留文化古迹。明、清、民国初年所建的徽派古民居361幢，总建筑面积达29000多平方米。

霞山村居民为三国东吴大将开国公郑平的后裔，据《郑氏宗谱》载，宋仁宗皇祐四年（1052）三国东吴大将开国公郑平后裔淮阳令郑慧公为避祸，自孤峦（今开化县音坑乡青山头村）迁来丹山居住，传三世至郑律公。至元丰癸亥（1083），律公因洪水毁村而迁居丹山对岸，因见霞蒸丹山、紫气氤氲，故名霞山。[①]目前郑氏已经繁衍了37代，现有661户人家，是一个总人口达到2264人的血缘村落。

霞山古建筑群沿马金溪而筑，一条长约百米的老街沿溪而过。以老街为界，一边是马金溪，一边是古建筑。老街有四十余幢店铺，店面商号清晰可辨，有"花酒发兑""酒坊茶馆""南北布匹""南货贡面"和"南北杂货"等商铺店号。店铺也多为徽派建筑、明清风格。如今，老街上的南北杂货，肉屠酒肆，古埠上的铁链铁钩，石锁石眼比比皆是，霞山昔日之繁华可见一斑。

霞山村房屋建筑中的木雕多以三国故事为主，吴越文化与古徽州文化在这里得到完美结合。最为著名的是启瑞堂，始建于清代光绪二十年，建成于民国三十七年，是名震乡里的浙东木行老板郑松如的宅第。其占地面积将近800平方米，包括了正厅、花厅、书斋、轿厅、花园等，相融了徽派和浙派两地的建筑风格。

霞田汪氏宗祠，就位于霞田村，它是清代至民国时期的建筑物。坐北朝南，共有戏台、大厅、后堂三进院落。各进间有天井，戏台重

---

① 吴渭明：《开徽古道》，《浙江林业》2016年第2期。

檐歇山顶，有藻井，五架抬梁带前卷棚，正面明间曲梁上有"民国六年"字样。大厅五间，金柱下设八面形石柱础，门面有鹿衔草灯知恩图报之类故事的壁画。汪氏宗祠现在是第五批浙江省省级文物保护单位，汪氏为越国公汪华的后裔。据《汪氏会修宗谱》载，唐越国公汪华后裔六一公汪莅捕猎经此，因霞峰脚下多肥田，故定居于此，取名霞田，至今已逾千年。

当然，我们来马金和霞山，不是为了观瞻这里辉煌的古建筑，而是为了寻找这里出产的茶。作为浙西茶叶生产重镇，我们关注的问题是人们在马金镇把茶制作成毛茶后，又销往何处？

这便要越过马金岭，去往遂安和安徽了。在马金古镇，往北走经齐溪镇到安徽有古驿道，往东有连接淳安的古驿道，往南有直达县城到衢州的古驿道，往西有通往江西德兴和婺源的古驿道。这马金岭极为高峻，明代文士邝以名曾描写过马金岭的景色：

> 巍巍马金岭，插天几千丈。维形壮东南，蓬壶俨相尚。
> 牙老树枝□，岌嵘怪石状。烽烟禁城接，微茫五云荡。
> 群山一篑微，百川数杯浪。极目寰宇宽，夷犹足晴望。
> 若人念阙深，方舟逐春涨。翰忠佐明辟，丕基远愈壮。
> 崇劝视兹岭，心与古人抗。何当陟崔巍，送君九天上。[1]

从他的诗中我们可知马金岭高峻巍峨。古时，徽商需要翻过这崇山峻岭到马金镇收购茶叶，而后再去休宁等地进行销售。中间的艰难险阻，可想而知。不过，在马金镇上还有一条溪流可以作为水路运输之道，那就是马金溪（见图6-2）。

从马金镇到华埠镇，可走水路，马金溪从北到南连接了开化县

---

① 刘高汉、宝义编注：《开化古代风景诗》，（民间出版）2013年，第71页。

的这两个重要集镇。马金溪，又名金溪，是开化县内最大的河流。既是衢江的上游，同时也是钱塘江的源头。马金镇以溪而名，而马金溪又因源于马金岭而得名。马金溪的另一段上游在安徽省休宁县，经龙田、桃林进入开化县域，流经齐溪、霞山、马金、城关、华埠等乡镇。上游为一条窄型谷地，途经七里垄、密赛两个峡谷，向东流至常山县入常山港，最后汇入衢江，干流总长89.16千米。马金溪自马金镇至华埠镇的河段，在历史上属于浙西地区的主要航道，年均流量为每秒39.8立方米，水深0.4—3米，溪宽100—250米。马金溪自何田溪注入，从七里垄头的大淤到县城可航行载重2.5吨的木船，县城至华埠可航行7.5吨的木船，华埠镇以下可航行12.5吨的木船。

图6-2 马金溪

（笔者摄于2019年）

通过马金溪运输的货物，首先运到开化县城，然后再运到华埠镇，接着在华埠用大船转运出港。马金为平地，四面环山，佳山秀水，人烟稠密，市井繁华。贯长溪，引峻岭，左控右绕，回环互抱，一抱天童，二抱包山，此长溪即为马金溪。

这里提到天童山，天童山海拔451米，位于开化县城之北20千米，马金镇之东。名字的由来是为了感谢八仙的下凡，而特别命名为天童八仙山。宋朝时道士王自然修炼于此，传说其可呼雷唤雨，道行深厚。

说到天童山，我们要记录一位开化的诗人吾谨。正德年间，吾谨曾登临此山并赋诗。吾谨（1485—1519），字惟可，号了虚，开化汶山村人。据说，他幼年即聪颖超逸，不求仕进。烦闷时常饮酒赋诗，作有《拨闷兼呈杨太傅》，"寂寞悲秋客，徘徊去国心。青山悬树杪，白日下城阴。瀚海云初织，虞渊水更深。万方瞻造父，何处八鸾音"。其文直追前辈，被当时担任中丞的王守仁所肯定和赞赏。王守仁，字幼安，别号阳明，著名的哲学家、政治家和军事家。能得到王守仁的肯定和赞许，可见吾谨才学确实过人。

正德十一年(1516)，吾谨在乡试中获得了第一。适逢方豪在家守孝，好友相逢十分高兴，并偕刘子颖、周子纲，四人结伴登西山，游天童。吾谨兴致勃勃写下《天童山》一诗，"秋山万点纡嶙峋，空青冻合浮乾坤。登高送此千里目，落霞远水明孤村。鹘没苍冥杳无际，日月东西相吐吞。烟罗郁翠闭虚空，俯视下土空尘氛"。这首诗，寥寥几十字，将他自己的抱负融入其中。

正德十二年（1517），吾谨参加殿试，得偿所愿，登进士第。作《馆试春日述怀》云，"阊阖重开试，琅玕愧未奇。赤墀联瑞气，金殿耀朱曦。仗簇花初拥，春浓雾转霏。雕龙文总就，鼓瑟志难移。突兀三山近，苍茫五岳低。置身霄汉上，挥扫净虹霓"。可谓豪气冲天，壮志凌云。不久，他因思乡心切，加之上司忌才，遂辞官归家。当地聘请他出任浙江士子之师，未两载，正德十四年（1519）年仅三十五的一代才子，便一病不起，满怀遗憾离开人世。

天童山下即为马金镇，马金溪穿境而过。吾谨诗中的远水，就是马金溪，而孤村则是马金镇所辖的村庄。崇祯初年，马金与县治（清末称开阳）、华埠并称为县域三镇。

三教圣地

马金历来是开化县北部政治、经济、文化中心，也是三教合流的文化圣地。古镇原来西有始建于南宋的包山书院，东有始建于北宋的天童山道观和西阳山寺院，属儒释道三教圣地。三方鼎足而立，使得马金的地域文化非常多元，并形成了独有的特色。

开化普照堂位于马金镇之西阳山。元初，村民余仲三来到西阳山，见此处风景秀丽，茂林修竹，鸟语樵歌，心目为之开豁，遂出资造此堂，作为余氏家庙。明代天顺年间，有僧云游至此，见山谷云泉，遂诛茅为亭，复开田数亩以给常住。明代周佐《西阳山普照堂碑记》中有记载，"明成化三年，募璜田余氏为檀樾主（即为施主），舍山地为庵址，施钱若干缗"。这数亩山地，除了菜园就是茶园。客厅有一副对联，"僧住福地原无酒，客到寒山只有茶"。

普照堂的茶，与佛有关。

浮屠氏，汉明代时，始入中国。荧荧乎，魏晋宋齐。煌煌乎，梁陈周隋之间。王公卿士上焉而倡导，豪贾大姓正焉而服从。清代的韩开济，光绪十九午任开化训导，在《重建华严禅院记》一文中写道，"古无佛也，佛于晋魏梁隋之间，象教始盛行诸夏……我朝定鼎以来，崇奉尤诚……盖以明则有礼乐，幽则有鬼神"。

和道教饮茶注重养生追求羽化不同，佛教饮茶更多是从参禅悟道的角度出发。佛教与茶的关系可归纳为益思和悟道。益思，喝茶能提神，如陆羽所说能使人集中精神。打坐参禅中喝茶，能有利于冥想悟道。禅院寺庙多建于群山苍翠之间，地理环境适合种茶。僧人将种茶饮茶视为一种修行的途径，在劳作中糅入自己对佛经的理解和领悟，故而亦谓禅茶。茶与禅的交融，北宋以前最早可溯源于《晋书·艺术传》，书中记载修行者借"茶苏"可防止睡眠，并有助于提神参禅。僧人饮茶助禅始于晋，然真正的兴盛与禅茶文化的建立则要到唐代。唐代佛教寺庙常举办茶宴，谈禅论理。僧人坐禅，饮茶静修，形成饮茶风俗。"茶禅一味"，是以茶悟禅，因禅悟心，茶心与禅心相印，而达于寂静的悟道之境。①

禅宗从慧能开始强调寄参禅于日常生活之中，而茶是丛林生活的关键词之一，故借茶参禅成为习惯和潮流。②"一日不做，一日不食"的百丈怀海禅师（750—814），在他创立的《禅门规式》中要求，寺院僧人，无论何人，均应身体力行，参加劳动。他的悟道，不是打坐冥想，而是在日常劳动中参禅悟道。自己动手丰衣足食，这就是他创造的农禅合一的僧伽经济制度。到了唐代中期，各种生产劳动已是禅林常课，农禅合一成为固定的传法形式。③这不仅能有效解决茶叶的来源，也是参禅知行合一的载体和途径。在佛教的推动下，禅茶俨然成为寺院一道特有的风景，也丰富和拓展了中国茶文化的内涵。

凉台静室，明窗曲几，僧院道观，松风竹月，晏坐行吟，清谈把卷。佛教僧人的活动，对茶叶的推广起到了积极的推动作用。据明

① 李瑾皓、朱志勇：《从"茶禅一味"看中国文化》，《福建茶叶》2021年第3期。
② 黄奎：《禅门茶礼与佛教中国化》，《中国社会科学报》2020年2月25日第2版。
③ 若宽：《百丈怀海〈禅门规式〉的创制及其意义》，《佛学研究》2006年第1期。

代顾元庆《茶谱》引述，据说隋炀帝在江都（现扬州）生病，天台智藏和尚曾携带天台茶替他治病，得茶而治后，推动了社会饮茶的兴起。

《晋书·艺术传》中曰，"敦煌人单道开，不畏寒暑，常服小石子，所服药有松、桂、蜜之气，所饮茶苏而已。"[①]单道开，姓孟，晋代人。好隐栖，修行辟谷，七年后，他逐渐达到冬能自暖，夏能自凉，昼夜不卧，一日可行七百余里。后来移居河南临漳县昭德寺，设禅室坐禅，以饮茶驱睡。后入广东罗浮山，百余岁而卒。"所饮茶苏而已"，就能长寿到"百余岁而卒"，在人到七十古来稀的唐代，确实是难得的事。

《封氏闻见录》中更是将唐朝开元年间饮茶之风的盛行归结于泰山灵岩寺的大兴禅教。学禅务于不寐，又不夕食，皆恃其饮茶。[②]于是人们到处效仿煮饮，起自邹、齐、沧、棣，渐至京邑。茶能治病，又能延年，加之佛教僧人的影响力，所以饮茶之风转相仿效，逐成风俗。

开化居万山之中，无平原沃野之饶，且又多水患。水之为物，有利有害。利何以清，全凭坡堰井塘，害何以除，总倚桥梁舟楫。据《衢州府志》五邑水利图中载，开化有一堰四泉六岸四十塘。所以，开化山多水多，桥亦多。

县城外的和平通济桥，原本是一座浮桥。居邑治之东，大溪环之。一遇水患，不仅溪涧阻拦行旅往来欲断，而且田园浸灌闾阎命脉攸关。于是洪田寺的僧人组织募集，乡里的富家大姓都纷纷助金帛舍田租，数月而成。架桥之日，远近居民扶老携幼，骈首聚观，欢声如雷。僧佛的义行善举无疑使寻常百姓对于宗教崇奉尤诚，进一步推动

---

① 杨化冰：《安化黑茶的文化生态史研究》，博士学位论文，吉首大学，2020年，第80页。

② 崔兰海：《唐代史料笔记研究》，博士学位论文，安徽大学，2013年，第189页。

饮茶之风的渐行。

开化还有一座灵山寺，原位于开化县城的卧佛山东麓，吸引了不少仁人义士。据清代雍正年间的《开化县志》记载，五代时有两位僧人结茅于此以居。至宋代皇祐三年（1051），僧人清臣募捐重建。因见两僧人旧所居处，常有神光显现，特上书朝廷，下诏赐匾曰灵山。是时，北宋铁面御史赵抃曾多次来游，写下《灵山禅寺》五律一首："我为灵山好，登临到日曛。岩幽余暑雪，钟冷入秋云。篇咏惟僧助，尘烦与俗分。明朝入东棹，因得识吾文。"

赵抃（1008—1084），衢州城关人。历任武安军节度推官，崇安、海陵、江原三县县令，泗州通判至殿中御史。他生性正直，弹劾不避权贵，朝野誉其为"铁面御史"。朝廷曾数次委派他治蜀，轻车从简，唯一琴一鹤相随。"一琴一鹤"从此收入辞书，成为典故。后王安石为相，他因政见不合，与欧阳修、苏东坡等一起被贬，先后任杭州、赵州太守，所到之处皆廉洁从政。为官时，赵抃每夜必焚香将一日言行告诸于天。晚年以太子太保致仕归里，住浮石门外，赋诗作文，读书诵经。元丰七年（1084）逝于衢州，赠太子少师，谥清献。后人为纪念清献公高风亮节的品格，建清献公祠，立清献公像，办清献书院。清末因原祠圮废，移祠于钟楼底，今为衢州市文物保护单位。

高宗建都临安后，灵山寺成为旅游佳地。时任徽猷阁待制的开化长虹人程俱，回归故乡时，常与好友越州余姚知县江仲嘉、太常寺少卿江彦文、参知政事赵叔问等，登寺拜访主持修意禅师，并寓居灵山寺西轩品茶论诗。绍兴二年（1132）程俱55岁，寓居云门院，访僧修意，时修意病且衰矣。绍兴八年（1138）四月，禅师病逝，程俱专门为其撰写《座塔铭》《安养庵记》《衢州开化县灵山寺大藏记》。这一杯禅茶里寄寓的友情，也随着历史的尘封而被遗落在岁月光影里。

马金镇，不仅是三宗圣地，同时也是重要的军事要地，兵马必争之处。清代咸丰、同治年间，太平天国军多次进出马金，左宗棠曾坐镇马金上街，率军围剿太平军收复遂安、淳安、徽州等地，最终使太平军残余部队向官军投降。

在马金当地，还流传着一个红军反"围剿"护春茶的故事。1933年春，工农红军攻打齐溪西坑源。战斗胜利后，战士们在走村串户宣传新民主主义革命的方针政策时，发现该地漫山遍野都是绿茶。时值春茶采摘季节，却少见人采摘。在深入调查中，有许多茶农说，国民党军驻扎石柱村，在马金溪七里龙设岗，荷枪实弹，昼夜轮班值勤，盘查过往行人。他们搜刮百姓钱财，扣押山货。因此，茶农们都不愿将起早贪黑摘炒的春茶双手奉送到他们手中，故此推延了绿茶开采，损失惨重。此事被方志敏知道后，立即指示维护茶农利益，迅速组织发动春茶开采。一方面派工作组入驻产茶大户协助做好采茶工作，另一方面派出前卫侦察班，打探敌人活动行踪，待摸清情况后再确定战斗方案。红军前卫侦察班十数名战士乔装成徽商，分头从齐溪西坑源出发，沿马金溪路经霞山、马金直到七里龙，一路风餐露宿，沿途详细打探，摸清了敌人行踪。当时敌人的临时总部设在霞山石柱村一财主的宅院，拥兵两百余人。主要任务是控制安徽和淳安入境开化的红军，防御红军从西北面兵临开化城下，因此在马金溪七里龙两山夹一水的险要之处设防盘查。

当得知齐溪苏区茶农开采春茶，敌人喜出望外。苏区大龙山名茶久封开采，茶叶势必途经马溪运出，要经石柱和七里龙两道关卡，这可是必得之财。他们增设石柱盘查关卡，并增加七里龙的盘查岗哨人数和武器，对途经之人特别是从齐溪水路出运的木筏和船只一律严加盘查。

一日傍晚，夕阳西下，红军派出三个连队翻越大龙山至麻坞，两个连径直奔赴石柱村对岸石川后山分别隐蔽在纵林中，另一连从麻坞翻山至排田，经杨和、戴家直插星田村，绕山隐蔽在七里龙凉亭对岸的山林之中。凌晨三时，石柱战斗打响，红军强渡马金溪拿下了七里龙凉亭关卡，并奔赴大淤驻点俘虏了所有的岗哨人。从此，红军反"围剿"护春茶就成为当地人民的美谈。

1935年1月，方志敏、粟裕率领红军北上抗日途经马金。1938年3月，张鼎承、粟裕率新四军第二支队在开化县城整编，也曾在马金镇驻扎，马金有五六十名青年参加了新四军。二支队宣传队在镇东青云岭的青云庙墙上写有"坚持长期抗战，争取最后胜利"标语。1941年3月，皖南事变以后，国民党反动派将2100多名被俘新四军官兵编为所谓的"第三战区司令长官训练总队"，押解到淳安、开化关押。其中一部分就在马金街、姚家、霞山、霞田关押，一个月后，押送到上饶铅山集中营。1949年5月，解放军十八军组织军民，在马金附近山上围歼国民党安徽保安部，歼敌5000多人，活捉了国民党安徽省政府主席张义纯等军政人员。1949年7月，马金附近的地主豪绅与国民党安徽保安部残敌勾结，组织了反革命土匪武装，围攻军管会马金办事处，匪徒纵火焚烧马金办事处，坚守办事处的警卫连长高万杰等18位同志壮烈牺牲。后来解放军二十五团进入马金，组织军民联合剿匪，直到9月才平息了匪患。

1949年，马金成为区公所和镇政府的驻地。改革开放后，又成为浙江省第二批小城镇综合改革试点镇和浙江省中心镇。

马金不仅是开化县北面的经济重镇，也是文化重镇，保留着淳朴的古风文化。作为由浙江省政府命名的"浙江东海文化明珠""省民俗文化艺术之乡"，马金迄今还保留着丰富的民间传统艺术。其中，被列入浙江省级非物质文化遗产的就有姚家扛灯、霞山高跷竹马、徐塘狮象舞灯。至今，古镇还有过"灯日"的习俗。

关于"灯日"，自唐代始，马金一带就有此习俗。从每年的农历大年三十开始，直到正月二十二，每村会确定一天为灯日。马金街上的灯日是从正月十五到二十，共六天。

每到灯日这天，所有的亲朋好友会来贺年观灯，各家会盛设酒席殷勤款待。灯日之夜，还要进行舞灯、迎灯。灯的类型则非常之多，有板龙灯、布龙灯、扛灯、狮象灯、宫灯、花灯等，以及高跷竹马、笑头和尚、跳魁星等舞蹈活动。舞灯以后，各自将灯迎回家，而后演戏观戏，这便形成了完整的灯日文化。

这种朴素的乡民活动，也因其特有的观赏性和娱乐性，而加强了人们彼此间的亲属联系。茶在其中，扮演了很好的媒介作用。灯日里走家串户，喝茶聊天，一个以血缘地缘为纽带维系的族群便凝聚起来了。

第七章
苏庄传说

　　七上八下解元岭，高入云端到天庭。山道坎坷不平路，折磨多少过路人。上坡气喘心发慌，下岭腰弯两腿酸。空手行走汗如雨，挑担背木叫皇天。三步一歇五步撑，挑到半夜才卸担。样样银钱都可赚，切莫挑担过解元。

——流传于苏庄镇的谚语

朱元璋与
苏庄云雾茶

　　传说云川村有一村民想挑两箱茶去华埠卖，但因为身材矮小，很是担忧自己能否翻过那险峻的解元岭。当天晚上，他就在家里挑起茶箱，爬楼梯试一试，一直试挑到天亮。结果，第二天他还是不敢去翻山。

　　这个故事由当地人口述告知我们，讲述者将其当成一个笑话，意在解释这解元岭的巍峨陡峭让人生畏。从前的人们若想把茶叶送到外地去销售，需要手扛肩挑、翻山越岭。尤其是苏庄的茶农，身处群山之中，往哪个方向走都要翻山。这陡峭的解元岭，着实让人犯难。虽然，开化县内水系发达，可唯独位于县西面的苏庄镇没有水路交通。因它的水系来源和走向和别的乡镇有所不同，所以交通甚是不便。

　　在《开化交通志》中记录了开化境内有四条主要的溪流，支流如叶脉。马金、池淮、龙山属于钱塘江水系，苏庄溪（注入江西乐安江）、下庄溪（注入婺源江，汇入乐安江，乐安江注入鄱江）属长江鄱阳湖水系。苏庄溪及下庄溪，均注入江西德兴乐安江的上游婺江，源短流急，无航运舟楫之利。①

"流经苏庄的河属于长江水系，与其他乡镇的钱塘江水系不同。"在苏庄镇，我们找到了文化站原站长林延辉老师，他是我们苏庄调研的领路人。作为地方文化研究学者，我向他请教关于苏庄茶叶的相关史料，而他的答复则是一串生动的故事。对于苏庄的解读，也许要从民间传说开始。

苏庄，是开化县辖镇，也是浙西重要的茶叶乡镇之一。1950年设苏庄乡，1958年建公社，1983年改乡，1987年更名毛坦镇，1992年又改苏庄镇。曾名苏川和书川，村以川名，雅称书川。第二次国内革命战争时期，建有中共地下党支部。1985年，开化县人民政府公布其为革命老区。

苏庄镇位于开化县的西部，距县城43千米。东接长虹乡，南接张湾乡和杨林镇，西连江西省德兴市新岗山镇，北连江西省婺源县江湾镇。苏庄镇是开化县边界贸易区、革命老区、民间艺术展示区、龙顶名茶主产区和国家级自然保护区。

在空间地理位置上，苏庄镇是开化通往江西婺源的必经之路，徽开古道的必经地。因为直接毗邻江西和安徽，古徽州自休宁至婺源，半壁和开化接壤。安徽的屯溪因水路便捷，可直通新安江到杭抵沪，成为当时的茶都。而开化因绕道衢州，交通不便，所以一些茶农、茶商干脆就沿着徽开古道，将开化绿茶做成松萝绿茶运至屯溪出售。屯溪绿茶，简称屯绿。和浮梁茶市一样，屯溪茶市不仅仅销售生产于屯溪的茶叶，也包括古徽州六县在内的茶叶。

松萝茶是款历史名茶，被誉为"绿金"，产于安徽省休宁县万安镇福寺村的松萝山。《休宁志》载，松萝茶于明隆庆时由僧人大方创

---

① 《开化交通志》编写组：《开化交通志》，浙江人民出版社1990年版。

制。①万历年间，龙膺《蒙史》中写道："（松萝）其制法以干松枝为薪，炊热候微炙手，将嫩茶一握置铛中，急手炒匀，出之箕上。箕用细篾为之，薄摊箕内，用扇扇冷。略加揉挼，再略炒，另入文火铛焙干，色如翡翠。"②著名的屯绿炒青，以此为加工操作的要点，故松萝茶久有"炒青始祖"之美誉。由于松萝茶中外闻名，一些茶商就以开化茶叶为原料，制作成松萝绿茶进行销售。

从徽州出发到开化有两条陆路，一条就是著名的徽开古道，从休宁出发，越马金岭翻过白际岭，便可入开化。另一条则从徽州府出发，由婺源县经白沙关，过歇岭关进入张湾乡，然后进入开化县。

白沙关位于开化和婺源交界处，在关隘处写着"浙赣要塞——白沙关"。从白沙关入开化，有一岭名曰歇岭。其上有关，谓之歇岭关。民国时期，苏庄一带的茶农就将茶叶经歇岭关过白沙关而入婺源，将茶叶贩至江西。歇岭关是开化六大关隘之一。据民国《开化县志稿》记载，清咸丰六年（1856）奉金衢严道令，开化知县方道生先后督造六座关隘。这六座关隘分别为马金关、际岭关、大鳙关、歇岭关、豪岭关和大济关。关隘，是古代军事防御、控制交通、征收关税的重要设施。开化复岭重山，是通往衢州的咽喉。马金关，位于县北马金岭上。明末，唐王派郑鸿达越马金岭屯兵休宁溪上。际岭关，位于何田乡的源头，设在百际岭与枫岭相连、与婺源交界处。大鳙关，则在长虹乡源头的大鳙岭上，与婺源交界。相传尧时洪水，有鳙鱼上游至此。水涸鱼枯，鳙骨山积，故名大鳙岭。歇岭关，向西经白沙关可抵德兴、婺源，为通往江西的要道。清光绪十年（1884）邑绅杜逢昌在歇岭上建亭施茶。豪岭关，则与江西德兴、玉山交界。大济关，位于华埠，经过大济关可至江西玉山。

---

① 陈椽：《制茶技术理论》，上海科学技术出版社1984年版，第28页。
② 赵驰：《明代徽州茶业发展研究》，硕士学位论文，安徽农业大学，2010年，第16页。

翻过歇岭关，就是苏庄镇。

歇岭的脚下，便是苏庄。苏庄镇历史悠久，唐乾符年间（874—879），殿前指挥使汪道兴镇守马金，五代梁初（907—912）移镇云台（今苏庄镇富户），为苏庄汪氏始迁祖。在与历史人物的关联性上，苏庄与朱元璋的关联最为紧密。所以，苏庄大地上到处流传着朱元璋的诸多故事，而每个故事都有一个相似的主题，那就是"命名"。

第一个命名，是为村镇的命名。[1]

相传1362年的秋天，朱元璋起兵凤阳，激战陈友谅于江西鄱阳，由白沙关途经苏庄。据开化《贵峰汪氏宗谱》记载，元朝至正年间，朱元璋率部屯驻开化。洪武七年建云台寺，时朱元璋、刘基等君臣题有楹联。这里的贵峰，就是如今苏庄镇的富户村，古时是云台乡辖地，现为苏庄镇的中心村。早在南唐初年便已形成村落，比开化建县还早四十余年，故民间流传"先有云台，后有开化县"之云。

富户村以前称贵峰村，以其来龙山贵峰尖而得名。元末以后，贵峰改称富户村。据说是明朝开国皇帝朱元璋为之命名，所以当地还流传着这个命名的故事。

当年，朱元璋率红巾军从江西来到古田山休整。军队对民众和气可亲，不扰民，不掠夺，深受当地百姓爱戴。大家都乐于支助，特别是贵峰村的百姓们。军队每每来采购粮草军需，次次都能满载而归，有些村民还会把大米蔬菜挑着送到军营。由于给养富足，军队得到休养生息。朱元璋见当地村民如此热情，感慨万千。中秋节那天，他带着一班文臣武将到贵峰村表达谢意。刚到村口大樟树，村民们便闻讯赶来迎接。朱元璋见此地风景秀丽，古木参天，便观赏起来。这时，村中一位老人介绍说："本庄四周有贵峰尖、青峰尖、火峰尖、

---

① 林延辉：《苏庄风情》，开化县苏庄镇人民政府编，2006年，第53页。

锅底尖，后又人工堆造了一个堆峰尖，五个山尖如五匹骏马，村庄好似马槽，成为五马恋槽之势，是处鱼米之乡。"古有愚公移山，今有贵峰造山，朱元璋感到很有趣。进了村庄后，他被众人迎入汪氏祠堂。见祠堂天井有个池塘，塘内水清如镜，泉水微微向上喷涌。池内鲤鱼跳跃，池周花草相映，为古色古香的祠堂增添了秀色。村民说，有一年春天，一日天降大雨，有条红鲤鱼神奇地沿着屋檐水爬上房顶，好似鲤鱼跳龙门，故此村别名为上塘村。朱元璋边看边听，高兴地说："这里土地肥沃，物产丰富，真是家家都是富户。今后会富上加富，村名便叫富户吧！"并要来文房四宝为祠堂题联一副：勤可富，俭可富，富乎富户；书能贵，诗能贵，贵哉贵峰。是夜，村内鼓乐喧天，欢声雷动，当地汪氏四房弟子，扎制出世和、永和、桂和、福和四条草龙，举行舞龙大赛。草龙浑身插上点燃的香枝，变成由点点红光组成的火龙，非常别致。几条火龙翩翩起舞，追逐翻腾，看得众人眼花缭乱，无不拍手叫绝，这就是苏庄草龙的由来。

朱元璋观看香火草龙舞之后，称赞为"神龙"，并题诗一首。"岁以中秋八月中，风光不与四时同。满天星斗拱明月，拂地笙歌赛火龙"。洪武六年朱元璋登基后，派大臣中书舍人叶琛到苏庄封金溪村为富楼村，并赐联"百世安居金侯富楼胜地，千年远流越国传裔名家"。当地人认为龙是帝王化身，应有銮驾相伴，便扎制了"宝扇""桂花树""人物像""吉字匾"，还有"蝴蝶""飞鸟""天鹅""鱼、虾、蚌、鳖"等水族动物与草龙伴舞，为苏庄草龙增添了特色，这一表演形式也一直传承至今，现在被列为浙江省级非物质文化遗产。

关于草龙的由来，其实还有另一个民间故事版本。相传朱元璋被陈友谅打败后，一路撤退到苏庄，被陈军围困。朱元璋眼见军粮一日日减少，军心开始动摇，形势严峻，忙召集谋士商量。军师刘伯温献了一计，将一批新鲜稻草和死塘鱼倒入河中，任其漂流到陈军阵内

的河道，被陈兵捞起。陈友谅见这么多稻草和鱼，认为该处是鱼米之乡，朱元璋定会得到补给。又见此地山高林密，不宜作战，便传令退兵九江。朱元璋绝处逢生，化险为夷，全凭稻草救命。此时正值中秋，士兵与民同乐，将稻草编成绳状，众人用手高举起舞，朱元璋在前头领舞。之后，民间认为皇帝是龙的化身，在草绳前加上龙头便演变为草龙。为纪念朱元璋驾临云台作战，每年中秋节舞草龙的习俗，就代代相传了。

去除传说故事中的历史人物成分，我们可以发现其实苏庄草龙习俗是中国典型的稻作文化，它的产生与农业生产密切相关。在古代，人们把丰收的希望寄舞草龙，是开化民间庆丰收、祈风雨的一种活动，流传甚广，而又以苏庄草龙最为讲究。开化的苏庄草龙起源于唐代，在唐代还有迎草龙送龙神活动，在元末明初时达到鼎盛状态。

关于苏庄的这段故事，当地还有一段碑记，我们整理后记录如下。

自古凡形胜之地，必有佳构，或亭或台，或楼或阁，即便游人驻足，也增山水之色。城隍埠开邑之西百余里，山石峻峭，古木阴翳，佳禾弥野，水深鱼肥，也一方之形胜也。唐宋即遣使镇守之，明引军溯乐安江至漳河隐眸云台寺而尝系舟于此，后人记之易其埠名曰龙隍埠。建亭埠旁曰龙埠亭，亭南有贵峰村又名上溏，钟灵毓秀，物阜民丰。爱其民风淳厚，黎庶殷实，遂赐村名曰：富户，并撰联赞之。村人自此于中秋之夜舞香龙庆之，至今不衰……

第二个故事和茶有关，是为苏庄云雾茶命名。

苏庄境内的古田山是处屯兵休整的理想山寨，这里土地肥沃，稻香鱼肥，水草充足。于是，朱元璋的部队就在此驻扎。从此士兵能吃上红米饭，喝上蕨菜汤，不时还从河中捕来鱼虾，从山中采来香菇、木耳佐餐，将士们黄瘦的脸渐渐红润。朱元璋为了强化部队训练，把溪旁一块天然大岩石平台作为点将台。每日同军师在点将台上指挥红巾军排兵布阵，操练兵马，喊杀声震荡山谷。这块点将台，我们在当地考察时，当地人曾带我们去寻访过。不过，石已不见，被一大堆茅草遮盖着，毫无踪迹(见图7-1)。

图7-1　点将台旧址

(笔者摄于2019年)

根据当地传说，清明时节　口黎明，朱元璋登上古田山岗晨练，先练了一套拳脚，活动活动筋骨，而后又舞起剑来。正想停下换口气，忽见山下一群姑娘欢欣雀跃地上山而来。朱元璋收剑入鞘，亲切地与她们交谈起来，知其是来采春茶的。只见采茶女们鱼贯进入茶园，娴熟地采起茶来，双双巧手在茶丛上似蜻蜓点水般上下不停地欢舞翻飞。采茶女有模有样的采茶动作，让朱元璋越看越有趣，情不自禁地学着采起茶来。不知何时，军师刘基也上了山。他手捧着一把春茶，说此茶与众不同，叶面布满针尖般的小孔，让朱元璋观看。正好一老汉送饭上山，听见议论，即兴介绍说："古田山环境独特，冬暖夏凉，气候适宜。春茶吐芽，云蒸雾润，细雨蒙蒙。叶面变化，片有微孔，即为优茶。喝此茶不仅可延年益寿，还能防病疗疾呢！"听罢茶农一番讲解，两人又向老汉请教当地民俗民风。双方越谈越亲热，见红巾军将领如此平易近人，老汉便邀请他们晚上去家中做客。

朱元璋盛情难却，当夜与军师去了老汉家。走到屋前，还没入门庭就闻到了一阵清香，原来老汉家正在炒制绿茶。老汉见贵客临门喜笑颜开，不等大家坐稳，便有滋有味地谈起当地的炒茶经。绿茶要通过杀青、揉、带、挤、甩、挺、拓、扣、抓等多道工序，炒制好的干茶才能形美翠绿，匀称成条，香味浓厚。他女儿则端出本地龙坦民窑烧制的瓷杯，放入绿茶，注入开水，请客人们品尝。大家先后捧起杯，打开盖一看，汤清色绿，闻一闻神清气爽，呷一口心旷神怡，确是茶中极品。众人边品边评，不仅茶叶好水也好。小姑娘忙抢着说，"古田山泉，汁如甘露，清澈甘冽，是方圆百里难得的好水"。朱元璋觉得此茶越喝越有味，赞美地吟道，"茶是苏庄绿，水是古田甜"。并问老汉此绿茶如何称呼？老汉答道，"名唤苏庄绿茶"。朱元璋接着说："苏庄绿茶，产于云雾缭绕之高山，吸取天地之瑞气，就称云雾茶吧！"

此后，朱元璋便当上了明朝开国皇帝，想起当年在古田山喝过的云雾茶余香犹存，即命金华府调集云雾茶到京都。从那以后，苏庄云雾茶就成为朝廷贡品。朱元璋率部队从古田山开拔前，还亲手在古田山茶湾种下茶树，长大后被当地茶农奉为"茶树王"。凡来看茶树王的山民，都想带几颗茶籽去种植。冬去春来年复一年，这里遂成了远近闻名的茶叶之乡。如今的苏庄，依旧是开化县重要的茶叶集中产区，与马金、池淮等乡镇共同构成开化茶叶生产地。

应该说，这个故事较之朱元璋与开化另一个产茶镇齐溪的传说，有血有肉丰满得多。不仅将一款地方茶的滋味特色描述了出来，而且将茶与水有效结合。陆羽曾说，水为茶之母，茶性借水而发，水质的不同对茶汤色、香、味、韵有很大影响。古田山的水，激发了苏庄的云雾茶，成为当地的茶水双绝。

古田山与茶
中『味精』

　　剔除传说故事中虚构成分，我们奔赴实地去研究苏庄茶。苏庄茶叶自有"云雾茶"的名字，其实并不是因为朱元璋的赐名，而是与茶树生长环境有关。清代戏剧家李渔曾经在《自常山抵开化道中即事》一诗中写道："云雾山中虎豹眠，千年松子大如拳。自此烂柯无人伐，万丈奇杉欲上天。鸟道羊肠信不虚，路才容足更无余。丈人相对岩阿立，下叱王侯自下车。"他将山中的云雾、奇观、小道，用形象的文学手法描摹。

　　在中国各地名优茶中，以"云雾茶"冠名的名茶非常多。比如庐山云雾茶、安顶云雾茶、南岳云雾茶、英山云雾茶、天台山云雾茶等。一般都生长在海拔650—800米的高山上，因茶叶常年处在云雾缭绕的山林气候之中，所以被称为云雾茶。茶树生长要求气候湿润，雨量充沛。海拔较高的山，云雾缭绕的时间越多，水分也就越充足，气候就会比较湿润。而且，太阳光照与茶叶品质也有着密切的关系。红光利于茶多酚形成，而蓝紫光则有助于促进氨基酸和蛋白质的合成。山区雨量充沛，云雾多，长波光受云雾阻挡在云层被反射，以蓝紫光为主的短波光穿透力强，这也是高山茶叶中氨基酸、叶绿素和芳香物质比较多，而茶多酚含量相对较低的主要原因。所以，茶树的生长会因海拔不同而产生较大的品质差异。"高山云雾"也就成为好茶的代名词，成为传说故事中的核心。

开化具有明显的四个立体气候层，分别是暖层、温层、凉层和冷层，犹如一年之四季。其中，凉层处于海拔400—700米之间，年平均气温在13.5℃—15℃，是茶叶生长环境最优区。苏庄镇与我们之前去过的马金镇不同，马金镇地处平原，周边山林环绕。苏庄镇则全境皆是山脉，因此山势环境给予这里的茶叶生长最好的生态条件。

从城关镇出发前往苏庄镇，需先经过池淮镇。池淮镇也是开化茶叶比较集中的生产区，这里地势较为平缓。过了池淮镇，继续往西走，经过盘山路，转过一道道弯后，才能到达苏庄镇。

苏庄镇境内有名的山是古田山，山上植被完好，林木葱郁，是一个天然的生物基因库和生态旅游区。作为国家级自然保护区，古田山的总面积为8107.1公顷，与江西婺源、德兴毗邻。[①]其前身是一个国营采育场，始建于1958年，2001年6月升级为国家级自然保护区。古田山以山势险峻、景色优美著称。在海拔850米处有一块20余亩沼泽地，长着茂密湿生草本植物，并有良田数亩。山即以这片"古田"而得名，田旁有古建筑凌云寺，亦名古田庙，建于宋太祖乾德年间（963—967），迄今已有千余年历史。

整个保护区林木葱茏遮天蔽日，天然次生林发育完好，有"浙西兴安岭"之称。古田山上珍稀古树名木如"元杉""唐柏""吴越古樟""苏庄银杏"都被称为浙江树王。相传"元杉"还是朱元璋亲手所栽。

---

① 在实地调研时，我们发现文本中的歇岭其实正是传说故事中的"解元岭"。为了与县志中文本一致，我们仍旧采用"歇岭"这个名字。

古田山上也流传着许多故事。明太祖朱元璋曾在古田山安寨驻兵，有点将台为其证。方志敏率领的红军也曾在此活动，留给后人纪念的有红军洞。粟裕率领的北上抗日挺进师也曾在此撒下革命的种子。这里还有大批国家重点保护文物，如苏庄的姜家祠、唐头的宋代古佛和龙坦的宋朝窑址等。[1]

古田山每将降雨，便有云雾漂浮，堪称世外桃源。处在这种云雾缭绕的生长环境中，苏庄镇的茶叶自然品质优良。苏庄产茶由来已久，"两茶一水"是苏庄的特色，"两茶"分别是指油茶和茶叶。须知，油茶与茶叶是山区人民生活的重要依靠。古话讲得好，"上春一担茶，下秋一担油，一年吃穿不用愁"。茶区农民只要经营好茶叶生产，一年的吃穿就不愁了。

苏庄的茶叶史，得从协和乡说起。民国时期，开化茶叶属于开淳遂区，茶厂不多，大多都是手工作坊。五祥乡和协和乡的茶叶都品质优良，尤其是协和乡毛茶在开化县品质最好。五祥乡和协和乡是民国时期乡镇建制。协和乡相当于现在的苏庄范围，五祥乡相当于现在的长虹范围。长虹乡有钱王古冢，相传系吴越王钱镠祖茔。北源村，系状元程宿故里。五祥乡则在开化县境西北部，辖今长虹乡全境，池淮镇荷塘、立江等村，驻地虹桥。1934年设置，1949年撤销，划建虹桥、芳村两乡。境内有祥炉山，乡以山名。协和乡在开化县境东北部，辖今苏庄镇全境，驻地苏庄。1934年设置，1950年撤销，划建苏庄、富户、余村三乡。因该乡临江西婺源苏区，建有乡苏维埃政权和村党支部，乡名取"协力建设和平家乡"之意。现在行政版图上的苏庄，也就是民国史料中记载的"协和"。

在1941年8月8日中国茶叶公司开化茶厂第二次厂务会议上，当时参加会议的人员热议了该如何解决收购协和及五祥两乡毛茶一

---

[1]　胡青延：《浙江旅游胜地——古田山》，《林业经济》2002年第10期。

事。除总厂及白渡分厂外，在华埠另设分厂，采茶工及炒工均从婺源
招募。以上文字见著于1941年8月26日开化县协和五祥乡毛茶继续
集中进厂精制谈话会的会议记录。

当时，由于婺源一带的毛茶收购价格较之开化要高，而且苏庄
离婺源较近，很多茶农就将毛茶卖到婺源。1941年8月1日有一份《关
于协和乡未收毛茶问题之意见》文件中，就分析了去婺源卖茶的原
因。"过去婺源茶价较高，多向该处出售，本年仍存此心以致观望。"
而文件中提到"协和乡以茶叶为主，粮食较少"，"协和乡茶叶品质
为全县之冠"，"如协和乡茶加入精茶则可提高箱茶品质"这句话，
就更值得推敲了。将协和乡的茶叶加入茶叶精制过程中，可以提高整
箱茶叶的品质。这对协和乡的茶叶品质是高度认可的，堪比调味用的
"味精"。

精制，是茶叶加工制作中的术语名词。在茶从鲜叶到干茶的制
作过程中，有"毛茶"和"精制茶"之分。毛茶是指鲜叶加工后毛糙
不精还需要再行加工的产品，是茶产业的初级产品。在制茶学上，制
茶产品凡需要精细再加工的，泛称为"毛茶"，而其制成的加工产品
则称"精制茶"或者"成品茶"。由于毛茶的外形、内质等往往达不
到茶叶的商品属性要求，所以需要对毛茶进行再加工。一般说来，绿
茶的再加工和精制相对简单，只需整形和捡去碎片即可。而对于一些
外销茶，诸如祁红功夫和眉茶等，分级要求严格，需要更加精细的加
工。精制加工，分为筛切、风选、拣剔、拼配及干燥等多道工序。在
这个精制过程中有一个重要的环节——拼配，这是调剂茶叶品质、稳
定茶品质量的主要技术措施之一。拼配，又分为原料拼配和毛料拼配
两种。原料拼配是指毛茶加工之前，将不同品种、产地、季节和等级
的茶叶拼配在一起。毛料拼配则是指在精制过程中将不同级别和不同
筛孔的半成品，合理拼配在一起组成成品茶。这是一项极有技术含量
的工作，要使各类茶样取长补短，平衡外形及内质，达到提高品质的

目的。所以，将协和乡的茶叶加入精制，从而来提高整箱茶叶的品质，这也说明了协和乡茶叶的自身品质是相当好的。

在浙江省档案馆内我们还查到一份1957年的资料，是由浙江省农业厅收录的农政处劳模会议资料的汇编。其中，就收录了苏庄乡富户社的会议报告，从中我们可以看到当年苏庄乡茶业机械化发展的大致情况。我们精简收录如下。

### 机器制茶好处多[①]

开化县苏庄乡富户社303户，人口1118人，男劳力250人，女劳力100人，田1267亩，地50亩，山2000亩，茶园约有200亩。社内除以粮食生产为主外，茶叶、油茶等特产生产也很丰富。1956年由于建立了茶叶生产"包工、包产、包质"的三包责任制和运用了先进的制茶工具——杀青机和水力揉捻机，茶叶品质大大提高。每担茶叶平均价比1956年的价格增加了16.44元，提高17%，金额增加2915元，总产量增加818斤，茶叶总产值比1956年的总产值增加了25%。

改进工具，是提高品质的一个重要因素。

该社茶叶较多，但因茶季正值农忙，劳力紧张，茶叶品质提高缓慢，价格不高。1955年每担茶叶平均价 85.70元，除去成本，收入不高。为了解决这个问题，该社早在1955年春刚组织低级社时，章田社（即现在的章田大队）就试制了一座杀青机。但由于缺乏经验，没有成功。1956年春，该社到遂安学习参观回来后，就在章田队建造了一部四座式的杀青机和一架四桶水力揉捻机。1956年投入使用后，（茶叶）品质提高很显著，茶叶

---

① 《机器制茶好处多》，浙江省农业厅农政处劳模会议资料汇编，1957年，浙江省档案馆藏，资料号：J116-011-118。

平均价格要比不使用机器的队提高10.3%。该社在使用成功的基础上，1957年在富户队增添了两部四座式杀青机和一部八桶水力揉捻机。经过1957年春夏两季运用的结果，取得了良好的成绩。不仅茶叶品质大大提高了，而且在节省劳力、提高劳动生产率和降低成本等方面，都有了极其显著的成果。

事实面前，由怀疑转为拥护。

社内开始推广杀青机和水力揉捻机时，群众是有不少怀疑的，认为"工本很大，是否合算"，"机器做茶，能不能提高品质"。经过两年的实践，社员已真正获得了好处，纷纷表示赞扬，转为拥护。如富户村六十多岁的老奶奶姜利花说，"共产党真是为人民办事，连炒茶叶都能用机器，不用手炒，真聪明"。

使用杀青机和水力揉捻机主要有四个好处。

第一，节省劳力，提高劳动生产率。富户、章田两大队由于使用机器，仅春茶一季，就节省劳力483个，富户大队1956年从杀青到揉捻加管理工人每天要38人，春茶以15天计算，共需劳力570个。1957年每天只要14人，15天只要劳力210人就够了。前后两年比较，要节省人工360个，同时劳动生产率也大大提高了。在用手工制茶的时候，一天按12小时计算，全村最多也只能做500斤干茶。而1957年富户一个大队，最多的一天12小时就做了800斤干茶。

第二，减少开支，降低成本。机器使用对农村制茶所必需的煤油和柴火的节省成果显著。一担茶叶生产，使用机器比不使用机器的要节约煤油10两，柴火65斤左右。仅以1957年春茶一季计算，在使用机器的章田和富户两个队，比不使用机器的岭里队，共节约煤油62.4斤，柴火4137斤。制造机器所花的成本到底合不合算呢？根据富户大队的情况，说明了不但是合算而且还有很大的盈余。该队制造8台杀青机和一部八桶式水力揉捻机，共花去泥工、木工、材料等费用238.97元。但因使用机器而获得的价格提高部分，加上节省劳力、煤油、柴火等开支部分共达到1725.32元，两项相抵多出收入1486.35元，其中仅节省劳力、煤油和柴火三项即达336.30元，与机器成本相抵尚有盈余97.33元。而实际上机器并不是一年就使用完的，如果把机器成本按折旧率计算，则盈余更多。

第三，提高茶叶品质，增加实际收入。1957年社内使用机器的富户和章田两个大队，和没有机器的岭里大队相比较，在制茶品质上有更多的提高。富户大队1957年茶叶产量8506斤，章田队2624斤，岭里队1793斤，茶叶产量上岭里队最少。而在价格方面，使用机器的富户队和章田队很接近，富户队的茶叶平均每担113.12元，章田队的茶叶平均每担115.42元，而没有使用机器的岭里队的茶叶每担只有110.62元。如以岭里队为100%，则富户为102.6%，章田为104.34%，分别提高2%—4%，因此社员的实际收入是增加了。

第四，减轻劳动强度。徒手杀青，手常烫起泡，身体容易疲劳，特别是下雨天常常找不到人工来杀青，影响制茶。用机器杀青，手不用下锅，只要手摇就行了，大大改善了劳动条件。用人力操纵揉捻机，妇女对这样多桶式的机器是不能胜任的。就算是男劳力，一人一天也只能揉湿胚100斤，而且人又辛苦。改用水力揉捻机后，妇女都能够操作，一人能管两个揉桶，一天揉茶750斤，比人力揉捻机的劳动率要提高六倍半，而且管理人员还有休息时间。

几点经验教训：

1.应该掌握机器操作的技术

（1）杀青机：杀青时四个锅的火力要匀，摇"抄手"时用力也要匀，这样可避免杀青不匀不透或过度，杀青时间要比手工杀青要长些。每锅下青叶3—4斤，雨天可酌量增加到6斤。

（2）揉捻机：杀青叶要稍加摊凉，才能放入揉桶，使茶叶叶片与叶脉间水分均匀不致揉碎，揉捻时解茶块要早，否则容易发生"焖黄"影响品质。每次揉捻中间必须解茶块两次，揉桶所加压力应掌握"两头轻中间重压"的操作原则。揉捻时间一般为20—25分钟，不能太短。

2.揉捻与杀青应该很好地配合：如富户队的水力揉捻机，因所在地的水力较小，揉桶也不够大，天晴时青叶量拥挤，往往来不及揉捻。各地放置时，应事先计划好，使杀青叶量和揉捻叶量能很好地配合起来。

3.由于目前富户社还不是全部使用机器制茶的，在炒二青和辉锅时还是由人操作，因此发生争做湿胚问题。由于集中杀青揉捻，到晚上炒茶时人多了，容易发生争先恐后的现象，今后必须进一步使用二青机和炒干机达到全程机械化，力求减少这个矛盾。

这份资料写于1957年，当时全国的机械制茶还未开始普及，但是苏庄乡显然已经走在了时代的前列。通过生产实践，改进制茶工艺，提高生产效率，推进了开化茶业的现代化进程。这比台湾地区茶叶机械化的时间更早。以台湾地区有名的冻顶茶区为例，现代化的茶园管理是从20世纪70年代开始的，并造就了冻顶茶的崛起。各家茶间里机械化的基本配备包括浪青机、揉捻机、滚筒式杀青机、团揉机、束包机、干燥机及烘焙机等，取代传统杀青及炭焙用的大灶及过去手工浪青、炒茶、脚揉茶等费时费力的工序。而反观苏庄乡的机械化进程，其从1956年就开始使用杀青机和八桶式水力揉捻机，在现代化制茶的道路上进行自主探索。这也直接影响了后续衢州地区茶叶机械产业的发展，使其一举成为中国领先的茶叶机械集中产区，并诞生了中国茶机之都。

关于机械与人类生产的相互关系，我们可以从科技人类学的角度去探讨。台湾学者余舜德曾在对冻顶乌龙茶的工匠技艺研究中提到，科技人类学一直提醒我们，现代西方社会越来越将科技一词视为"科学与技术"。科技一词在观念层次上趋向和西方机械化的发展联结一起，而出现一个"机械—理论"形态的宇宙观，使得我们将科技视为现代发展出来对大自然之科学理论性的发展。而工匠技艺就为忽视个人天赋与灵敏性、具机械性功能的科技所取代。不过对于冻顶的现代茶农来说，工匠知识与技术和现代科学性的知识其实互不冲突。[①]

开化的茶农和冻顶的茶农很相似，科技的出现并未阻碍他们对于传统加工技艺的追求，而传统技艺的承续也不影响他们对于新科技的接受度。在上述资料中，特别提到一位60多岁的老奶奶姜利花，她对于用机器炒茶并不反对，而是赞扬和拥护。这种积极融合传统技艺与现代科技的态度，也促使开化茶叶在浙西地区，乃至全国茶叶产区的现代化进程中都处于领先地位。

除了云雾茶之外，苏庄的"两茶"中还有一茶，那就是油茶。早在公元前3世纪，《山海经》中就有记载，"员木，南方油食也"。这"员木"，即为油茶，秦时称甘醪膏汤，汉末称膏汤枳壳茶，唐代始称油茶，后此称呼便沿用至今。[②]苏庄镇的油茶种植面积有6.5万亩，年毛油产量达到600吨，被称为"浙西油茶之乡"。听镇上的老人讲，苏庄栽培油茶的历史可追溯至唐代，但大面积种植始于明代。相传，朱元璋在九江兵败后，沿乐安江逆流而上来到苏庄屯兵休养，伺机东

---

① 余舜德：《台湾冻顶乌龙茶之工匠技艺、科技与现代性》，《台湾人类学刊》2013年第1期。
② 李阳杰、廖中华：《鼎城茶油：蓄势腾飞正当时》，《粮油市场报》2016年12月24日第6版。

山再起。朱元璋建立大明后，将苏庄的两村分别赐名为"富楼""富户"，并盛赞"富楼的鱼，苏庄的油"。其中的"油"，特指山茶油。几百年来，油茶一直是苏庄镇的主导产业。

苏庄有很多地名都和茶有关，比如经过富户村继续往西走，就会经过茗富村。茗富，也是因茶而得名。可见，茶叶经济对于苏庄是相当重要的。"日军攻入开化时，茶叶生产遭到了致命的打击，茶叶滞销。当时被称作宝贝的茶叶竟变得比青草还不如，从苏庄运到华埠的茶叶，都倒在了桥下。"当我们实地调研走访苏庄时，当地文化站原站长林延辉老师亲自带我们走访了几个与茶有关的村落，为我们讲述相关的历史。老人家已是古稀高龄，因常年埋首案头眼睛过度受损，但依然为地方文化志的编撰耗尽心血。这不禁让人联想到同样出自苏庄的名士——程宿和程俱。

程宿（971—1000），字萃十，开化北源人，现在属于长虹乡。据传，程宿先辈程青为避战乱，往南寻求安居乐业之所，翻山越岭进入开化境内定居于此。宋太宗端拱元年（988），年仅18岁的程宿状元及第，成为中国科举史上最年轻的状元之一。但可惜的是，真宗咸平三年（1000）益州兵变，程宿奉旨与户部使雷有终讨伐之，未及行而卒。此时程宿年仅三十，真宗皇帝为之潸然泪下，赐谥"文熙"。

程宿的曾孙程俱（1078—1144）也是少年俊杰，还与茶有所交集，他曾监管舒州太湖茶场管理茶事。古时的舒州，大致是现在的安徽省安庆市区域。在唐代陆羽的《茶经·八之出》中写道，"淮南，以光州上，义阳郡、舒州次，寿州下"。并自加注云，"舒州生太湖县潜山者，与荆州同"[①]。唐朝，太湖茶已入全国名茶之列，敦煌遗书《茶酒论》里面亦有关于太湖茶的记录。宋代实施榷茶制，设立榷货

---

① 石德润：《佛教禅宗对太湖县民俗思想文化的影响》，《中国民族报》2016年6月28日第8版。

务和山场，经不断调整，最后至太平兴国年间，相对稳定为六务十三场。舒州的太湖、罗源，即为十三场中之二。而太湖场提举一职多由知县兼任，以利管理，但唯独程俱例外。程俱起初以外祖邓润甫恩荫入仕，宣和二年（1120）赐上舍上第。历官吴江主簿，任满后调舒州望江主簿监太湖茶场。他在太湖为官三年，尽责茶场职务。后因上疏罪而被黜，退居吴下。后屡次复出，官至朝议大夫，赐封新安开国伯，人称北山先生。

程氏家族乃耕读世家，其对当地的人文影响非常大。苏庄虽为开化境内最偏僻之地，却是文化遗迹留存最多的乡镇，人才辈出。

不过，有意思的是，苏庄镇上并不是"程"姓居多。苏庄现有姜、方、汪、赖诸姓，其中又以方氏卜居历史最久。五代时，从邻村上林迁入，迄今已逾千年。而另一支大姓是姜氏，明永乐年间入赘余氏，迄今近600年。镇上还保留着完整的清道光年间所建的姜家祠堂，而这个姜家祠堂与茶叶也有些关联。

相传书川（苏庄的曾用名）姜族原有两祠，清道光年间为平息一宗派系纠纷，将枫岭头"高阳堂"拆并，合为一祠"善庆堂"，即现今留存下来的姜家祠堂。民国十年前堂重建，占地两千多平方米，三年告竣。

1924年正月，村里演会戏。姜百禧公专门从杭州买来一盏五百瓦的大汽灯，灯光四照，明如白昼，观客如潮，热闹非凡。每年正月初一早上，全族齐集祠堂，拜谒祖先，分领丁饼。初八起演会戏八天，十三至十五夜迎闹花灯，二月初六举行春祭，这是每年必行的祭祀礼仪，世代相传。

祠堂有屋柱54根，堂前有80多平方米的戏台，一个约100平方米的天井。祠堂门厅上有大梁牛腿，上面雕刻着各种人物动物，如"济公降魔""铁拐李喝酒""九狮戏舞"等。戏台前一排四根柱子是一根樟木锯开的，代表着姜家"世世兴旺"。戏台上方左右两边雕刻着"大肚罗汉""哪吒闹海""文王送宝""太白醉酒""双凤呈祥"等图案。

1936年，协和乡公所设于中堂。"二战"时期，国民党军队常驻于此，墙垣板壁多遭损坏。1964年，这里被改建为茶叶加工厂，后纳入文物保护单位。从此不再有茶香，唯有姜族故事在传说。

可惜的是，当我们到达时，姜家祠堂重门深锁，没有机缘得见。临走时，林延辉老师赠送我们他整理的苏庄文化材料，供我们查阅。所以，上述内容得益于林老师的记录，为我们对苏庄的理解补充了重要的信息。

离开苏庄时，我和林老师相约后续再见。一年后，当我完成本书框架初稿，重返旧地进行细节补充时，再度联系了林老师。他戴着高度近视眼镜，却一眼就认出了我，非常高兴能够再度见面。他回家又拿出苏庄的一些材料给我，喝着茶侃侃而谈他眼中的苏庄。我很庆幸，能在如此偏僻的地方遇到这样一个"地方文化通"。

在苏庄233.2平方千米的土地上，20398名居民中竟然有如此多的故事。因物质而存在的空间是单调的，而一旦融入人与故事，就变得生动了。也许，这就是苏庄为何能成为浙西文化村的一个重要原因吧。

『好运苏庄』生产模式与

2017年，我们去苏庄进行实地调研。从县城搭小巴士，一个小时后就到达苏庄镇政府。先找到了农经站特产员苏女士，了解到当地的生产模式主要有两种：大户模式和散户模式。大户模式，即由大户雇人采摘鲜叶，雇人加工鲜叶，自己进行技术指导，而后销售。散户模式，则是自己采摘鲜叶后，卖给大户或自己采摘自己初加工，并不直接进行市场销售。2016年，苏庄全镇茶叶产量近140吨，总产值5300多万元，茶园面积保持在10000多亩，亩产值可以达到每亩5000多元。

由于苏女士刚到岗不久，对镇上茶叶生产情况了解得还不够完整，她为我们引荐了前特产员余先生。余老先生从1984年就开始担任苏庄特产员，1985年亲身经历了开化龙顶的创制过程，对茶叶生产情况如数家珍。从他的讲述中，我们得知整个苏庄镇现有11个村，10305亩茶园。为了工作方便，他绘制了专门的茶园分布图，详细到各村的茶园、茶叶加工厂分布，还有历年的生产记录。表7-1中的茶叶产值主要由春茶构成，因为春茶如果收入高，当地人是基本不采夏、秋茶的。

表 7-1　　　　　苏庄镇茶业生产情况统计[①]

| 年份 | 春茶开采时间 | 产量（吨） | 产值（万元） |
|---|---|---|---|
| 2013年 | / | 120.5 | 3680 |
| 2014年 | / | 130 | 4000 |
| 2015年 | 3月1日 | 150 | 6000 |
| 2016年 | 3月1日 | 139.5 | 5000 |
| 2017年 | 2月25日 | / | / |

　　苏庄茶叶的产量、面积和产值，大约占到了开化全县的十分之一，在开化整体的茶产业中所占比重不小。从20世纪70年代开始，苏庄山上的一些老茶树，当地的土品种开始荒废，部分茶树种植到田里，开始规模化发展。现在，除木材外，茶叶已经逐渐成为主要的经济作物，占到农业收入的30%。而从20世纪90年代初开始进行茶树品种的更新替代，从原来的老品种鸠坑种换成了福鼎品种。同时，开始引进机器，并转向单芽茶的制作。生产的茶品除了开化龙顶和少量红茶外，也进行手工龙井茶的制作。

　　除了茶叶外，油茶也是当地的主要经济来源。全镇6078户，几乎家家有油茶，2016年总产量为535吨。茶油是在霜降后采摘油茶果进行制作的，根据每年不同情况，有大小年之说。大年即指气候条件好，产量高的年份。小年则是指遭遇自然灾害，产量低的年份。余老先生说2017年全镇人约500亩油茶受灾，其中50—60亩油茶为重灾。农业生产，还得看天靠天。

　　余老先生找了一些近年来的茶叶销售总额和茶叶总产量资料，给我们看了苏庄各个村的茶业数据。我们惊讶地发现余老先生在地方茶业信息统计方面做了大量的工作，各方面的数据整理得十分翔实。

---

① 本表数据根据实地田野调查汇总所得。

在我们历次的乡村调研中，还是第一次看到如此丰富完整的一线材料（见表7-2和表7-3）。

表7-2　　　　　苏庄镇茶叶加工厂普查汇总[①]

| 村名 | 茶叶加工厂数（个） | 加工厂总面积（平方米） | 设备总数（台） |
| --- | --- | --- | --- |
| 横中村 | 4 | 370 | 35 |
| 余村村 | 6 | 520 | 63 |
| 溪西村 | 3 | 240 | 23 |
| 古田村 | 2 | 340 | 16 |
| 唐头村 | 2 | 430 | 18 |
| 苏庄村 | 3 | 270 | 21 |
| 方坡村 | 2 | 130 | 15 |
| 茗富村 | 4 | 230 | 27 |
| 富户村 | 14 | 1320 | 160 |
| 毛坦村 | 9 | 1548 | 97 |
| 高坑村 | 2 | 420 | 24 |
| 合计 | 51 | 5818 | 499 |

表7-3　　　　　苏庄镇茶园普查统计汇总　　　　　单位：亩[②]

| 村 | 茶园面积 | 其中 | | 其中 | | |
| --- | --- | --- | --- | --- | --- | --- |
| | | 20亩以上基地面积 | 19亩以下零星面积 | 山地茶园面积 | 旱地茶园面积 | 农田茶园面积 |
| 横中村 | 432 | 352 | 80 | 322 | 50 | 60 |
| 余村村 | 873 | 663 | 210 | 693 | 65 | 115 |

---

① 本表数据根据实地田野调查汇总所得。
② 本表数据根据实地田野调查汇总所得。

| 村 | 茶园面积 | 其中 | | 其中 | | |
|---|---|---|---|---|---|---|
| | | 20亩以上基地面积 | 19亩以下零星面积 | 山地茶园面积 | 旱地茶园面积 | 农田茶园面积 |
| 溪西村 | 484 | 374 | 110 | 314 | 105 | 65 |
| 古田村 | 362 | 178 | 184 | 229 | 20 | 113 |
| 唐头村 | 965 | 835 | 130 | 755 | 109 | 101 |
| 苏庄村 | 717 | 495 | 222 | 682 | 0 | 35 |
| 方坡村 | 613 | 468 | 145 | 518 | 30 | 65 |
| 茗富村 | 812 | 600 | 212 | 630 | 71 | 111 |
| 富户村 | 2303 | 1842 | 461 | 1877 | 40 | 386 |
| 毛坦村 | 2391 | 1980 | 411 | 2106 | 20 | 265 |
| 高坑村 | 353 | 191 | 162 | 264 | 0 | 89 |
| 县林场 | 103 | 103 | | | | |
| 苏庄镇合计 | 10305 | 7978 | 2327 | 8390 | 510 | 1405 |
| 县林场合计 | 103 | 103 | | 103 | | |

2019年的春天，当我们第四次重返苏庄时，获得了最新的茶园普查统计数据。有意思的是，根据2019年的最新数据，开化全县茶园面积万亩以上乡镇仍只有1个，那就是苏庄镇。苏庄镇茶园面积共有1.1万余亩，占全县茶园总面积的六分之一。所辖的11个行政村均有茶园基地，其中茶园面积500亩以上的村有4个。富户村茶园面积已达到2603亩，毛坦村也有2000多亩。在其他乡镇的茶园面积开始有所下降时，苏庄依旧保持在万亩以上，成为重要的县域产茶地。而苏庄的茶，也自然成为当地人口里的好茶，成为地方性代表茶区。

苏庄的茶叶品类包含了名优茶、大宗茶和红茶（见表7-4），其中名优茶占到了68%。苏庄的茶叶生产，有自己的模式。虽然全镇的面积亩数最大，但并没有形成集约规模化模式，以散户经营为主。茶农自己种植茶树，然后管理采摘。鲜叶采摘之后，将鲜叶卖给镇子上的收购点，再由收购点对茶叶进行加工并外运销售。目前，苏庄共有51个茶叶加工厂。我们联系了其中一位主要的生产带头人老傅，前去访问。

表7-4　　　　苏庄镇2018年茶叶品类统计[①]

| 茶叶品类 | 名优茶 | 大宗茶 | 红茶 | 全镇合计 |
|---|---|---|---|---|
| 产量(吨) | 220 | 100 | 2 | 322 |
| 所占比例（%） | 68 | 31 | 1 | 100 |

在前往老傅加工厂的路上，我们经过一所油茶籽加工所，顺道进去参观了以前手工制作油茶的工具以及关于加工过程的壁画，了解了关于油茶的生产加工以及有关销售的内容。虽然历史上苏庄有"两茶一水"，不过如今油茶不如茶叶的经济效益好，茶叶遂成为农民主要的收入来源。

我们沿河继续走，往茶山方向前行。路口有一家厂房，听当地茶农介绍，那里主要生产油茶。走过厂房，就进了山。眼前是一片荒废的田地，田里有两头牛，小路很泥泞。路的左边是溪流，右边是荒田。由于连日的暴雨，茶山上泥土松软潮湿。梯田上有一些滑坡，土压倒了茶树。我们帮两位茶农阿姨采摘茶叶，一边采茶一边聊天，了解村落的基础信息。由于现在农村青壮年大多到外地打工，留下的多

---

① 本表数据根据实地田野调查汇总所得。

为老少妇女，采茶的主力军也是这个群体。随着农村发展，不少杂山无人采摘。就茶叶品质而言，海拔越高的高山云雾茶，越能卖出好价钱。但是，因为劳动力缺失，大量茶山荒废，品质好的茶叶也没人采。

和我们聊天的这位采茶阿姨姓占，祖上是从江西婺源迁移过来的。阿姨出生在苏庄，也嫁在苏庄，活了半辈子没有出去工作过。一直都是种茶叶和采茶叶，但是她自己家并不加工茶叶，她只出售鲜叶。茶叶采摘以芽为主，夏茶则会采一些小叶。春茶采乌牛早的时候最贵可以卖到每斤100元，而现在的夏茶则只能卖到每斤13—14元。茶树品种主要是福鼎大白和鸠坑种，还有乌牛早、开化土种，一般都用于制作开化龙顶茶。其中乌牛早属于早熟品种，采摘时间较早，每年的三月份就开始采摘。阿姨家有自己修剪茶叶的设备，一年施肥一两次，最辛苦的就是每个季节的采茶。有时太阳很毒，所以采茶需要戴着手套，防止晒伤。在茶山上采茶，通常是分上午和下午进行。上午可采两斤左右，下午再采两斤左右。

帮阿姨们采了大约一小时茶叶后，下午两点半前后我们开始下山，因为三点约了苏庄的茶叶生产带头人傅富德先生。快三点的时候我们联系上了老傅，知道我们的大致位置以后，他马上决定过来接我们。不消几分钟，就把我们接到了镇上他加工茶叶的地方。

在苏庄，老傅茶厂是个典型代表，是县级茶叶龙头企业。他做茶21年，有自己的茶园，同时也收购茶农们的茶叶。他的生产模式可以概括为大户模式，在每年的春茶采摘季会雇人帮他采茶。以前这里制作茶叶用锅炒，1990年前后他们开始引进机器。老傅茶厂隶属于茶叶专业合作社。借助开化县兴农茶叶专业合作社的平台，2002年开始成立茶叶合作社，在当时也是浙江第一家茶叶生产合作社。最开始时有17家茶厂参加，到现在合作了21家茶厂，规模不算小。每年茶季时，合作社会先从茶农处收购茶叶，并对所收购茶叶提出品质要求，这样可确保制作出来的成品茶品质统一。生产出来的茶叶会被送到开化县城的茶叶市场去销售，有时也会送到江西的茶叶市场上去销售。合作社已成为当地茶叶生产的一个重要主体，集合大家的力量共同发展地方产业，增加农民收入。

回到镇上后，大家起意去吃一道当地名菜——苏庄炊粉肉。这是以鲜肉、糯米粉、茶油配酒姜蒜辣椒一起蒸制的农家特色菜，酥脆鲜嫩，色香味美。苏庄人喜欢用米粉拌上蔬菜和肉类蒸熟而食，谓之"炊粉"，又称"蒸菜"。但凡到过苏庄镇的人，都会被苏庄炊粉所吸引，更何况这里还有茶的元素呢。

从表7-3数据可知，就各村茶园规模面积而言，富户村和毛坦村显然是苏庄镇最重要的两大产茶村。在茶园普查过程中发现：苏庄镇零星茶园的面积（1—5亩规模）虽在增加，原有连片大面积茶园（15亩以上规模）却在减少。减少的原因大都为土地荒芜，少部分为土地开发或改变用途（改种）。荒芜原因则主要是劳动力缺乏和效益不佳，而荒芜的茶园仍可新种茶叶。

苏庄镇生产的茶叶品类不多，分为三大类：名优茶、大宗茶和红茶。其中，以名优绿茶为主，红茶属于兴起阶段，产量不高。名优茶中又主要以单芽、一芽一叶为主，均需人工采摘。茶树品种以鸠坑、翠峰、歌乐为主，其中歌乐和福鼎（大白）为大叶种，好采摘，但是成茶品质不佳。2014年引进了一些优质新品种如茂绿、鸠坑早、中茶102、中茶108。但因鲜叶小不好采摘而不受种植户欢迎，因此优质茶树新品种在苏庄种植面积并不大。

苏庄镇上有57个茶叶加工点，加工设备618台，小型加工厂较多。现有的两个县级茶叶龙头企业分别是开化县石耳山茶业有限公司和我们之前走访的老傅茶厂，它们均拥有了自己的茶叶品牌。为了寻求产业突破，苏庄正在谋求多元化发展。比如，开发"旅游＋茶业"，打造精品茶园，在毛坦村开发建设茶园体验中心——窑上茶园。这个窑上茶园，是因茶叶种植在龙坦古窑遗址上而得名，拟开发成集采茶、制茶、品茶于一体的茶园体验中心，以茶促旅，将茶文化与窑文化有机融合，连片体验。从单一的茶叶生产模式转型为融旅游和生产为一体的经济发展模式，是苏庄镇拟开发的茶产业振兴道路。将地方文化资源进行梳理，并进行产业化延伸，从农业生产加工发展为文旅休闲生产，也是那些具有自然和文化双资源禀赋的乡村所要走的特色道路。①

苏庄镇的文化资源，除了茶，还有龙坦窑址。

龙坦窑，位于龙坦村对面平缓的山坡上，明代青花窑口。2017年时被列入浙江省八大考古发现，2018年入围"全国十大考古新发现"初评。

1982年，开化县文物普查小组首次在龙坦村对面的茶山上发现多处瓷片堆积。1985年10月，县文管会办公室作了详细复查，采集了部分标本，初步推断为元代始烧的窑址。到20世纪80年代后期，一位退休的老医师在龙坦村的小河边捡到了一块刻有"正德午间"纪年文字的青花瓷片。正德庚午即正德五年（1510），也进一步说明了这是明代烧瓷的一个窑址。

龙坦窑目前揭露出来的长度约15米，宽度1.8—2.3米，头南尾西，窑炉保存情况完好。出土了包括瓷器、窑具等大量物品，以釉色区分可分为青花瓷、白釉瓷、青釉瓷、紫金釉瓷四类，还在地面采集到蓝釉器物三件。青花瓷被称为瓷中珍品，起源于唐朝，运用天然钴料在白泥上进行绘画装饰，再罩以透明釉，然后在高温下烧成，呈现青翠浓艳的蓝色花纹。到了宋代，青花突然隐没，在考古学上被称为"断代之谜"，至今还没有得出确切答案。然而到了元代，青花不仅

---

① 沈学政、苏祝成、王旭烽：《茶文化资源类型及业态范式研究》，《茶叶科学》2015年第3期。

在景德镇出现，而且烧制技术迅速成熟，进入青花瓷的成熟期。明青花分官窑和民窑两条线发展，官窑风格严谨，民窑气势洒脱，将青花推向了高峰。

一部陶瓷史，半部在浙江，龙坦窑址是浙江地区目前发现年代最早烧造青花瓷的窑址。根据资料显示，浙江地区共有青花窑址点31处，主要分布在与江西、福建交界的地区，而衢州是浙江青花窑址最重要的分布点。浙江省主要以烧青瓷为主，烧青花瓷很少，龙坦窑址不仅是青花瓷窑，而且还是一个民用瓷窑。其中碗、盆等器物居多，皆为当时百姓们的生活用具。

龙坦窑址的发现地在茶山上，与茶民的生活密切相关。可以想象，当年窑址烧造时也许烧了不少的民用茶具。

当下的苏庄镇，不仅将茶与古窑址结合开发茶旅项目，还在积极地寻找更多创新元素融入茶的行业。比如开发苏庄茶文创商品，以苏庄的非遗文化为载体，如香火草龙、跳马灯、保苗节、古佛节等，设计"草龙"茶宠，"草龙"手绘品茗杯，"跳马灯"文案茶席，"古佛节"文案茶叶盒等，还有定制雨伞，融入苏庄茶文化的鼠标垫、茶具套装，具有苏庄美食文化图案的"茶杯"等。同时，还要打造"古田云毫"品牌，将元璋福地、天然氧吧、非遗文化、龙坦窑等苏庄元素融入茶文化中，形成"品古田云毫，用龙坦窑器，享炊粉美食，讲苏庄故事"的格局。

看来，这苏庄传说在历经百年后，还将以全新的文化形态为依托继续延续。

第八章
发端齐溪

政尔寒阴惨淡时，忽逢孤艳映疏篱。金紫气味无人识，玉雪襟怀只自知。竹屋纸窗清不俗，茶瓯禅榻两相宜。花边不敢高声语，羌管凄凉更忍吹。

——《梅花》（宋）张道洽

想象：传说中的<br>龙顶茶

　　在开化县的西北部，藏着一个大山里的小镇，名曰齐溪镇。它北靠安徽黄山，东邻千岛湖，是钱塘江发源地，浙江的西大门，素有钱江源头第一镇之美称。和华埠、马金、苏庄等其他乡镇不同，齐溪镇拥有着两张金名片，一是"钱江源头"，二是"开化龙顶茶"。所以，齐溪的发展和发源皆与创新有关。

　　齐溪全镇区域面积128.2平方千米，辖10个行政村和22个自然村，共7013人。辖岭里、大龙、江源、齐溪、左溪、上村、仁宗坑、里秧田、丰盈坦、龙门10个行政村。1950年设齐溪乡，1956年更名齐岭乡，1961年改齐溪乡，1987年改建西坑镇，1992年更名齐溪镇。齐溪之所以命名为此，皆以境内左溪、桃林溪、龙门溪汇合流入马金溪，故名齐溪。而马金溪是钱塘江的源头，故齐溪镇便是钱江源了。

　　钱塘江，是浙江的母亲河。浙江，古称浙，又名"折江""之江"，是浙江省内最大河流。既是宋代两浙路的命名来源，也是浙江省的省名来源。钱塘江之名最早出现于《山海经》，因流经古钱塘县（今杭州）而得名，是吴越文化的发源地之一。

　　钱塘江北源新安江，南源马金溪。马金溪为兰江上源，源出皖

境县青芝塚尖北坡，源头海拔810米。汇流后称龙田溪，东南流入开化齐溪。右汇源出莲花尖的左溪，至马金镇右汇何田溪后称马金溪，折向西南流。左汇村头、金村，右汇中村、池淮诸溪后，再下行右汇龙山溪，左汇九王溪后入常山县境。

齐溪镇，作为钱江源头第一镇，既是钱塘江的发源地，同时也是开化龙顶茶的发源地。开化龙顶茶，就发源于齐溪镇的大龙山。齐溪的自然条件优越，这里所产的茶也被赋予了贡茶身份。关于龙顶茶的起源，我们在进行田野调查时搜集到了不同的版本[①]。既有神话传说，亦有历史现实，但这些故事里均有一个基本的想象出发点，那就是大龙山和山顶上的龙潭。

第一个故事为刘伯温版本。

相传当年朱元璋跟陈友谅在九江大战失败，刘伯温与朱元璋走散了，刘伯温往浙江撤退，翻过马金岭就上了大龙山。已经三天三夜没睡觉的刘伯温十分疲乏，一边走一边打瞌睡。这时，大龙山的一个老农见刘伯温是个文官，对人说话很和气，就泡了一杯茶给他喝。刘伯温呷了一口，连说好茶。老农说："看来你懂茶，不过这杯茶不算好。"老农说着进里屋捧出一只锡罐，从罐里抓出一撮茶，用开水冲泡了让刘伯温再度品尝。刘伯温呷了一口，又呷一口，不顾烫嘴，一口气将茶水喝完。只觉眼睛一亮，精神一振，疲乏顿消。刘伯温惊奇地说："老哥，你这后一杯泡的是什么茶？"老农说："我们叫它天雷茶。""何以叫天雷茶？"老农说："春头，一个天雷炸在茶树上。第二天发现，天雷炸到的那十几棵茶树，全萌了新芽。等新芽长到一叶一枪就采下来，精工细作制成这数斤茶叶。"刘伯温想用高价把这几斤天雷茶买下，可是无论他说什么价，老农就是不肯卖。隔了数日，闻报说朱元璋已退在苏庄，命刘伯温赶快带领残部前去会合。老农得

---

① 　此处的四个故事源于开化当地的民间汇编材料，非正式出版物。

知后，将锡罐捧给刘伯温说："早知你们是朱将军的人马，这点毛茶何须计价。"刘伯温也就不客气，收了茶便拿去献给朱元璋。朱元璋喝了茶，连声叫绝。朱元璋说"天雷"二字太凶，还是叫"大龙茶"好。后因大龙茶产于大龙山顶，遂取名为"龙顶茶"。

第二个故事为朱元璋版本。

相传元朝末年，朱元璋带兵来到开化县齐溪乡的大龙山顶。正感口渴，一老茶农端上一碗刚沏好的新茶，朱元璋喝了之后，只觉满口异香，浑身倍感神清气爽，便询问老茶农此茶产自何方？老茶农回答说，就产在咱大龙山的龙顶潭周围。朱元璋预感到此乃上上吉兆也，日后一定能当上皇帝了！他高兴地对茶农说："我如今是在大龙山顶喝着龙顶潭边上生长的茶，龙在大龙山之顶，真龙天子非我莫属！这茶就叫龙顶茶吧！"这就是龙顶茶名称的由来。

朱元璋称王后，喝茶必指定喝开化大龙山所产之龙顶茶。所以从明朝起，龙顶茶便作为朝廷贡品运往京城了。

第三个故事为开山佛祖版本。

开化龙顶原本产于海拔800米的龙顶潭周围。传说此潭原本无水，有一年江西三清山的开山第二佛祖云游到此，见潭四周古木参天，云雾漫布，是个修行的好地方，便打算定居于此。他搭起石屋，动手清潭。忽一日黄昏，铁锄触到潭底硬物直冒火花。挖掉浮土后，露出一块形如磨盘的青石。他用锄松动青石后，石下便有水外溢，隆隆水声由远而近。突然间一声巨响，千斤大石变成碎块，被潭中喷出的水柱冲出九霄云外，随即飞出一条青龙。青龙停在潭上空观望许久，绕潭三周后向佛祖频频点头以示谢意，便仰首向东海飞去。从此之后，这潭常年泉涌不绝，大旱不涸，浇山下良田，润周围山林。于是，人们便将此潭叫作"龙顶潭"。

开山佛祖遂沿潭周围栽满了茶树，用山上嫩草和林中肥土年年铺填茶园。加之溪涧湿度大，山谷日照短，晴时早晚遍地雾，阴雨成

天满山云。茶树沉浸在云蒸霞蔚之中，满山香花熏染，龙顶茶就此孕育。

第四个故事为梅花诗人张道洽版本。

张道洽（1205—1268），字泽民，珠山（今中村乡张村）人，南宋端平二年（1235）中进士。初授广州参军，晚年为襄阳府推官。道洽善诗，尤对梅花情有独钟，曾作咏梅诗300余篇。他不仅嗜好饮酒，更喜酒后品茶赋诗。相传，在端平三年（1236）孟秋，张道洽回开化县中村乡张村荣祭祖先。其间，前往大龙山探揽，路上遇到一位小僧，说是奉龙顶潭开山佛祖之命，前来迎接他到寺内憩息品茶。于是，张道洽一行即随小僧拾级而至龙顶潭。只见，开山佛祖及众僧侣已摆开茶桌茶凳等候。张参军沿曲径而至，与开山佛祖相互道谢，谦让过后入座。佛祖便命僧侣泡茶、奉茶。

此时，石屋寺钟鼓声声，三位眉清目秀的小僧侣一同出列，彬彬有礼地向张参军一行鞠躬致意后，便将茶具一字铺开，摆放在茶桌上。然后涤器温杯，再行置茶。僧侣先将锡罐里紧直挺秀、色泽翠绿的茶叶取出，放在茶则中，让众客观赏片刻。再投入茶杯，提起铜壶向杯内注入少许开水，加杯盖略焖。而后，僧侣掀开杯盖，再次手执铜壶向杯内注水。壶嘴三上三下，水柱银珠成丝。冲完茶，盖上杯盖，僧侣们就将茶水送到张参军等人面前桌上，奉谨用茶。

张道洽手捧茶杯，刚一揭开杯盖，杯内徐徐飘出一股幽兰清香。喝上一口，醇鲜爽口，回味甘甜。细观杯中，淡绿色的茶芽浮现有序，芽尖聚水面而徐徐下沉于杯底。张道洽拍案叫绝："神奇，真乃形美、色美、香美、味美四美俱全的深山佳茗。"自此，张道洽和大龙山的龙顶茶结下了情缘。

上述四个民间故事，均与开化龙顶茶的起源有关。我们将之进行列表研究，可以更为清晰地分析其中不同的故事元素（见表8-1）。

表8-1 　　　　　开化龙顶茶不同传说故事的元素分析[1]

| 版本类别 | 发生时间 | 核心命题 | 主要人物 | 故事情节 | 故事类型 |
|---|---|---|---|---|---|
| 第一版本 | 元朝末年 | 茶名命名 | 刘伯温 | 改名 | 传说 |
| 第二版本 | 元朝末年 | 茶名命名 | 朱元璋 | 赐名 | 传说 |
| 第三版本 | 未知 | 龙顶潭缘起 | 开山佛祖 | 青龙护潭 | 传说 |
| 第四版本 | 南宋 | 茶叶品质 | 张道洽 | 品茶赏茶 | 传说 |

可以看到，围绕一款历史名茶的诞生，人们善于使用传说或神话，给予功能性的附会，以突出其神秘性或是优良品质。其中，第一版本和第二版本所围绕的历史人物，与苏庄茶叶发生的主角相同。事实上，关于朱元璋和开化茶叶的传说纠葛，在当地民众中广为盛传且人们坚信不疑。而关于龙顶潭的缘起，随着潭的消失而逐渐隐匿。星移斗转，时过境迁。大龙山"龙顶潭"石寺由于地处浙皖赣三省交界，于元末明初战乱期间因开山佛祖仙逝和僧侣的渐渐失散而败落。而第四版本较之其他三个版本，夹杂着传说和历史，细节更为丰富，并掺入后世文人的补充想象和美好寄寓。其中出现的文士茶艺及冲泡动作描写，则是杂糅了当今现代茶艺的动作流程以及现代茶人的传播诉求。虽然历史真实性不足，但张道洽故事中所要传达的核心命题是开化茶的优良品质。围绕这一基本命题，后世的人们则在此基础上进行了加工技艺的创新。

相较于传说中的名茶故事，我们更相信历史文献资料中真实的记载。在浙江省档案馆我们找到一份由浙江省科协收录的开化县农业水利局上报的《齐溪公社大龙大队发展高山梯地茶园》的文本。这份写于1965年的材料，真实而详细地记录了当时生产队开荒黄泥岭，种植梯田茶园的情况。在恶劣险峻的生产环境中，用精神和毅力去开

---

① 根据传说故事资料，笔者整理成表。

辟荒山，种植名茶。①

### 让高山低头 叫名茶闻世
#### ——齐溪公社大龙大队发展高山梯地茶园——

**（一）自力更生，创大业**

大龙大队坐落在海拔700多公尺的高山上，全大队有四个
生产队、108户、441个人。村劳动力144人，田229.51亩，地
129.64亩，每人耕地八分一厘五。几年来，粮食逐年增产，单产
从1963年546.3斤/亩，上升到1964年的561.5斤/亩，1965年单
产又增加到1609斤/亩。大龙大队是个纯山区，因为没有固定性
的多种经营，经济收入依靠少部分的木头，少量的茶叶，每年
的经济收入很不稳定，10分工值有时达五角左右，有时只有二
角左右。社员和干部都看到这个问题，但是没有下决心改变这
个落后的面貌。

今年根据公社党委的指示，计划在三年内开辟梯地茶园400
亩。大队党支部领导广大社员，以贫下中农为骨干，在严寒的
腊月天开辟茶园。黄泥岭是开化县有名的高山之一，山峰的高
度1200余公尺，离大龙村有10多公里山路。解放前，有些没田
少地的穷苦农民由于生活所迫在这里开过山。解放后，大家都
获得了土地。当时为了保持水土，人们不再上山种粮。但是，
由于海拔高天气冷，除了少许杉木外，连马尾松生长也是很慢
的。因此，虽然封山很多年，仍然是一片黄茅草山。这一片黄
茅草山，由于被人们开垦种植过，又因长期的杂草和小灌木生

---

① 《齐溪公社大龙大队发展高山梯地茶园》，浙江省科协卷宗，1965年，浙江省档案
馆藏，资料号：J115-003-054。

长，土壤腐殖质非常丰富。表土呈褐色，表土层厚度在一尺到一尺五寸以上，土壤肥沃。高山出好茶，真是种茶的好地方。第一生产队曾在这块山上种了一块茶园，茶树生长得很好，叶大肉厚，做出的茶叶香气浓郁，质量特别好。在1959年时，曾试制成功"名眉"茶，为本省的三大名茶之一。提起种茶，广大贫下中农就想到黄泥岭。他们说，黄泥岭山高面积大，泥土又肥又厚，能够种出好茶叶。党支部根据贫下中农的意见，召开了党支部扩大会议进行研究，认为把黄泥岭这块荒山开出来种茶叶有三大好处：（一）黄泥岭是本村的源头，这块山长期开垦种粮后，林木少，全是茅草和小杂树，保水保土能力差。大雨后，雨水全向山溪里流，溪水流得快。久晴后，溪流又干旱。农田用水靠这条溪，历年来田地多有受旱涝情况，现在开辟梯田种植茶叶，保持水土能力强。因此，种茶叶能够保护山上的土，也能够治得了水。（二）多发展茶叶能够支持国家建设，进一步巩固集体经济，提前实现"农业纲要四十条"。因此，开发黄泥岭种茶叶，有利于国家，有利于集体，有利于社员。（三）开发黄泥岭，生产茶叶，支援出口，提高国家在世界上的威信，为反帝、反修增加力度。

　　统一认识后，召开社员大会，把这个意见交给社员讨论。黄泥岭种植茶叶是好事，尽管绝大多数人是同意的，但仍然有人怀疑，怕困难，甚至于反对。有些社员说，"尽管茶叶好是好，就是买茶叶籽好费钞票"。有个别社员也是附和说，"国家那么重视我们穷山区的建设，最好支持一些钞票买茶叶种子"。党支部认为这是依赖国家思想，缺乏自力更生精神。在公社党委的帮助下，于是组织干部和社员学习"大寨之路"。一些贫下中农社员通过学习和自己对照说，"大寨人改造七沟、八梁、一百坡和三战狼就从来没有向国家要过一分钱。我们开一块茶园，就要向国家伸手要。国家那么大，建设那么多，开支也大，无论如何也要自己来解决"。从而树立了自力更生创大业的思想。第一生产队干部和社员们发扬协作精神，把茶队的150元现金拿出来买茶叶种子，解决了全大队资金不足的困难，买来700多斤茶叶种子。大龙人就这样在创大业的道路上跨出了第一步。

（二）造福万代，不怕苦

开发黄泥岭荒山，对自然的斗争就开始了。黄泥岭上有一口泉水井，叫"龙潭"。解放前是迷信，认为是求龙水的地方。有些富裕的农民造谣说，这几年收成好风调雨顺是龙住在了这口井里面。现在上山去挖山，赶走了龙，大龙山的人就要遭难了。有些年老的社员对开山有点动摇了，党支部马上发动贫下中农讨论这几年粮食生产是靠"龙顶"，还是党的领导好？在讨论中，社员都说像今年这样长期阴雨，粮食仍旧能够增产，全是靠的党的领导好。

贫农社员金标说，"求龙水是旧社会骗人的封建迷信，龙是没有的。这几年来获得的粮食增产，是党领导和社员的努力所得"。从而揭露了富裕农民利用迷信造的谣，进一步提高社员的觉悟，扫除了开发黄泥岭的思想障碍，决心要把荒山变茶园。大队长远古亲自带领青年上山到龙顶劈山、砍山、烧山和挖山。黄泥岭山陡，技术员和农民认为筑成梯地茶园能够保水、保土和保肥，茶叶才能生长得好。但是由于山高路远天气又冷，上山要一个多钟头。因此，有些干部想快一点搞好算了，主张按照挖苞萝山一样挖一次，种下茶籽就可以了。有的缺乏信心说，梯地茶园一天做不了几条，做到过年也是做不好的。也有的说，山高天气冷，挖梯地茶园太吃苦，等天暖一些了再去挖。

有了思想，就有了行动。挖山的第一天，有几个队上山的人很少，挖山只是翻土，不筑梯地。大队党支部针对这些思想，又组织社员学习《愚公移山》和人民日报论《一不怕吃苦，二不怕死——学习王杰同志一心为革命的崇高精神》的文章。贫协主席张海民说，"王杰同志吃大苦，耐大牢，为革命不怕苦的精神值得我们学习。现在我们开茶园是为我们后代造福，为社会主义造福。我们不吃苦，就不能给后代造甜。怕吃苦，就造不起梯地茶园。"许多中下贫农都赞成他说，旧社会做长工才是真正的苦，开这块茶园算得上什么真正的苦？

认识提高，决心就大了，他们说不管天多冷山多高，一定要把这座山拿下，要像解放军消灭敌人一样地消灭这座山。今年挖不好，明年挖。明年挖不好，后年再挖，总是能做好的。在王杰同志不怕苦的精神鼓舞下，贫下中农在开茶地工作中起带头作用，怕苦和缺乏信心的社员也就被带动起来了。

十二月的天气不是雪就是霜，山上的天气特别冷。山村里的日照只有六个小时，日子又短，为了抓紧时间，他们每天天还没亮就先起来做好早饭，七点钟就带上苞萝耙踏雪熬霜上山分队分片开垦起来。搬掉埋在土里的千斤大石，填进几十担肥沃的新土，出汗了脱掉棉衣再干，手磨起了泡还是继续再挖。在这大战黄泥岭的过程中，出现了不少先进人物和先进事迹。共产党员副大队长占志通，每天早上五点半打锣，叫社员起床烧饭。贫农社员张法凤是理发匠，他听说队里面开梯地茶园，放下理发箱，背上锄头就上山开茶山去了。他说，多一份力量就多开一份地，多种一块茶。贫协主席海民挖茶山是选择了一件最难做的工作。

大龙大队的干部和社员说，"只要王杰的精神在，天寒地冻也动摇不了筑梯地茶园的决心"。大龙人以王杰为榜样，在创大业的基础上又提高了一步。

### （三）坚持质量，高标准

为了保证质量，大队抓住第四生产队做样板，召开现场会。通过总结评比，大家提出几条标准：

1.梯地茶园做水平，梯宽4.5尺以上，梯地里不要草根、树根和石块。

2.造筑梯壁就地取材，石块、土地和草块相结合，梯壁端正牢固，略向里倾斜。

3.治理水井，用石块筑成井壁，防止水冲入梯田内，并按照山势修筑行走道路。

修筑梯地时，社员还总结了几条经验：

1.由有经验的老农看山势，定出标准的水平基准，再从下向上做梯地。做好第一层后，从第二层中把表土推到第一层，使土层不乱，有利于茶树的生长。

2.梯地茶园，等高不宽，大弯附势，小弯取直。

3.梯壁高度根据山的坡度而定。低于1.5尺以下的，梯地长度不超过150—180公尺，以利于今后的耕作。

有了标准，有了经验，各队便是干得起劲了。原来第二生产队对开辟乱石成堆的荒山地是没有信心的，通过参观后，立即抽出有经验的社员做梯壁，力气大的社员出门搬埋在土里的大石块。乱石堆变成了一排排整齐美观且坚固的石壁梯级，成为筑梯质量最好的一个生产队。其余的几个队也是越筑越好，梯地也是越做越标准。艰苦奋斗了12天，投放850余工，在5个山头4个山坳里开辟了100余亩茶山，筑成40余亩梯地茶园，其中30%的面积用石块做梯壁。许多老年人说，以前想做但是做不起来的事，今天在毛主席领导下改变了山地，做起了梯级。近70岁的陈新珠说，几十年没有上黄泥岭了，明年一定要上去看看梯地茶园。大面积梯地茶园鼓舞着人们的社会主义建设积极性，也寄托着人们的希望。

在 40 余亩的茶园中，按照茶梯田种植，丛距 1.2 尺的标准，种下茶籽 350 余斤，而且大部分带肥下种。并且在不种行撒下麦子、油茶籽、花种子作为标志物，多余的茶籽全部育了苗，等明年梯地扩大后再种。

大龙大队党支部依靠贫下中农，带动社员与天斗与人斗，取得了一些成绩。但是，他们并不满足于现有成绩。他们看到，开辟梯地仅仅是开发黄泥岭的一小部分，还有许多可利用的地方等待开发。为了进一步开辟黄泥岭，对国家做出更大的贡献，他们以大寨为榜样，继续发扬自力更生的精神，于 1965 年底订出一个发展规划：在管好今年发展的茶叶基础上，1966 年、1967 年和 1968 年 3 年内继续再扩大 400 亩梯地茶园，要把黄泥岭这块荒地变成出产名茶的基地。

20 世纪六七十年代，正是全国大力发展茶叶生产的时代。齐溪公社的大龙大队开辟荒山，发展出 400 亩梯地茶园。作为一个全山区的县域，开荒辟地，选择茶叶作为主要的经济作物大力发展，是对地方民生经济的长远规划。而彼时的齐溪公社，也并非只有大龙大队在开展茶叶生产，还有丰仁坦大队。

在《丰仁坦大队茶叶逐年增产增值经验技术总结》一文中提道，丰仁坦大队是一个全山区的情况，每人耕地面积平均四分七厘，茶叶生产是主要的经济收入。几年来在县委和公社党委的领导下，认真贯彻执行了"以粮为主，茶粮挂钩"的办法，摸索了一些生产技术经验，历年来茶叶获得增产增值。1965 年向国家投售茶叶 8098 斤，比 1961 年增产了 4 倍。1965 年现金收入 668.93 元，比 1961 年增产了 6 倍。[①]

---

① 《丰仁坦大队茶叶逐年增产增值经验技术总结》，浙江省科协卷宗，1965 年，浙江省档案馆藏，资料号：J115-003-054。

如表8-2所示。

表8-2 丰仁坦大队历年茶叶产量与产值比较（1961—1965年）

| 年份 | | 1961 | 1962 | 1963 | 1964 | 1965 |
|---|---|---|---|---|---|---|
| 总产量（斤） | 产量 | 1700 | 1985 | 3351 | 5720 | 8098 |
| | 为1961年产量的百分比 | 100 | 116.76 | 170.88 | 336.47 | 476.35 |
| 总产值（元） | 产值 | 161.3 | 118.53 | 200.56 | 369.75 | 668.93 |
| | 为1961年产值的百分比 | 100 | 119 | 201 | 369 | 609 |
| 单价（元／斤） | | 0.95 | 0.96 | 0.97 | 1.04 | 1.21 |

创新：开化龙顶茶的技艺

在张道洽的故事版本中，有一句关于茶叶品质的核心表述。"刚一揭开杯盖，杯内徐徐飘出一股幽兰清香，顿感透彻心脾；喝上一小口，便觉醇鲜爽口，回味甘甜。细观杯中，淡绿色的茶芽浮现有序，芽尖聚水面而徐徐下沉于杯底。"如果使用现代茶叶审评术语来解读的话，大抵可以概括为如下内容：香型为兰花香，滋味特征为醇鲜有回甘，茶叶采摘标准是芽茶。冲泡时，芽尖会先聚水面而后下沉。

我们结合《开化龙顶茶生产技术规程》（DB33/T 225—2010）的现代茶叶感官品质要求，将之进行对比研究。如表8-3中所描述的，现代茶叶的基本内质特征要求为：色泽绿、香气清高持久、滋味浓醇鲜爽、汤色嫩绿明亮、叶底嫩匀成朵。我们按等级为特级的要求，进行分类比较。

1998年4月15日，在浙江省技术监督局的主持下组成专家委员会，在开化县审定通过了《开化龙顶茶地方标准》。这个标准包括茶树苗木、茶树栽培、制茶工艺和成品茶四个部分，是为浙江省名茶中制定的第一个标准。开化虽然地处浙西山区，但是在农业标准的制定上却领先全省。表8-3中的信息源于2010年发布的《开化龙顶茶生

产技术规程》，更为全面地按照现代茶的三种不同外形，进行了品质标准的界定。我们选用特级指标，进行横向比较。从比较中可以发现，历史版本中的滋味特征被完好地保留至今。而历史版本中的"芽茶"，也被现代茶人进行了极致化的创新改进。

表8-3　　　　　开化龙顶茶感官品质比较[①]

| 项目 | 张道沿版本 | 现代条形茶 | 现代卷曲形茶 | 现代扁形茶 |
|---|---|---|---|---|
| 外形 | 淡绿 | 紧直挺秀，色泽绿翠 | 墨绿油润，卷曲绷紧 | 扁平光滑，嫩绿鲜润，匀整有锋，匀净 |
| 汤色 | | 清澈明亮 | 嫩绿，清澈明亮 | 嫩绿明亮 |
| 香气 | 幽兰清香 | 鲜嫩、香高持久 | 清鲜，香高持久 | 清香持久 |
| 滋味 | 醇鲜爽口，回味甘甜 | 鲜醇爽口 | 鲜醇爽口，回味甘甜 | 鲜醇甘爽 |
| 叶底 | | 粗壮匀齐，嫩绿明亮 | 肥壮匀齐，嫩绿明亮 | 细嫩成朵，嫩绿明亮，匀齐 |

关于茶叶的制作技艺，在唐代之前并无制茶法。先人最早是摘新鲜茶叶生嚼，一如神农。后燧人氏发明了钻木取火，人们发现用火烧烤食物，既卫生又美味，于是有了烤茶、煮茶。茶叶皆是现采现吃，没有技术加工、脱水储存之技法。因此，也不可能出现规模性的茶叶贸易。

至唐时出现干茶制法，陆羽在《茶经》中记载了具体的加工方法。干茶使得长时间的储藏和运输成为可能，在此基础上唐代才开始出现大规模的茶叶贸易和经济活动。当这种贸易和经济活动的规模大到足够引起政府的注意和重视时，茶税就接踵而至了。

茶叶从生茶成为干茶，直接产生的影响是制茶方法的诞生。据

①　根据历史传说故事和《开化龙顶茶生产技术规程》的相关内容，笔者整理成表。

史料显示，蒸茶始于唐代，后传入日本。到了明清，由于散茶的出现，茶叶的加工方式也出现了晒青、烘青、炒青、蒸青等不同的制作工艺和程序。晒青是用日光进行鲜叶晒干，烘青是用烘笼进行脱水烘干，炒青则是在铁锅中进行炒制脱水。一款名茶的诞生，不仅脱水杀青的过程重要，还包括茶叶的采摘标准，以及做形提香等关键性工艺。

在开化龙顶茶的创制历史中，有一个关键时期是1978—1981年。这是开化龙顶茶作为现代名茶，从县志古籍稿中的文字记载转变成现实茶品的重要历史时期，而其中的关键性人物是周光霖。

2017年6月，我们赴开化县进行田野调查，在县城的茶叶市场上见到了周光霖老先生。作为新中国第二批大学生，他与他的爱人都是当时稀缺的茶学专业人士。大学毕业分配时，原本是先到浙江金华地区报到，然后去淳安。但是，他选择了回家乡开化。于是带着妻子去了开化县农业局，成为特产股的一名工作人员。夫妻两人均是科班出身，每天研究的问题是如何把茶做好。开化龙顶名茶的创制故事，就由他而起。这个故事远比上述四个传说版本要有血肉得多，真实得多，可以看到老一辈茶人的敬业与奉献。我们一边品尝着周老炒制的龙顶茶，一边聆听着他的创制故事：

　　那时我才二十岁出头，1961年浙大毕业后回到开化，分配在农业局。当时听老人们说齐溪乡的茶叶很好，就种在海拔800多米高的大龙山。那山上还有一个龙顶潭，一年四季水流不断。潭边上还有很多以前人们种下的茶树。

　　1978年，浙江省里要求各个县创新开发，把以前的历史名茶挖掘出来。于是，我们翻看了县志，看到上面记载着早在1631年开化茶就已经是贡茶，有"土贡芽茶四斤"的字样，而且产于县西北乡的茶叶品质最佳。于是，在1978年4月18日，县林业局、土产公司、茶厂等单位一起开展了名茶研发工作。在当地的一位老农和村里的大队长陪同下，我、杨绍震和应锡铨等十多人就出发去了齐溪大龙山。

大龙潭离村庄很远，有十多里路。那时去山顶没有路，就沿着溪水爬，足足爬了两个多小时才到达山顶。风景确实很好，早上上去时都是云雾。大龙潭很大，传说是开山佛祖云游到此，看到这里是个宝地，于是住了下来。这些茶园，就是佛祖种下的。但我们去看了后，发现茶园里的茶树栽种得很密集，并不是一株一株地散种。茶树也不高，很低。枝条很长，芽头粗壮，叶子细嫩。我把鲜叶放进嘴里，感觉有苦味带回甘。

山上没有村庄，只有一个小房子，我们就在小房子里住下。没有床，没有桌子，什么都没有。就在地上铺了点从村里带上来的稻草，打地铺睡觉。也没有电灯，只带了些矿蜡，当时我们带了一箱蜡烛上去。还从村里雇了六个采茶工，白天采茶叶，晚上做茶叶。炒锅就是那种烧饭的锅，烘笼也是从村里带上去的。就这样，两个烘笼，两个炒锅，一百根蜡烛，开始了名茶的研制工作。

第一天，我们白天出去采茶，傍晚五点开始炒茶。我们进行了分工，我负责杀青组，杨绍震负责揉捻组，应锡铨负责烘干组，三个组一条龙。那时也没有电灯，就在锅灶上点了蜡烛来炒茶。夜里山上的风很大，一下子就把蜡烛给吹灭了，只好摸黑炒茶，结果炒坏焦边了。房子很破旧，玻璃是破的，我们就用稻草塞破洞。这样一来，风是小了些，但是蜡烛还是很快熄灭了。然后再点上新的蜡烛来照明，这样反复一直到凌晨三点。但是，第一天的茶叶还是做坏了，颜色不绿，还泛黄。

我们不甘心，第二天又去采茶。刚采了一半，突然下起大雨，我们就跑到旁边的开山佛祖庙里躲雨。几个人一边躲雨，一边讨论做坏的原因。焦边的原因是找到了，因为蜡烛总是被吹灭，光线不足，所以炒焦了。村干部就从村里找来些木板，帮我们把窗户给封住，这样焦边的问题就解决了。但是，为什么会泛黄呢？我们觉得有可能是烘笼的火力太旺。我们用的木炭是泡桐炭，是农村里烧火后剩下的炭，可能是这个炭火的原因。和我们一起的村干部就说他们家有炭，是杉木烧出来的。于是，马上就到村里把炭给换了。那种炭比较好，是完全燃烧后的炭。等没有烟挥发时我们再烘茶，果然第二天就试制成功了。

就这样，我们自己慢慢摸索出了杀青、揉捻、烘干的技术要求。先将鲜叶放进炒锅，直接手工炒制，抖焖结合，把水汽散去后再焖。炒茶时手不要抛得很高，得低一点。然后焖，抛焖结合。有些雨水叶，炒的时间要长一些。判断的标准就是叶子柔软，茶梗不断。杀青后，再摊一下。烘干这一步，一定要高温勤翻，放在烘笼里时，刚开始的温度一定要高，温度不高颜色会黄。温度很高时，手放上去会烫。如果不勤翻，茶叶就会做坏，所以要勤翻。烘和翻结合，时间上看程度而定。完全凭手感，看茶做茶，看天做茶，看温度做茶。揉捻是在杀青后，在匾上用双手揉。以前做大宗茶时是来回揉，后来改为一手前一手后交义来回揉。考虑到双手同时揉的话，做出来的茶叶是弯曲的，形状不好，所以改成单手揉。因为我们不能使它太弯曲，不能和大宗茶的外形相同，所以要创新形状。

当时试制时，就想着名茶的外形是不能和大宗茶一样卷曲形，目标就是要做成条形，就开始摸索理条的方法。杀青、揉捻、初烘、理条、复烘，这五个步骤中我负责杀青和理条。但是，不弯曲的话，又怎么使茶叶变直呢？揉的过程中，需要采用一抓一勺一挤再推的手法，将茶叶从手心这边溢出，抓紧了后再弯曲，茶叶又回到我的手心，然后再翻转。结合起来反复理条，就做出了条形的茶。然后，再足火复烘。这个茶叶虽然形状做出来了，可是并不太香。我们就继续找原因，发现每次晚上做的茶叶，都不如半夜里做的茶叶香，我们就琢磨着原因是摊青。于是就加入了摊青这个工序，这样加工技术流程就成了：摊青—杀青—揉捻—初烘—理条—足烘。一个星期后，加工技术就基本成形了。

在大龙山上住了半个月，我们耗尽了一百支蜡烛，总共炒出了约五公斤的新茶。这些新茶，就是开化名茶研发过程中的第一批成品，也是第一批开化龙顶茶。但是，只在浙江名茶品鉴会上被评为二类茶。当时，专家评委说我们采摘的茶叶太大了，采的都是一芽二、三叶，芽头很大，而别人送去参评的名茶都是一芽一叶。这是因为我们当时招募的采茶工，都是按大宗茶标准采摘的，习惯上很难改。所以，第二年，也就是1979年，我们再度上山做茶时，就规定了采摘标准必须是一芽一叶。芽叶完整，大小均匀，不带鱼叶，不带茶果和病虫害叶。并且把加工地点放到了村里，便于加工炒制。此次试制的茶叶参加浙江省第二届名茶评比会时，被评为一类第六名。第三年，1981年，就放在了齐溪公社的千亩茶园试制。

经过反复试制，周光霖等人终于确定了开化龙顶茶的加工工艺流程为摊青—杀青—轻揉—初烘—初理—复理（提香）—足烘七道工艺。同时，充分重视名茶的外形和内质。1979年5月，在浙江省第三次名茶评比会上，参评茶样73种，"开化龙顶"列一类第六名。从此以后，"开化龙顶"正式投入生产。严把采摘关，以一芽一叶为主，芽大于叶，重视加工中的各环节，名茶质量明显提高。在采访中，周光霖将这一段创制经历总结为三句话，"一百支蜡烛创龙顶，佛祖庙中解难题，百次试验定工艺"。开化龙顶茶，1983年被评为浙江省省级名茶，1985年被评为国家名茶。

周光霖从事了一辈子的茶叶工作，退休后仍在思考如何在现代机械制茶中融入手工技艺，提升茶叶品质。三年前，他与开化县长虹乡虹桥村的一个专业合作社，开展了合作工作。

他介绍道：

> 我吸取了"后半夜特别香"的经验，要求社长在加工前必须要摊青，一定要有香气后才做。开始时他们并不接受，因为今天的茶叶明天上市和后天上市，价格差距很大，收入上会有损失。我说虽然眼前看是损失，但过段时间看顾客肯定会到你这里买。这样坚持一段时间，今天采的茶今天不做，第二天再做，香气就有了。还有就是怎么把味道做出来，揉捻是关键，没有茶汁没有味道。但是在揉的过程中，发现颜色不绿。揉过的茶比不揉的茶，颜色要差。绿中带黄，开汤的颜色有点像玉一般透明。而不揉的茶叶，颜色是绿的，没有透明的玉感。但是市场不认可揉过的茶，特别是外地人，颜色一定要做翠。
>
> 于是现在市场上就形成了一股翠绿色最畅销的风气，但是苦涩味也是最严重。摊青不够，杀青时间短，虽然颜色好看但是味道不对。于是，我们就琢磨着一定要克服颜色和味道的矛盾。揉捻一定要轻揉，不能重揉。高温初烘，也很重要。经过三年的研究，现在做出来的茶叶进入市场后就很畅销，就是把手工的技艺和机制结合在一起。

如今的周光霖早已退休，但仍从事着茶叶工作。他在市场里开了一个咨询服务中心，专门为茶农们提供技术解决方案。每年的春茶季，依旧很忙，每天和老伴早上六点多便赶到市场。有些茶农五点多就进市场，会将做好的茶叶拿来请他审评。他只要开汤一看，便基本能判断出是哪个工艺上出了问题，然后给茶农提出建议，回去后再重新做。有些茶农将茶叶卖掉后，也会来服务中心找他聊聊茶。秋茶季亦是如此，这一切都是免费咨询指导。这样的工作，让他觉得很快乐，人生很充实。作为现代开化龙顶茶的初始创制者之一，周光霖以茶为生的经历和情怀，是值得书写的。

杯中森林：对芽茶<br>审美的反思

在张道洽版本的故事中，还有一句关键性语句，"淡绿色的茶芽浮现有序，芽尖聚水面而徐徐下沉于杯底"。"芽茶"是这里的关键词，从崇祯年间的县志中我们知道当时的"土贡芽茶四斤"，也是将"芽茶"视为最佳品质。而当代开化龙顶茶，其作为全国名茶的标志性特征也是"单芽"，注水冲泡后会形成片片站立的奇

图8-1　开化龙顶名茶<br>（笔者摄于2019年）

特景观，被誉为"杯中森林"（见图8-1）。在采访周光霖时，我们得知当年创制名茶时，采摘标准为一芽一叶，这是20世纪80年代所流行的名茶标准。而目前在市场上流行的上等茶仍以"单芽"茶为主。那么，"单芽"是否能反映出开化茶的特色，又如何在单芽茶的局限

性中寻找突破呢?

　　首先,单芽是指茶树鲜叶的采摘标准。当茶季来临时,人们会根据茶树的发芽程度进行分时采摘。一般有单芽、一芽一叶、一芽二叶、一芽三叶,也有一芽四五叶等。通常认为,芽叶越细嫩,茶的品质越上乘。不同的地方名茶,皆有自己的采摘标准。我们将各类地方名茶的采摘标准,先来做一个横向比较(见表8-4、表8-5、表8-6)。

表8-4　　浙江省各县市地方名茶采摘标准比较[①]

| 茶品牌名 | 所属县市 | 特级 | 一级 | 二级 |
|---|---|---|---|---|
| 西湖龙井 | 杭州市 | 一芽一叶初展 | 一芽一叶至一芽二叶初展 | 一芽一叶至一芽二叶 |
| 安吉白茶 | 湖州市安吉县 | 一芽一叶 | 一芽二叶 | 一芽二、三叶 |
| 开化龙顶 | 衢州市开化县 | 单芽 | 一芽一叶 | 一芽一叶为主含少量一芽二叶初展 |
| 大佛龙井 | 绍兴市新昌县 | 一芽一叶初展 | 一芽一叶至一芽二叶初展 | 一芽一叶至一芽二叶 |
| 越乡龙井 | 嵊州市 | 一芽一叶初展 | 一芽一叶至一芽二叶初展 | 一芽一叶至一芽二叶 |
| 惠明茶 | 丽水市景宁畲族自治县 | 单芽、一芽一叶初展为主 | 一芽一叶初展为主、少量一芽一叶 | 一芽一叶、一芽二叶初展为主 |
| 径山茶 | 杭州市余杭区 | 一芽一叶或一芽二叶初展 | 一芽一、二叶初展为主 | 一芽一、二叶 |
| 绿剑茶 | 绍兴市诸暨市 | 壮实芽头 | 全芽头 | 全芽头 |
| 松阳银猴 | 丽水市松阳县 | 一芽一叶初展 | 一芽一叶至一芽二叶初展 | 一芽一叶至一芽二叶初展 |

---

① 根据浙江省各名茶采摘标准,笔者整理成表。

表8-5　浙江省各县市地方名茶品质特征比较（特级茶）①

| 茶品牌名 | 所属县市 | 外形 | 汤色 | 滋味 | 叶底 |
|---|---|---|---|---|---|
| 西湖龙井 | 杭州市 | 扁平光滑、苗锋尖削、芽长于叶、色泽嫩绿、体表无茸毛 | 嫩绿明亮、清澈 | 鲜醇甘爽 | 细嫩成朵、嫩绿明亮 |
| 安吉白茶 | 湖州市安吉县 | 外形挺直略扁、形如兰蕙、色泽翠绿、白毫显露 | 嫩绿明亮 | 鲜醇 | 叶白脉翠、成朵、匀整 |
| 开化龙顶 | 衢州市开化县 | 紧直挺秀、银绿披毫 | 杏绿、清澈、明亮 | 鲜醇爽口 回味甘甜 | 肥嫩、匀齐、成朵 |
| 大佛龙井 | 绍兴市新昌县 | 扁平挺直、绿翠匀润 | 杏绿明亮 | 鲜爽甘醇 | 嫩绿明亮 |
| 越乡龙井 | 嵊州市 | 扁平光滑、色泽翠绿嫩黄 | 清澈明亮 | 醇厚 | 嫩匀成朵 |
| 武阳春雨 | 金华市武义县 | 形似松针、色泽嫩绿稍黄 | 浅绿明亮 | 甘醇鲜爽 | 纤阔多芽 |
| 惠明茶 | 丽水市景宁畲族自治县 | 色泽绿光润、银毫显露 | 清澈明亮 | 鲜匀甘醇 | 嫩匀成朵 |
| 望海茶 | 宁波市宁海县 | 细嫩挺秀、翠绿显亮 | 清澈明亮 | 鲜爽回甘 | 芽叶成朵、嫩绿明亮 |
| 径山茶 | 杭州市余杭区 | 细紧卷曲、色泽绿翠 | 嫩绿明亮 | 鲜爽甘醇 | 匀嫩成朵 |
| 绿剑茶 | 绍兴市诸暨市 | 形若绿色宝剑、色泽嫩绿 | 清醇 | 清醇 | 全芽嫩绿明亮 |
| 松阳银猴 | 丽水市松阳县 | 条索卷曲多毫、形似猴爪、色如银 | 清澈绿绿 | 鲜醇爽口 | 嫩绿成朵、匀浮明亮 |

① 根据浙江省各名茶品质特征资料，笔者整理成表。

表8-6　　　　　中国各大名茶采摘标准比较①

| 茶品牌名 | 省份 | 茶类 | 特级 | 一级 | 二级 |
|---|---|---|---|---|---|
| 西湖龙井 | 浙江 | 绿茶 | 一芽一叶初展 | 一芽一叶至一芽二叶初展 | 一芽一叶至一芽二叶 |
| 大红袍 | 福建 | 青茶 | 一芽二叶 | 一芽三叶 | 一芽四叶 |
| 铁观音 | 福建 | 青茶 | 一芽二叶 | 一芽三叶 | 一芽四叶 |
| 普洱茶 | 云南 | 黑茶 | 一芽一叶 | 一芽二叶 | 一芽二、三叶 |
| 碧螺春 | 江苏 | 绿茶 | 一芽一叶初展 | 一芽一叶 | 一芽二叶 |
| 都匀毛尖 | 贵州 | 绿茶 | 一芽一叶 | 一芽二叶 | 一芽二叶 |
| 黄山毛峰 | 安徽 | 绿茶 | 一芽一叶初展 | 一芽一叶和一芽二叶初展 | 一芽二叶 |
| 信阳毛尖 | 河南 | 绿茶 | 一芽一叶初展 | 一芽一叶至一芽二叶初展 | 一芽二叶 |
| 祁门红茶 | 安徽 | 红茶 | 一芽一叶 | 一芽二叶 | 一芽三叶 |

其次，对单芽的追求，也是人们对于茶品"嫩度"极致追求的表现。从古代茶诗中，我们可以找到诸多对于芽茶的追捧描写。

唐代郑遨在茶诗中描述道，"嫩芽香且灵，吾谓草中英。夜臼和烟捣，寒炉对雪烹。惟忧碧粉散，常见绿花生。最是堪珍重，能令睡思清"②。卢仝在《走笔谢孟谏议寄新茶》中写道，"仁风暗结珠琲瓃，先春抽出黄金芽。摘鲜焙芳旋封裹，至精至好且不奢"。到了宋代，人们对芽茶的称赞并未减少。北宋诗人苏轼一生爱茶，留下许多关于茶的名诗名句，"从来佳茗似佳人"中将茶比作佳人。他对茶品的鉴赏能力也是极高，"试碾露芽烹白雪，休拈霜蕊嚼黄金"。对芽茶的推崇有更极致者，如漕臣郑可简，他在北宋宣和二年（1120）用"银丝水芽"创制了旷世绝品的龙园胜雪。龙园胜雪又称龙团胜雪，其原

---

① 根据中国各大名茶采摘标准资料，笔者整理成表。

② 钱时霖选注：《中国古代茶诗选》，浙江古籍出版社1989年版。

料"银丝水芽"是把已经拣过的熟茶芽再剔去，只取其心一缕，用珍器贮清泉浸泡，光明莹洁，芽头细如银线，可谓珍贵异常。也正因为对茶的极度追求，导致民间赋税过重，民不聊生，才有了明代罢黜团饼，改为散茶。但是，废除的只是后期的压制工艺，对芽茶的审美一直为后人传承。从前述周光霖老先生的回忆中，我们可以知道20世纪80年代开始恢复历史名茶时，特级标准基本为一芽一叶，并不追求单芽。但是到了2005年，当时的金骏眉以单芽红茶的特征火热市场，一斤茶叶可以销售到上万元，这重新激发了市场对于单芽的追求。

最后，单芽与针形茶所呈现的外形特征，反映了绿茶对外形品质的追求。中国是世界茶树原产地，也是最早发现和饮用茶叶的国家，而且还是世界上生产茶类最多的国家。根据茶叶在加工过程中的氧化程度，人们将不同的茶品分为六大茶类，依次是绿茶、红茶、黑茶、白茶、青茶和黄茶，这种分类法是由著名茶学专家陈橼教授依据茶叶品质系统性和制法系统性而提出，并得到广泛认可和应用。

绿茶制法的基本工序为杀青、做形和干燥，其关键工序是杀青和做形。黄茶的关键工艺是焖黄，黑茶的关键工艺是渥堆，白茶的关键工艺是萎凋，红茶的关键工艺是发酵，青茶的关键工艺是萎凋和做青。在六大茶类中，绿茶尤其强调外形的审美。在做形上也是样式繁多，有卷曲形、针形、条索形、圆珠形、扁平形等。由表8-7可知，中国不同地区的名优绿茶，外形有不同的特征。

表8-7　　　　　　　　绿茶的不同形状及特征①

| 外形 | 特征 | 代表名茶 |
| --- | --- | --- |
| 扁形绿茶 | 外形扁平光滑 | 杭州西湖龙井、四川峨眉竹叶青、安徽老竹大方 |
| 单芽形绿茶 | 外形为单芽 | 四川竹叶青、浙江开化龙顶 |

① 根据中国各大绿茶品质特征资料，笔者整理成表。

221

续表

| 外形 | 特征 | 代表名茶 |
|---|---|---|
| 直条形绿茶 | 外形圆紧细直 | 江苏南京雨花茶、宜兴阳羡雪芽、浙江武义武阳春雨 |
| 曲条形绿茶 | 外形弯曲细紧 | 江西婺源茗眉、四川邛崃文君绿茶、湖南长沙湘波绿 |
| 曲螺形绿茶 | 外形卷曲似螺 | 江苏碧螺春、无锡毫茶、浙江临海蟠毫、羊岩勾青 |
| 颗粒形绿茶 | 外形圆紧似珠 | 浙江珠茶、安徽涌溪火青、江西宁都盘古龙珠 |
| 兰花形绿茶 | 外形松散似兰花 | 安徽太平猴魁、舒城兰花、浙江江山绿牡丹茶 |

单芽茶作为一种采摘标准，当它被加工为成品茶后，茶杯中会呈现出片片站立的景象，因此人们称之为"杯中森林"。单芽茶，由于叶尖和叶尾厚薄不同，并且叶尾有梗，就形成了叶尖朝上，叶尾在下的奇观。大部分的单芽茶都可以竖立，比如四川竹叶青、陕西汉中仙毫、湖南君山银针、浙江开化龙顶。所以，也有人将之命名为针形茶。但芽茶和针形茶是不同概念，芽茶是指鲜叶的采摘标准，而针形茶是指加工做形时的茶品外形，有些一芽一叶的鲜叶也可以加工成针形茶。

"杯中森林"在视觉呈现上，较之其他氧化程度高的茶类，要美观得多。所以，人们在品鉴绿茶时也会特别强调形美。开化龙顶茶的芽茶制作技艺已入选浙江省非物质文化遗产，这也是全国第一支针形绿茶列入非遗名录。[1]但也正是局限于"芽茶"的特色，开化龙顶茶在涩味和市场价格之间产生了发展困境。在县城茶叶市场实地调研时，我们遇到一位茶叶合作社的负责人胡某，他说："目前茶叶市场注重形美，发展芽茶可以满足市场的这一需求，但是价格卖不上

---

[1] 《芽茶始祖开化龙顶》，《农村信息报》2017 年 5 月 17 日 A10 版。

去"，因为"芽茶好看，但是不好喝，涩味较重"。①如何让茶叶"好看并好喝"是制茶人未来需要突破的瓶颈。

随着消费市场的理性发展，人们在饮食文化的审美上，更多地主动去探寻食物滋味的本真性。所以从芽到叶的发展，抑或是分类回归，也是对绿茶市场追求极致外形的一个修正。

---

① 上述观点来自开化县茶叶市场中的一些合作社人员的访谈，鉴于信息保密性，我们采用胡某来代替。记录人：张马云、王梦瑶、陈雨琪、韦莉莉。记录时间：2017年6月25日。记录地点：开化县茶叶市场。

　　三百多年前，一个李姓青年从浙江金华的兰溪夏李村出发，去开化境内云游。他家世贫寒，从小肩负着重振家业的重任。母亲为了他，三迁教子。这从他的名号中便可看出，他名仙侣，字谪凡，号天徒。但在明末清初兵荒马乱的背景下，社会局势正发生剧烈变化。有些士人心灰意冷，惆怅不已，转而寄情山水，隐于大山。这次周游，为他的创作带来了巨大的灵感，最终使其成为一代戏剧家。中年以后，他改名李渔。

开
化
山
川

李渔的故事与开化的山川有关。

开化县素有中国"亚马孙雨林"和"浙西林海"之称，森林覆盖率达80.4%，居浙江省乃至全国各县前列。

开化县属南岭山系天目山脉，闽赣延伸的北支从浙赣交界的怀玉山脉进入开化县南部，蜿蜒向东北延伸至天目山脉的白际山脉。由于南岭山系天目山脉三条支脉之一，其遍布开化县境，峰峦环列，形成了全县四周高、中间低的地貌。再加上地势西北高东南低，西北部以中低山为主，东部为低山区，中部自北往南由低山向丘陵过渡。境内海拔千米以上山峰有46座，最高峰为白石尖，海拔1453.7米。海拔最低处为东南部的华埠镇下界首，只有90米，海拔极差达1363.7米，由此形成了丰富的漫射光和小气候环境。这里昼夜温差大，年平均相对湿度81%，有效积温高，无霜期250天，年平均雾日达83天，部分地区达120天以上，终年云雾缭绕，是浙江省云雾最多的山区。

开化位于仙霞岭东麓，上接遂安、下连常山，越仙霞岭西，则和德兴、休宁、玉山、婺源等著名产茶区域毗邻。东西广一百二十里，南北袤一百六十里。开化之山比田多，但山多也有山多的好处。

处万山峻岭之间，虽无平原沃野之饶，也无车马之喧。本无平原，且又多水患，高山种茶亦成为必然。

在1941年的一份《浙江茶叶调查计划》资料中，开化被划入浙江茶叶产区第四区。"其地与安徽之徽州、江西之玉山等产茶名区相接壤，其土质气候，颇宜植茶，且万山重叠，交通阻滞，其他事业，不甚相宜……故以为发展浙江茶之余地也。"当时的主管部门提出要大力发展开化的茶业，不仅是因为它与安徽徽州、江西玉山等产茶名县相接壤，土质气候都很适宜种茶，更重要的是这里万山重叠，交通阻滞，发展其他事业都不合适，只有茶这种经济作物才能带动地方产业，所以也为当时政府部门认为发展浙江茶之地。

崇山峻岭，万山重叠，是开化的写照。

开化全县境内山川林立，北有马金岭，南有凤凰山，东有银岭，西有石耳山，素有十大名山之排列。而县城四面环山，左从金钱（山名），右偎卧佛。钟山峙其后，凤凰翔其前。渼水澄清，萦流若带。图9-1中的沟沟壑壑便是山川的标识，可看出整个开化县周边都是崇山峻岭。

金钱，即钱山，在县东百步。相传为金、钱二道人炼丹于此，故而得名。南宋初年，南山书院江天然于此建造月波亭。淳熙年间，朱熹过访江氏，与他畅饮于亭，并写下《晚饮月波台》云："潺潺流水注回塘，中作平台受晚凉。四面不通车马迹，一樽聊饮芰荷香。韩公无复吟花草，楚客何妨赋药房。少待须臾更清绝，月华垂露洗匡床。"①至元朝，时任衢州知府蔚彦明也登临金钱山，并赋诗有云，"亭亭金钱山，地僻境逾静。不见炼丹人，空遗石坛井"。金钱山，亭亭玉立，虽和开化一样地处偏僻，但无俗尘之染。其上有井，其下

---

① 张思齐：《论诗情在诗歌中的作用——宋代诗情理论与法国诗情学说比较研究》，《天津外国语学院学报》2001年第1期。

有塘，有潺潺流水可灌茶树，有月华零露润泽茶叶。

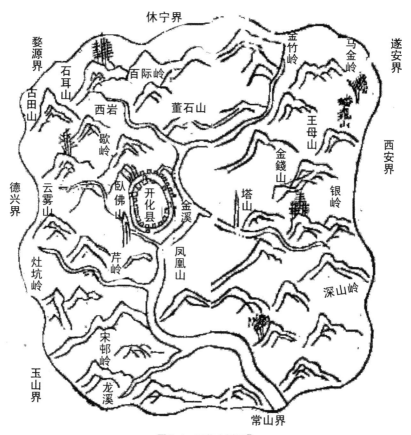

图9-1 开化山川图①

　　道家选择修炼的地方多为名山，山清水秀不仅有利于调理肺腑，也有利于茶树生长。青山秀水出好茶，已成为当代人的一种共识。故而，道教和茶也有着不解之缘。通过饮茶可以益思明目，还可以羽化成仙。陆羽在《茶经》中引载，道教人物壶公在《食忌》中云，"苦

---

① （明）林应翔等修，叶秉敬等纂：《浙江省衢州府志》卷2《疆里》，台湾成文出版社1983年影印本，第75页。

茶久食，羽化"。在道教修炼中，第一层是与日月同寿，追求长生不老；第二层则是追求羽化成仙，多饮苦茶，可以羽化。所以，道教的饮茶习俗，对于茶叶在寻常百姓生活中的推广也起到积极的引领和推动作用。

开化早有道教活动的记录，除金钱山外，还有位于苏庄镇古田山上的凌云寺。古田山绝壁齐云，层峦叠嶂。曾有道士居住，并在上面开辟田地进行耕作。还有位于县北三里的石梯桥，也曾有道士叠石为梯七十余级，故名石梯桥。

道教与茶，亦有一定的联系。道教据传起源于春秋，奉老子为鼻祖。至唐朝，因老子姓李名聃，李世民将老子奉为先祖，将道教奉为国教。至宋朝，历代皇帝也持尊崇态度。在茶人界以《大观茶论》、在书法界以"瘦金体"闻名的皇帝宋徽宗，也以"道君皇帝"自居。由于道教追求长生，在社会各个阶层都有较为广泛的影响力。因为注重养生，和茶叶结下不解之缘。在这里，我们主要选取道教中饮茶和炼丹这两点来阐述。

茶叶之所以被世人接受甚至喜爱，一则是茶叶本身所具有的饮用功能，二则是药理作用。正如卢仝的《走笔谢孟谏议寄新茶》诗中所说，"三碗搜枯肠，惟有文字五千卷……五碗肌骨清，六碗通仙灵"。而神农氏尝百草，以茶解毒，也表明茶叶最初是以其药理作用为世人所接纳的。而以茶入药，从汉开始，至魏晋达到鼎盛。最早记载药茶的是三国时张揖的《广雅》，其中对如何将茶做成丹丸，进行了细致而复杂的介绍。同一时期，以葛洪为代表的道教大炼丹药，以追求长生不老。据载，葛洪六七十岁时仍脸色红润，看上去像中年人一样。到了魏晋，晋惠帝时道士王浮的《神异记》记载，余姚人虞洪入山采茗，遇一道士牵三头青牛，引洪至瀑布旁，告知他自己为丹丘子，并将山中大茗相赠于他。虞洪常常用茶来祭祀丹丘子，所以丹丘子将大茶树指引给他，并请求这种祭祀不要中断，这也是道教和茶叶之间关系较早的记录。我们不难想象仕金钱山、凌云寺修行的道士们，也许也会将茶做成丹丸，追求羽化之梦想。

卧佛山，则位于县城之西，高199米。因登高望之形如卧佛，故名之。该山自唐胡公亿建造高山阁后，明清相继建有王公亭、锡赉庵、五马岩和西来岩，历代为游览休闲胜地。明举人徐钰《西来岩登高》诗云："萧条秋色忽徘徊，莫讶重阳菊未开。劲节多从寒后见，流年便向暗中催。青衿自笑羞黄卷，绿树惟看映绿杯。为感欢游情不尽，明年此会约重来。"山之南麓东向，为魏徵五世孙魏谟，因被令狐陶诬陷而隐居于此。终年六十有六，死后亦葬于此，故称相坞。至明代，又有人于山下建有竹亭。正德年间，广东副使徐文溥、绵州学正徐琏、刑部郎中宋淳、南京光禄寺卿徐公遴等人聚会于斯亭。嘉靖年间，礼部祠祭主事徐文沔来游，触景生情，挥毫题诗。"千峰落叶每牵愁，一抹寒烟傍晚浮。绿竹几枝留曲槛，青山无数抱重楼。恁虚未负凌云想，入夜何妨带月游。回首壮心真悬切，肯因摇落重伤秋。"1958年秋，开化县林业局投资重建，更名为花山公园。1982年11月花山公园再次筹建，并划定面积为33.3公顷。1983年修葺锡赉庵，新建盘山游览路、映日楼和卧佛、寄畅、丹心三座凉亭，以及假山、鱼池、鹿苑、猴园等建筑。1985年改名为玉屏公园。自20世纪90年代以来，玉屏公园相继于山坡上栽种了大量的桂花、合欢、梅树、香樟等多种珍贵树种，使整座玉屏山真正成为"地暖三冬无积雪，天和四季有花开"的花山。之后，又于山之西麓建有八角亭和廊亭，公园前还塑有大型浮雕，增强人文色彩。

凤凰山在县南一里，如凤展翅，故名凤凰山。凤凰山位于金钱山之南，芹江之东，海拔373米。宋赵氏宗王郡马徐庭学，散家财，举义兵，应文天祥抗击元兵以图复兴。后文天祥兵败殉国，徐庭学忧愤而卒，夫妇共葬凤凰山脚下。元朝泰定进士方森建塔于凤凰山，因此又名塔山（塔已毁）。明朝万历年间举人徐公远曾写过一首《文塔凌霄》："凤山高耸蔚崔巍，百里峰峦入望来。文塔遥从天阙起，碧桃直上日边开。清虚紫气凌南极，烂漫文光上烛台。榄翠应知夸独胜，攀云跻雾上蓬莱。"

钟山位于县北一里，为县之主山，海拔432米，因其状如钟似锅，故又名覆釜山。山上多白石英，北麓有龙潭，产青石，明润坚洁，可刻碑文。山中有通向马金的古道，经山腰越岭而过，古称讴岭（小山岭），历来为县城佛、道圣地。还有建于南宋初年的颐真宫、铁佛寺，以及建于明代的菩提庵遗址。铁佛寺现已恢复，并重塑金身。清代剧作家李渔曾寓居颐真宫，并写下五律二首。其中一首云："道院傍斯文，犹龙与凤群。鸟分仙饭客，鹿守宰官坟。药晒钟山日，丹烧讴岭云。距城虽咫尺，尘事不相闻。"清朝康熙年间，于山之东南脚下建钟峰书院一座，已圮。

李渔与讴歌岭

关于李渔与开化的故事，当地流传着诸多民间传说版本。李渔是明末清初戏曲作家和理论家，原籍浙江省金华府兰溪县人。在明代考取过秀才，清兵入浙后家道中落。他从事著述，并开芥子园书铺刻售图书。又组织以姬妾为主要演员的家庭剧团，在达官贵人府邸演出自编自导的戏曲。后年老，境况较前困窘，迁居杭州终老。

李渔在开化留下多首诗句，盛赞开化碧峰耸天、玉泻金溪、茶风水趣、乡土人情，民间至今流传着他游菩提庵时曾写有《玉蜻蜓》剧作。

"偷得闲中暑，来寻世外人。水盘盛果冷，石髓煮茶新。景碎诗难括，云多寺不贫。蒲团同说法，尽是宰官身。"这是李渔同工使君游菩提庵时赠了义的一首诗。这首诗中提到的"石髓煮茶新"，石髓即石钟乳。石髓是指碳酸盐岩地区洞穴内在漫长地质历史中和特定地质条件下形成的石钟乳、石笋和石柱等不同形态碳酸钙沉淀物的总称。古时候，人们会用于服食，也可入药。石髓味甘性温无毒，服用后齿发更生，病人服用后都会痊愈。所以，李渔当时可能是将石髓与开化茶烹煮饮用。

石髓缘何作为一种药材与茶结合，无从考据。不过，古代曾有提到"食者龙穴石髓"，提到石髓的可食用性。而将石髓与茶烹煮饮用，也非李渔创新。元末明初的戏曲作家汤舜民在《双调·湘妃游月宫》中的《春闺情》里写过，"冰盘贮果水晶凉，石髓和茶玉液香"，就已经将石髓泡茶了。可见，此种品饮风尚在元代已经开始流行。元朝将石髓不仅用在茶中，也用在酒中。居于杭州的吾丘衍曾提到一种未滤过的重酿酒，似乎更加让人痴迷。"银河泻液迎春风，摇光泛影琉璃钟，芙蓉泣霜腻香薄，石髓滴花浮玉虫。氍毹红深五云热，漏壶水尽蟾蜍渴，欲借金茎一寸冰，满堂笑看姐娥月。"①

元代袁桷在《煮茶图》中也写过石髓，"平生嗜茗茗有癖，古井汲泉和石髓。风回翠碾落晴花，汤响云铠衮珠蕊"。袁桷（1266—1327），庆元路鄞县人，字伯长，号清容居士。他对茶非常热爱，喜欢取泉水和石髓烹煮，并在《煮茶图》中描绘了煮茶的情景。四百年后，这种石髓煮茶的癖好，也为李渔所使用了。

李渔生性浪漫，不受约束，爱好游山玩水，乐于闲情逸事，吹拉弹唱。有一年春茶飘香时节，李渔从兰溪乘船逆流而上，来到开化观赏茶风水趣。一日，登上讴歌岭。在一道突兀的山梁上，五步一拐，八步一弯，往钟山山巅攀爬。行至绝顶，便见路两旁尽是茶园，红墙黛瓦的佛殿，掩映在修竹密林中，这佛殿就是菩提庵。

李渔来到庵堂门前，已觉唇干舌燥，左顾右盼，见庵旁有岩泉，便掬起岩石间流淌下来的泉水往嘴里送。饮后顿觉精神大振，情不自禁地高声赞叹："泉水清冽，味爽甘甜，沁人心脾，妙哉！"其时，庵内一尼姑闻声而出，见状则深深一揖说，"施主何必掬泉解渴？请进庵内饮茶"。李渔被邀进庵后，尼姑即刻入内将一杯热

---

① 姚建根：《口腹之嗜：元代江浙城市饮食生活简论——以士人阶层为视角》，《江汉大学学报》（社会科学版）2014年第5期。

气腾腾的菊花茶双手捧到李渔面前，请他用茶。李渔看了看放在面前的茶水，不由自主地皱了一下眉头。这一细微的表情恰被尼姑发现，忙问原因。李渔笑笑说，"不瞒师太说，在下平生只爱饮碧汁晶莹，犹如兰花初绽的开化芽茶"。想不到这一回答，竟打破了庵堂的寂静，只见师太呆呆地看着李渔，口中喃喃地说，"你也爱开化芽茶，他也爱开化芽茶，这是为什么！"瞬时，悲泪盈眶。李渔见状急问，"师太，为何如此悲伤？"尼姑见问，才感到自己的失态，忙掩饰说，"不，不，没什么，没什么"，急忙转身进内。面对如此情状，李渔心知必有隐情。为了帮助她解脱烦恼，他灵机一动随口吟道，"小庵云深处，春秋不计时。黄卷青灯下，竟有烦恼丝"。尼姑听到诗句，知道自己心事已被识破，于是将新泡好的芽茶捧上，一边表示歉意，一边打量李渔。看他一介书生，绝非下流之辈。于是，便向李渔倾诉了身世。

尼姑原是一位茶姑，因同村秀才王生爱喝芽茶，经常来她家购买。久而久之，心生感情。经王生多次托媒求婚，遂嫁于其为妻。开始夫妻本亦恩爱相处，隔年生下一子。婴儿落地时，前额长有一痣，取名志儿。志儿还在乳期，丈夫赴京赶考得中功名，便喜新厌旧另寻他欢。尼姑曾三次为他寄去开化芽茶，均被退回，并在信中写道，"京中佳茗多，何需开化茶"。尼姑一气之下，削发为尼。临行时，将志儿出生年月书写成帖，藏于志儿怀中。时光流逝，一晃已十八年。然而，儿子至今身在何处，情况如何，一无所知，因此每天伴着泪水度日。因李渔提及芽茶而触动埋藏于心底的往事，因此一时失态。李渔一边品茶，一边细听尼姑叙述，心中甚为感动。返回住地后边构思边写书，不日完成《玉蜻蜓》剧作。

《玉蜻蜓》是中国的杰出剧作，全书分两部分，前一部分写沈君卿寻访申贵升，在长江遇盗，芙蓉洞团聚，后衣锦还乡等情节。后一部分以玉蜻蜓为中心事件，写申贵升私恋尼姑志贞病死庵中。

志贞生一遗腹子，为徐家收养，改名徐元宰。后元宰中试，庵堂认母，复姓归家。其中，"庵堂认母"的故事可能就源于开化菩提庵中所经历的事情。《玉蜻蜓》这一剧作搬上舞台后，由于情节曲折以至于每次演出无不深深打动观众，从而名闻金陵唱红江浙，并流传至今。

民间传说代表着地方性知识与民间记忆，在地方文化建设中意义重大。[①]在这个民间传说版本中，创作者把历史文化名人和佛教以及姻缘故事融入开化茶。并且将"芽茶"作为整个故事的核心，突出了开化茶的品质特征。以茶这一种物质文化作为媒介载体，形成当地的民间记忆。

开化当地流传的民间传说，不同于其他地方以"鬼怪""神仙"等为主，多以历史中的真实人物为故事原型，辅以事件耦合，给故事添加真实性，从而在民间流传甚广，并且让人深信不疑。

李渔还有一本杂著《闲情偶寄》，文学界通常认为此书集合了李渔的戏曲理论研究。尤其是其中的"词曲部""演习部"实为戏曲理论专著，在编剧技巧方面作了系统、丰富而精到的论述。内容不仅包含了戏曲理论，还包含了饮食、园艺、养生等，被誉为古代生活艺术大全。其中的"饮馔部"是李渔讲求饮食之道的专著，他主张于简约中求饮食的精美，在平淡中得生活之乐趣。其饮食原则可以概括为二十四字诀，即：重蔬食、崇简约、尚真味、主清淡、忌油腻、讲洁美、慎杀生、求食益。其中，写到了"不载果食茶酒说"，"果者酒之仇，茶者酒之敌，嗜酒之人必不嗜茶与果，此定数也"。而在"器玩部"的章节中，还专门写到了茶具，对饮茶器皿非常讲究。甚至储茶的器皿，也需是锡罐为最佳。除了茶，李渔

---

① 侯文宜、卫才华：《民间传说遗存：地方性知识与民间记忆——晋东南米山小地域文化遗存考论之三》，《史志学刊》2008年第3期。

也非常关心村上的公益事业，以他为首在村口的大道旁建了一座凉亭，取名"且停亭"，并题联曰"名乎利乎道路奔波休碌碌，来者往者溪山清静且停停"。

这就和我们后文中要提到的茶亭，有了关联。

茶 埠

山路茶亭

李渔遇到尼姑从而创作《玉蜻蜓》故事的真实性，我们无从考证。不过，讴歌岭上的菩提庵却是真实存在，而且还与茶有关。这在崇祯年间的《开化县志》中，被如实记录了下来。

菩提庵在小山岭绝顶，去县北二里许。万历癸丑，僧幽玄自黄山来，乐其山水清远，建亭施茶后，渐拓为庵邑。侯周题令名师戒行精严，兼通宗教。崇祯二年正月九日，示微疾，集大众区尽庵事，井井不乱徒。众愿留法旨，为说偈曰"来时如梦去如风，去与来时总一同。子如问我真消息，只在寻常日用中"，仍大书"且归去"三字，掷笔端坐而化。但侯亲往奠之，以妙庄严……谢开邑已，至勤不佞，以永观厥，成使徒钦我侯寿，考作人之德于无，而耻其不逮，且思今天下之人才，若兹役也。将圣天子实镌箐我之锡宸农，非直不佞，勒桑湿之，爱于中心也。已因乐为之记。侯讳朝藩号石笏滇之六凉人。

上述文中提到万历癸丑，即万历四十一年（1613），有一位僧人幽玄从黄山云游到此。因喜欢廾化的山清水秀，于是就建了个茶亭，在路边施茶，后来就慢慢拓展为菩提庵。文中提到的"侯"，是指朱邑侯即朱朝藩，明朝的开化县令，崇祯四年的《开化县志》便是由他主修。县志中还记录了一篇《朱邑侯辑建菩提庵记》。

今开阳菩提庵矧建，因缘洵可述己。兹庵，山名讴岭、地枕恕方，岚气集岫云半空，吞吐不尽；金城与带水一方，拱辑当前。泉涌灵湫，堪煮茗而供佛；山环翠黛，似静坐以跏趺。自神宗癸丑之年，有幽玄僧者，选胜结庐，诛茅食力，茶室恢以阐室。次第，庀修黄山、来寓钟山、欲成净业，致大众之赞叹为一时之景。维兹开邑鼎建庵庭，钟山倚秀、菩提系名，树是无树、心即佛心，北开鹫岭、南俯雉城，万山逶迤、一洞绕行，渔歌集梵、牧笛闲吟，谁从别墅、并此砥林，经营数载，幽玄一髡，宰官示现，绅绂业成，捐兹阿堵，殚厥苦辛，缁流投恳，给人借荫，茶施甘露，泉饮玄津，几有策杖、罔不欢腾，居住有岁，癸丑至今，僧寮繁衍，香贡弥新，斯是胜果，诅曰漏因，我来承乏，爱感前□，点头拜石，选鹅听经，眷言灵宇，载仰法门，叙兹功德。

僧人幽玄在山中建了茶亭，对来往的路人施茶，而后乡贤居士财法普济，扩建成为庵院。菩提庵，是从一座茶亭拓展为庵，这与全国各地的茶亭建筑横向比较来看，都是极为特殊的，具有重要的史料价值。

茶亭，是施舍和出售茶水的亭子。作为与茶有关的一种建筑，茶亭与古道、慈善、捐资、过客等都有关。唐代朱景玄在《茶亭》一诗中写道，"静得尘埃外，茶芳小华山。此亭真寂寞，世路少人闻"。福建《闽侯县志·古迹》中也记录了"茶亭在南门外，昔有僧暑月醵金煮茗饮行者，因名"。清代光绪《长汀县志·茶亭》中谈道："汀僻处万山中，行路之难，若比于蜀道，尝一二十里远隔乡村，无可以避风雨而解烦渴、为行人少憩息者。汀人士素多好善，每于其中相度地势，建亭煮茗，以利行人。"①

　　茶亭，一般设置在要冲地带，供行人纳凉和遮风挡雨。这些茶亭遍布在桥头、大路、峰巅、山坳、田畈中央等处，而茶肆主人会常年设缸施茶，分文不取，以缓解过往旅之人的劳苦。行人累了可以休息，渴了可以饮茶，赶不回家的还可借宿茶亭，翌日继续上路。

　　于是，人们在古驿道上修桥筑路，建造起了一座又一座的茶亭，积德行善、惠同乡里。至今，亭中还保存着刻有捐款人姓名的功德碑。

　　淳遂两县至民国期间，遗存的路亭（含茶亭）共139座。建亭最早的可追溯至南北朝梁天监二年（503）的淳邑东10里的"昌亭"（即发昌亭），距今1500余年。②淳遂两邑的路亭（含茶亭）极大部分建于清朝及以后时期。这些建在古驿道上的路亭、茶亭，连接起了遂淳与开化之间的古老茶路。

　　淳遂古道上的茶亭，蕴含深厚的施茶文化，极富地方特色。茶亭大多建于山间、林中、岭顶、山麓、山腰的古驿道上，建筑朴素简陋而实用，结构多为传统单体，随地设置，风格各异，与园林亭有所不同。亭子一般是有亭顶，里外砌墙，内留有方孔、扁孔、圆孔和多边形孔不等，作为亭窗通气，通常亭内还筑若干个座位。置亭于路旁或路中，左右直通古驿道，供行人、商贾、官宦、书生等各路人歇脚、憩息，挡风避雨，同时在憩息中观赏周围景色及聊天，有的还设茶点饮茶。明代遂邑知县马呈鼎任职时热心善举，爱惜子民，建造"易饮亭"，民众感激不尽。

① 　陈宗懋主编：《中国茶叶大辞典》，中国轻工业出版社2000年版，第4页。
② 　方本昌：《新安太守任昉送客》，https://www.sohu.com/a/241375346 802636，2018年7月15日。

清代遂邑城南人陈自新，好行其德，排忧解难，建茶亭、修桥、铺路，施舍雨具、茶汤数载。清代十二都（汾口一带）的余光文，建造"善缘亭"，施茶二十余载。每岁盛暑施茶，解行人之渴，令人钦佩。遂邑浯溪人鲍可振，建造"聪憩亭"于十五里外，广施茶汤。宏川人鲍祈年、孙士芹，在衢道畏岭（现在衢州的衢江区内）的古驿道建造茶亭，设有茶铺施茶汤。

　　更为赞叹的是建于与安徽省歙县交界、海拔1395米的白际山啸天龙的九成茶亭，为来往两省的商人和行人歇脚、施茶汤，这也许是淳遂境内海拔最高的茶亭了。还有遂邑汪家桥汪逢致在清代同治癸酉年（1866）捐资建造"流嘉亭"，每年的春夏秋三季煮茶，代行人解渴。由吴有珠建于淳邑北六十里琅琊（今瑶山一带）的"既济亭"，亭中赐歇肩的凉茶、草鞋，使登亭路人怡然忘却疲倦，人人称道。[1]

　　茶亭最主要的功能是施济，但开化的菩提庵显然是个例外。它从茶亭开始，最终成为庵。从善利行人到慈善功德，成为佛教修行之地，这一演变也承载了浙西山区一方人士的宗教信仰。

　　开化县境内由乡人捐建的凉亭颇多，始建于何时无从考据。多为长方形敞开式的木石（泥）结构，设亭施茶（有些还施草鞋），供行人憩息、喝茶、换草鞋。旧时出门靠步行，运输靠肩挑、畜驮，凉亭为民间重要交通设施。直至解放初，城乡大道，越岭小径，以至较大的田畈，都有凉亭。解放后，因修建公路或农田基础设施被拆除一部分，多数是因失修倒塌。据调查，1987年全县仅穷乡僻壤和历史悠久的古道上留有凉亭131座。[2]

　　2017年，当我们在开化大地上进行田野调查时，在池淮镇路口村益龙芳茶园旁，发现了一个茶亭遗址。

①　淳遂古驿道上的茶亭及施茶文化，http://www.qdhnews.com.cn/content/content_8447644.html，2013年3月13日。
②　《开化交通志》编写组：《开化交通志》，浙江人民出版社1990年版，第51页。

路口村，名路口，古时为江西、苏庄、张湾各地行人来往于城关和华埠必经之地。路口村在历史上又被称为"路川"，是开化重要的茶叶和林木产区，境内有连接古田山与华埠的古道、古埠头，也有古庙、古坝、古桥、古官盐场的遗址，当地有"三桥、四坝、五行、六古、七里河滩、路川八景、九龙戏珠（茶园）"的说法。元朝的举人程琚曾以路川的"霞""月""松""鱼"等八物作诗《路川八景》，流传至今。他形容这里的山"青嶂到丹霞"，这里的水"金气融波秀"。七百年过去了，这里山水依旧，绿荫依旧。

路口村现在属于池淮镇，也是以茶叶为主经济作物的乡村。池淮镇位于开化县西南部，原205国道、17省道复线和杭新景高速公路穿境而过，是西南部四乡镇外出的必经之地。全镇总面积233.91平方千米，辖25个行政村，1个社区，人口3.3万人。镇域面积、人口数、行政村数均为开化的十分之一。最重要的是，池淮镇是开化县农业第一大镇，也是开化省级现代农业园区所在地。镇域内有御玺茶园、益龙芳茶园、石板桥茶园等现代大型茶园，反映了当代开化茶业的发展。

这个茶亭的发现，比较偶然。当时，我们正在考察一块从益龙芳茶园出土的石碑。2016年8月在路口村益龙芳茶园出土了一块石碑，该石碑侧面发黑，以凹凸技法雕刻着腾龙出水图纹。正面清晰地刻着"明處士茶園"五个大字，大字右侧赫然写着"万历三十七年十一月吉旦"的小字，也就是1609年的农历11月1日竖立了这块石碑。"处士"，在明朝是指那些德才兼备，被朝廷认可但又不愿为官的文人贤士。该石碑证明至少在明朝万历年间，就有文人在路口村种下这片茶园。古时候称有德才而隐居不愿做官的人为处士，后亦泛指未做过官的士人。男子隐居不出仕，讨厌官场的污浊，这是品德高尚的人方能做得出的选择。在偏远的浙西开化，因为有吾晋、方豪等历史名人的存在，儒士之风盛行，造就了诸多茶与儒的诗文佳篇。关于茶与儒士的内容，我们在其他章节中进行叙述。

回到当时的调查现场，由于这块石碑的出现，将原崇祯四年（1631）记载的开化茶叶历史，往前推进了22年，因此文献意义重大，我们随即前往查看。没想到，在茶园旁边一条废弃的、野草杂生的乡道上，发现了这一茶亭（见图9-2）。

图9-2 路口村茶亭正面

（笔者摄于2019年）

由于茶亭一般建造在行人经过的地方，以山路为主。而池淮镇四面环山，中部池淮溪呈西北往东南方向贯穿整个池淮镇，池淮溪及其支流两岸是河谷盆地，地势较为平坦，池淮盆地是开化县五大河谷盆地之一。所以，茶亭是建在盆地上的一个供路人休憩的亭子，与上文提到的菩提庵并不相同。茶亭的年代久远，早已失修。由于这条小路已经被废弃，茶亭周边杂草丛生，连路的痕迹都难以辨明。不过，当我们走进亭子，依旧能看到木制的亭梁结构，墙壁两边还建有长长的泥土长条凳，可以供行人驻足休憩。想来，历史上这里也是行人如织的重要道路。只是，如今的池淮已经发展成为重要的现代茶业重镇。这些历史痕迹，只能见诸文字记载了。

表9-1　　池淮镇茶园普查统计汇总（2017年）　（单位：亩）

| 村 | 茶园面积 | 20亩以上基地面积 | 19亩以下零星面积 | 山地茶园面积 | 旱地茶园面积 | 农田茶园面积 |
|---|---|---|---|---|---|---|
| 滩头 | 546 | 516 | 30 | 463 | 45 | 38 |
| 横龙 | 171 | 131 | 40 | 142 | | 29 |
| 寺坞 | 179 | 127 | 52 | 98 | 8 | 73 |
| 篁岸 | 187 | 169 | 18 | 169 | 6 | 12 |
| 立江 | 196 | 194 | 2 | 120 | 76 | |
| 虹光 | 58 | 55 | 3 | | 55 | 3 |
| 石门 | 288 | 284 | 4 | 284 | | 4 |
| 坝头 | 344 | 269 | 75 | 299 | 33 | 12 |
| 池淮 | 129 | 73 | 56 | | 104 | 25 |
| 航头 | 190 | 180 | 10 | 96 | | 94 |
| 芹源 | 357 | 333 | 24 | 208 | 90 | 59 |
| 星口 | 240 | 214 | 26 | 214 | 19 | 7 |
| 黄庄 | 42 | 30 | 12 | 32 | | 10 |
| 庄埠 | 74 | | 74 | | 8 | 66 |
| 玉坑 | 138 | 92 | 46 | 54 | 30 | 54 |
| 白渡 | 423 | 400 | 23 | 404 | 2 | 17 |
| 林区 | 465 | 456 | 9 | 340 | 65 | 60 |
| 合计 | 4027 | 3523 | 504 | 2923 | 541 | 563 |

表9-2　　　　池淮镇茶叶加工厂普查汇总（2017年）

| 村 | 茶叶加工厂数（家） | 加工厂总面积（平方米） | 设备总台数（台） | 通过QS认证加工厂数（家） |
|---|---|---|---|---|
| 滩头 | 4 | 1480 | 66 | 1 |
| 横龙 | 5 | 686 | 41 | |
| 寺坞 | 2 | 150 | 24 | |
| 篁岸 | 2 | 160 | 12 | |
| 立江 | 1 | 380 | 13 | |
| 石门 | 1 | 80 | 7 | |
| 坝头 | 1 | 80 | 9 | |
| 池淮 | 3 | 336 | 23 | |
| 航头 | 1 | 320 | 8 | |
| 芹源 | 5 | 2000 | 60 | 1 |
| 星口 | 5 | 920 | 61 | |
| 黄庄 | 3 | 270 | 28 | |
| 庄埠 | 2 | 1060 | 26 | |
| 玉坑 | 3 | 500 | 25 | |
| 林区 | 5 | 860 | 45 | |
| 合计 | 43 | 9282 | 448 | 2 |

　　池淮的茶叶经济，是值得研究的。相比其他乡镇的茶叶经济，还以小农经营为主，池淮镇已经走上了龙头企业示范带动的现代农业发展模式，开始打造从茶叶到茶园再到茶博物馆的全产业链模式。

　　池淮镇的常住人口为36878人，流动人口为8527人，外来人口为684人。从表9-1和表9-2可知，全镇茶园面积有4027亩，其中加工厂有3家。当地的茶树品种主要为种在山上的鸠坑种，20世纪

五六十年代引进。还有种在山坡上的福鼎种，是20世纪80年代引进的。后来，又部分引进了翠峰等品种。

路口村，是一个典型的乡村。常住户多为老人和孩子，年轻人外出打工，人均可支配收入16313元。村里主要是自给自足的农业生活，家户种田较少，家庭茶园荒废较多。人们会在茶叶季节为龙头示范企业益龙芳茶厂打零工来赚取生活费。由于地方龙头企业的发展，带动了生态环境的改善，完善了地区基础设施建设，提升了区域名气。[1]

路口村共331户农户，人口为1070人，外来人口少。土地为村庄集体所有，村民可承包经营。每户人家有3—4亩田地，主要种水稻、玉米、红薯、土豆、油菜、西瓜、黄瓜、南瓜和茶叶。一年四季，农事活动安排围绕农作物生长而展开（见表9-3）。路口村的茶叶从20世纪60年代开始种植，村内有少量茶叶加工点。大部分村民选择将鲜叶卖给茶厂，茶叶好价格就高。另外村民还给茶厂采茶，按采摘量计算工资，多采多得，下雨天也采茶。由于茶厂对鲜叶品质有要求，主要采细嫩芽。春季刚开始时，采茶工资较高，约为每斤30元，到后来就降到每斤10元，村民仅一年的茶事收入是2000—3000元。以往，农户收入来源中还有蚕。但是，近三四年，由于蚕难养，易发病，且受季节气候影响大，收入一年在2000元左右，于是村民逐渐就放弃了养殖业。相对而言，茶叶种植的收益稳定，村民最终选择种植茶树。村里年轻人很少，大多外出务工，基本无从事茶相关行业的。村内也少有与茶相关的习俗节日，仅在结婚的时候需要给父母奉茶。换言之，由于经济的带动作用，路口村的村民更多是以种植雇佣的身份存在，而非小农业主。稳定的雇佣制，生产的周期性，收入

---

① 上述乡镇经济信息源于对池淮镇政府相关部门的实地采访，采访时间2017年6月26日。采访人：沈学政、刘旭龙、马云。

的保障性，使得村民们更加职业化。

表9-3　　　　路口村村民一年农事活动安排①

| 月份 | 农事安排 |
| --- | --- |
| 1月 | 休息 |
| 2月 | 休息 |
| 3月 | 采茶、种植稻谷、玉米 |
| 4月 | 采茶、种植稻谷、玉米 |
| 5月 | 稻谷插秧、种植红薯、收获菜籽并榨油 |
| 6月 | 稻谷插秧、种植红薯、收获菜籽并榨油 |
| 7月 | 休息 |
| 8月 | 休息 |
| 9月 | 休息 |
| 10月 | 稻谷收割、采油菜 |
| 11月 | 稻谷收割、采油菜 |
| 12月 | 榨茶油 |

① 本表根据笔者实地田野调查时所获得的村民访谈资料整理而成，采访时间为2019年7月，采访人：沈学政。

山
中
茶
路

那么，缘何开化会出现这样的茶亭呢？这就与山中茶路有
关了。

亭者，停也，停憩游行也。茶亭，是因茶叶运输古道而兴起的。
尤其在茶叶产区，茶农运送茶叶要用肩挑马驮，翻山越岭才能运送到
交易的集市。所以，为供运茶人和行人歇歇脚，停憩饮茶解渴，茶亭
就兴盛起来了。

茶亭的兴建，一般是大户人家或为官者捐资，也有乡民或慈善
修福人投资投力共建。初时简易，后发展成为古色古韵的茶亭建筑，
多为砖砌墙，长方形，木材结构，亭顶为翘檐式，进出口大门与路相
对，道路从亭中通过。也有四周敞开的茶亭，盖青瓦。湖南安化茶马
古道上的茶亭，有固定双边木质长短凳，10—20米长以上。茶亭门
上有醒目的亭联，如海拔500多米的云台山黄石坳歇驴坳茶亭，就有
对联一副："放眼遥观云山远，解渴先尝露水甘"。亭内有专人长住
冲泡茶水，行人随时都有茶喝，给来往的运茶人和行人带来清凉与温
馨。浙江地区山多地险，茶亭遍布。在《宣平县志》中载录了宣平茶

亭84处之多。①宣平，原属处州府，是自明景泰三年(1452)始建县的
山城，现在位于浙江武义南部地区，是具有悠久历史的茶乡。茶乡遗
留下诸多茶亭，足见当地民风之淳朴，以及禅家慈善家荫庇后世的
善举。

开化处浙赣皖三省交界处，境内峰峦万千，逶迤连绵，层峦叠
翠，处处皆山岗，山山皆茶园。茶叶、木材的交易和人们的出行都需
要借助山路来完成。山路崎岖，人们需要借助一种特殊的独轮车来进
行货物运输（见图9-3）。

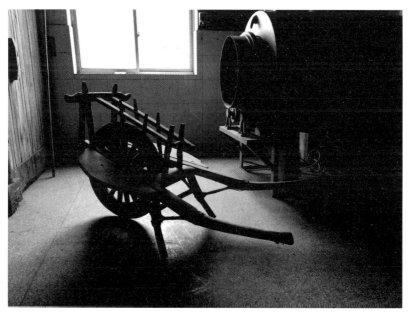

图9-3　山区特有的独轮车

（笔者摄于2019年）②

这种独轮车由木头构造而成，轮子的左右两边可以放置货物，
也可以搭人。由于独轮车轮胎的触地面积较小，适合山路和羊肠

---

① 　何横等修，邹家篆纂：《浙江府县志》，台湾成文出版社1934年影印本。
② 　此独轮车为开化县益龙芳茶博园从民间收集而来。

小道。在车轮前还专门设计了两个落脚支撑点，帮助歇脚。

那么，开化的茶路运输，是怎样一条路线呢？

开化茶路，分为陆路和水路两条。《衢州府志》中记载了一条陆路，东南一百八十里至府治：

> 　　从县南门十五里至青山，十里至皂角渡，十五里至华埠，十里至界首，十里至文头，十里至破石，十里又二十里至湖东，十里至常山县，八十里至府治。①

从县南门出发，经过青山到达华埠，再前往常山县，最后到达衢州府，共一百八十里的路程，东南方向。

开化处三省交界，从皖赣可通过山路和水路进入开化。其中水路由马金溪入马金镇，徽开古道也由马金镇入。水道由马金溪过马金镇，再到县治，然后到达华埠镇。再沿衢江入钱塘江而至杭州和上海，或者去往宁波港，这是一条水上运输之路。水路是浙西茶的主要运输路线，衢州到开化，一路山行，交通不便，非本地人带路无法到达。据《衢州府志》记载，开化水路东南二百里至府治。下有小字说明它的具体路程是这样的：

> 　　县东门十五里至青山渡，十五里至皂角渡，十五里至华埠，十里至界首，十里至文头江，十里至破石，十里至小溪樊，十里至湖东，十里至常山县，一百里至府治。②

---

① （明）林应翔等修，叶秉敬等纂：《浙江省衢州府志》卷2《疆里》，台湾成文出版社1983年影印本，第78页。

② （明）林应翔等修，叶秉敬等纂：《浙江省衢州府志》卷2《疆里》，台湾成文出版社1983年影印本，第78页。

从县东门出发一路经过青山渡、皂角渡到达华埠，而华埠到常山又要行三十里水路，至衢州更是需走一百里水路。这一路，需要经过青山渡、皂角渡、华埠、界首、文头江、破石、小溪樊、湖东、常山，才能到达衢州府。

陆路与水路的走向没什么大的差异，从县东门出发走水路，从县南门出发走陆路，都经过华埠、界首、文头、湖东到常山。而且从开化县城出发到常山，无论选择水路还是陆路，距离均是一百里路程。只是陆路至常山后八十里至府治，而水路至常山后一百里至府治。但无论是陆路还是水路，华埠都是必经之路，而衢州府则是开化物产外出的必经中转站。再从衢州府运往杭州和上海，进行商品贸易。

在光绪元年（1875）浙海关的贸易报告中，我们读到一份由浙海关官员德璀所撰写的报告，该报告详细记录了当时商品转运的路径和成本。我们悉数记录如下。①

浙江省当局不久前对近十年来安徽省运入我省徽茶所征收之内地税考虑过修改和调整一事。若是这些修改付诸实施，那么无疑宁波就会遭殃。为此，有必要将有关此项之考证数据收集起来。查徽茶年产量约计18万担，全部由华商运上海转手到洋商。其实，安徽省徽州产茶区有山分隔南北两处。山之北地区计年产约6万担，是经由鄱阳湖至九江转上海，而山之南地区年产茶约12万担，是顺钱塘江而下运出来的。在太平军之前，茶叶运到杭州后再由运河经嘉兴、松江，最后抵运上海。这条路线只需转运一次，乃是最便捷、最便宜运输茶叶之航道。自

---

① 中华人民共和国杭州海关译编：《近代浙江通商口岸经济社会概况——浙海关、瓯海关、杭州关贸易报告集成》，浙江人民出版社2002年版，第165页。

从开征海塘捐，凡经过杭州之各种茶叶需缴纳每担之海塘捐关平银1.2两。而从徽州运茶顺钱塘江出来最后只是到了义桥（并不到杭州，离杭州还有二三十公里），又经浅滩、小河至百官又到宁波，从宁波由汽轮运上海。这么一来，既不进杭州，也避免了海塘捐。而宁波这个口岸就坐享其利，而实际上海塘捐也征收不到多少。省上打算降低海塘捐，同时省当局之意图乃是想叫徽商把茶叶运上海，走那条老路线——即徽州、杭州、嘉兴、松江、上海。

1.从徽州运茶叶去上海每担①之水脚②

（1）经由杭州：

| | |
|---|---|
| 从徽州由船只去杭州 | 关平银0.35两 |
| 从杭州由运河船去上海 | 关平银0.10两 |
| | 运费共计：关平银0.45两 |

（2）由义桥到宁波：

| | |
|---|---|
| 从徽州由河船运至义桥 | 关平银0.35两 |
| 由义桥经两次运河船转运 | 关平银0.20两 |
| 从宁波搭汽轮去上海 | 关平银0.40两 |
| | 运费共计：关平银0.95两 |

2.从徽州上轮船运外洋之每担茶叶之海关、地方税捐

（1）经由杭州：

| | |
|---|---|
| 在产地安徽征"洋庄落地税"每引（120市斤） | 关平银2.48两 |
| 洋庄落地税　每担 | 关平银2.07两 |
| 皇家丝织厂税 | 关平银0.13两 |

---

① 担，市制重量单位，旧制一百斤为一担，今以百市斤为一市担。

②《宋史·食货志》下二中有记载，"尽取木炭铜铅本钱及官吏阙额衣粮水脚之属，凑为年计"。清代李伯元的《官场现形记》第十回写道，"办好的机器，如果能退，就是贴点水脚，再罚上几个都还有限"。水脚，即指水路运输费用。

| | |
|---|---|
| 茶叶过杭州 海塘捐每担1两，另加倾溶费0.2两 | 关平银1.20两 |
| 上海地方税 | 关平银0.30两 |
| 出口税 | 关平银2.50两 |
| 税捐合计：关平银8.68两 | |

（2）经由义桥和宁波：

| | |
|---|---|
| 安徽当地地方税 | 关平银2.07两 |
| 支援皇家丝厂税（在杭州征） | 关平银0.13两 |
| 出口税 | 关平银2.50两 |
| 税捐合计：关平银4.70两 | |

从以上可以看出经杭之水脚、税捐每担为关平银9.13两，而经由宁波之水脚、税捐则是关平银5.65两，即从宁波这条线路可以节省每担关平银1两。可见，一条茶叶运输路线的形成，是与交通成本和税捐成本有关联的。

关平银，又称"关平两""关银""海关两"，清朝中后期海关所使用的一种记账货币单位，属于虚银两。清朝时期，中国海关征收进出口税时，原无全国统一的标准。各地实际流通的金属银成色、重量和名称互不一致，折算困难，中外商人均感不便。为了统一标准，遂以对外贸易习惯使用的"司马平"（"平"即砝码），又称"广平"，取其一两作为关平两的标准单位。一关平两的虚设重量为583.3英厘或37.7495克（后演变为37.913克）的足色纹银（含93.5374%纯银）。海关在征收关税时，依据当地实际采用的虚银两与纹银的折算标准进行兑换，关平银每100两在上海相当于规元110两4钱，在天津等于行化银105两5钱5分，在汉口约等于洋例银108两7钱5分。但是关平银的实际计算标准并不统一，即使同一海关在同一时期用同一地方银两纳税，兑换率往往也不一致。例如同治、光绪、宣统三朝50年间，天津海关收税，对中国商人以行化银106两5分折关平银100

两的标准征税，外国商人则为行化银105两折算关平银100两，俄国商人缴纳茶税时则为行化银103两折算关平银100两。①1930年1月，民国政府废除关平银，改用"海关金单位"作为海关征税的计算单位。

开化居钱塘江源头，钱塘江分为三段，分别是上游新安江、中游富春江、下游钱塘江。开化境内的主要河道马金溪至华埠后，水面豁然开朗，有利于大型船只的停泊和航行，故而华埠成为开化茶叶主要的输出和交易地。船由华埠出发过常山港经衢江而入新安江，最终至钱塘江后沿运河或北上或至沪出海。上海，作为开化茶叶外销的主要窗口，开化华埠茶和徽州茶、祁门茶、平水茶、浙江茶、宁州茶、玉山茶、德兴茶、两湖茶等我国传统名茶一起打包入箱在沪外销。

水路的便利，不仅有力地促进了开化茶叶的对外销售和宣传，而且还带动了相关行业的兴起和发展，如转运行。华埠首家转运行为德源行，其后有王慕堂、江荣春、翠丰行，都以转运江西邻县的货物为主。

开化位于仙霞岭东麓，上接遂安、下连常山，越仙霞岭西则和德兴、休宁、玉山、婺源等著名产茶区域毗邻。开化境内，虽水路通达，由华埠沿马金溪而上过县治经马金就可以进入安徽休宁，即可到达屯溪。但是，马金溪至华埠以下可航行12.5吨的木船，溯江而上，华埠至县治则只能航行7.5吨的木船，而县治以上更是减至可航行载重2.5吨的木船。故而，凡运往皖赣等地的货物，先从水路运至华埠，再肩扛车拉至以上各地，是为陆路。又因开化多山，言之陆路，不如谓之山路更贴切和妥当一点。

《衢州府志》记载，开化的驿站分别为：县治东十里为县前铺，南门外十里为溪盘铺，又十里为后苔铺，又十里为孔铺，又十里为玉

① 甄晞冬：《近现代天津经济与金融概况》，《经贸实践》2016年第2期。

头铺（即常山界）。从县东门出发走的是水路，从县南门出发走的是陆路，从南门出发而与各个驿站连接起来的是一条官道，和前面陆路由县南门出相互印证。

由此，开化茶叶销往外地一般有三条路径，一条运往上海，一条运往温州，一条运往鄱阳湖。诚如上文所述，从华埠沿马金溪而下，沿运河可达上海，沿婺江过丽水可达温州。上海和温州，都是开埠以后我国主要的外销窗口，而江西鄱阳湖则是传统的茶叶贸易集中地，其最有名者莫过于浮梁了。

在浮梁和开化之间，还有一个在唐以后兴起的茶叶集散地，谓之屯溪。由华埠沿马金溪而上过县治经马金古镇入安徽休宁，即可到达屯溪。这是一条艰险的山路，需要挑担跋涉。徽开古道，连接了开化和安徽两地，是一条历史悠久的商贸之路。

徽开古道，据传始于明末清初。晚清，有不少徽商沿着这条古道到达开化从事特产商贸，沿途留下不少古驿站的遗址。宋朝时这条古道还是条泥路，行走不便。到了明朝，有个叫汪致洛的徽商出资修建了石板路。徽开古道基本上用石块铺成，宽度在1米到1.5米，至今依然保存完整。徽开古道在物资交流、人员交往、信息传递等方面曾经发挥了重要作用。

由西门出城，过太平桥西南行，沿丰乐水直上，绕圣僧庵，经七里头、冷水铺、梅村至岩寺。自岩寺再向南行，经于村至篁墩，转向西南行，进入屯溪。由屯溪再南行，经阳湖、临溪、汉口至珍源（古为休宁、开化县界），再前行，越马金岭，就可直趋开化县城。

明清以降，徽商富甲江南。徽商的足迹遍布天下，素有"无徽不成商，无徽不成镇"之称。由于安徽徽州与浙江衢州地壤相接，水路主要沿着从徽州发源的新安江顺流而下，经兰江沿衢江往西，即到达衢州府城。陆路从徽州府出发，一路由婺源县经白沙关、苏庄进入开化县。另一路由屯溪、休宁县经马金到达开化。并由开化进入常山、江山等县，由常山县可到达江西省玉山境。①

清初诗人朱彝尊在《常山山行》诗中就有"常山玉山相去百里许，山行十有九商贾，肩舆步担走不休，四月湿风汗如雨"，可见当时路途之辛苦。而由江山县过江郎山，经仙霞岭，即可到达福建省的浦城县和建宁府。

徽开古道的起点屯溪，位于安徽省南部，古属休宁县治下，因三国时吴国大将毛甘、黄盖"屯兵溪上"而得名，地处白际山、天目山、黄山之间的休屯盆地，扼横江、率水与新安江汇合，东北、东南分别与徽州区、歙县毗邻，其余均与休宁县接壤。

历史上屯溪以其水运畅通的优势而成为皖南山区物资集散地和经济中心，明朝嘉靖二十七年(1548)时，屯溪已是我国著名茶市之一，被称为"茶务都会"。1920年屯溪有100多家茶商经营绿茶，有"屯溪船上客，前渡去装茶"之说。徽州六县、浙西、赣北之绿茶在此集散，故又有"屯绿"之说，国际茶市称为屯溪茶。"屯溪绿茶"是一个地域品牌，不是屯溪生产的绿茶产品的简称，这一点和浮梁茶市有相似之处。开化所在的遂淳茶叶产区因毗连皖南之徽屯，产品亦类似，因此茶界曾将遂淳绿茶区归入屯溪绿茶区。于是，和屯绿就有了渊源。

---

① 祝碧衡：《论明清徽商在浙江衢、严二府的活动》，《中国社会经济史研究》2000年第3期。

第十章
高山好茶

不知泾邑山之涯，春风茁此香灵芽。两茎细叶雀舌卷，蒸焙工夫应不浅。宣州诸茶此绝伦，芳馨那逊龙山春。一瓯瑟瑟散轻蕊，品题谁比玉川子。共对幽窗吸白云，令人六腑皆青芬。长空霭霭西林晚，疏雨湿烟客不适。

——（清）汪士慎　《幼孚斋中试泾县茶》

绿茶金三角

　　汪士慎（1686—1759），清代画家，扬州八怪之一。他在这首诗中提到的泾县，今属安徽省。其县东南涌溪山一带主产茶，在明成化年间便已美名远扬，现为名茶涌溪火青茶的产地。宣州，地处安徽东南，位于永阳江中游，所辖广德、郎溪、泾县、旌德、绩溪五县，属古茶区。宣城敬亭绿雪、郎溪瑞草魁、泾县涌溪火青、泾县特尖均属历史名茶。汪士慎在幼孚斋中品尝泾县茶，并认为在宣州所产的茶中，此茶最为绝伦，芬芳气息一点都不比龙山春差。这里的龙山春也是茶名，就产于浙江开化。由此可见，在清代，开化茶的口碑就已经极好了。

　　据《衢州府志》记载，开化东至淳安，西至江西饶州府德兴县，南至常山县，北至徽州府休宁县，西南至江西玉山县，东北至严州遂安县，西北至徽州府婺源县。德兴、休宁、玉山、婺源、遂安，这一圈都是传统的产茶区，吴觉农先生称之新安江流域产区，是中国绿茶生产的黄金地带。于是，有学者就提出了"中国绿茶金三角"的地理概念。

　　最早提出"中国绿茶金三角"一词的是英国著名的有机茶专家乔·达亚美尼亚（Joe d'Armenia），2003年他来到中国浙赣皖三省

交界的产茶山区考察时，提出了这一概念。他所指的地区，系安徽休宁县、浙江开化县、江西婺源县交界的山区。这里地处中纬度地带，属北亚热带季风气候，雨量充沛，四季温差小，昼夜温差大。境内森林覆盖率超过78%，海拔千米以上的山峰一百多座，是优质高山生态茶的主产地，种茶的历史均超过1200年。2004年在江西婺源召开的国际茶叶论坛上，著名茶专家程启坤先生也提出了"绿茶金三角"的观点，并用化学分析的数据证明这一地区的绿茶品质十分优秀。

"绿茶金三角"这个文化空间区域概念的提出，和北纬30度有一定的关联。北纬30度上下波动5度所覆盖的地域，这一地带横穿古中国、古埃及、古巴比伦和古印度四大文明古国，曾经产生过这个星球上最为璀璨的古代文明，并且汇聚了中国古蜀三星堆文明、埃及金字塔、巴比伦空中花园、百慕大三角等世界级的奇观与秘密。而这一纬度，也是中国大量名优茶的产地（见表10-1）。

表10-1　　　中国各大名茶产区所处纬度[①]

| 茶名 | 纬度 | 茶名 | 纬度 |
|---|---|---|---|
| 黄山毛峰 | 北纬29°43′ | 碧螺春 | 北纬28°30′—30°20′ |
| 祁门红茶 | 北纬29°89′ | 君山银针 | 北纬31° |
| 六安瓜片 | 北纬31°44′ | 安化黑茶 | 北纬30° |
| 安溪铁观音 | 北纬23°30′—28°22′ | 云南普洱 | 北纬21°90′—29°01′ |
| 西湖龙井 | 北纬30°16′ | 蒙顶甘露 | 北纬29°59′ |
| 开化龙顶 | 北纬29°15′ | 庐山云雾茶 | 北纬29°26′ |

18世纪末，英国人为了平衡中英贸易而引种并生产茶叶，著名植物学家班克斯爵士即指出适合种植茶叶的范围在北纬26度到35度

① 根据中国各大名茶采摘标准资料，笔者整理成表。

之间，并把印度东北部毗邻不丹的山区确定为整个次大陆最适宜种茶的地区。

适合种植茶叶的地区，主要包括中国华南茶区、西南茶区、江南茶区、江北茶区、印度东北部及斯里兰卡等地。中国的绝大多数名茶和优质茶均产自北纬30度的茶区，从北纬18度的海南三亚到北纬37度的山东青岛崂山，21个省市自治区都产绿茶。其中浙江、安徽、江西、四川、湖北、湖南、福建、江苏、广西、重庆、贵州、河南、陕西都是绿茶主产区，而浙皖赣三省交界的高山茶区则是中国传统优质出口绿茶的集中产地。

按照程启坤先生在2008年上海豫园首届国际茶文化艺术节高峰论坛上发表的专题报告《绿茶金三角及其优势》，他认为所谓"绿茶金三角"是指浙皖赣三省交界的盛产优质高山生态绿茶的三角形地域，可分为三个层次：小三角、中三角和大三角。其中，小三角是"绿茶金三角核心区"，包括安徽休宁、江西婺源、浙江开化及其周边地带。中三角即为"绿茶金三角"，是传统出口绿茶品质最优秀的屯绿、婺绿、遂绿的主产地，包括安徽黄山地区、江西上饶和景德镇以及浙江衢州地区和淳安建德一带。大三角是绿茶金三角的外延地域，可称为"泛绿茶金三角"，是指浙皖赣三省北纬28度到32度范围内盛产优质绿茶的大三角形区域，包括浙江的大部分区域、江西的东北部、安徽皖南及皖北沿江部分地区。小三角区域是跨省交界核心区域，三个产区安徽休宁、江西婺源、浙江开化，均是历史悠久的产茶地。[①]

休宁早在唐代就盛产茶叶，是歙州茶的主产地之一。休宁松萝茶作为卷曲形炒青绿茶的鼻祖，创制于明初。到明代中后期，松萝制法传至江西、福建、湖北等许多茶区，都叫"松萝茶"。松萝茶出口

---

① 程启坤、姚国坤：《绿茶金三角及其优势》，"上海市茶叶学会2007—2008年度论文集"，2008年6月，第108-110页。

始于清代康熙年间，出口茶中有一个圆珠形的茶叶花色，就称"贡熙"，据说是进贡康熙皇帝的贡品茶。当时中国最早出口欧洲的茶叶就是松萝茶和武夷茶。

江西婺源，因地处婺江之源，故称婺源。婺源在唐代时归歙州管辖，北宋宣和三年（1121）改歙州为徽州，元代称徽州路，明代改成徽州府沿至清代。到1915年改为第五行政区，隶属安徽省。1934年划归江西省，1947年又划归安徽省，1949年5月又划归江西省至今。婺源产茶历史悠久，唐代陆羽《茶经》卷下《八之出》称，"歙州（茶）生婺源山谷"。《全唐文》载刘津《婺源诸县置新城记》称，"太和中，以婺源、浮梁、祁门、德兴四县，茶货最多"。可见，早在唐代，婺源已是我国著名的茶区。到了宋代，婺源生产的绿茶，已成为全国为数不多的绿茶精品。《宋史·食货志》中记载，"顾渚之紫笋、毗邻之阳羡、绍兴之日铸、婺源之谢源、隆兴之黄龙、双井，皆绝品也"。到了明代，婺源所产的散叶茶，有芽茶有叶茶，名目众多。明末清初，被誉为婺源绿茶的"四大名家"，即溪头梨园茶、砚山桂花树底茶、大畈灵山茶和济溪坦源茶，曾作为贡品，每年进贡量约有五千斤。

学术界目前对于"绿茶金三角"的研究极少，仅停留在空间概念的提出，对于这个生产空间如何形成，以及如何从文化贸易、生产生活、跨省传播等角度对这个文化圈解读还很欠缺。事实上，乡民们之间早就因为茶叶而频繁互动，无论是贸易还是婚嫁。在苏庄镇我们遇到一位四十多岁的占女士，她便是从婺源嫁到了开化。家中有六亩茶山，日常生计以鲜叶采摘为主，茶叶是她维系夫家和娘家的重要纽带。这样的跨境婚嫁例子在当地还有很多，从马金到苏庄、华埠，都可以遇到来自安徽和江西的婚嫁女，婚姻的联谊让这个小三角的联系更为紧密。

书院茶儒

马金虽是山区，地处偏远，但这里民风淳朴，崇学尚儒，书院文化兴盛。茶与儒士之间的故事，比比皆是，特别要提到宋代理学家朱熹和包山书院。

朱熹（1130—1200），江西婺源人，孔孟后影响最大的儒学思想家。他任官十多载，其余四十多年从事讲学和著述。他在训诂考证、经学、史学、文学、乐律以及自然科学方面都有一定的贡献，在哲学上继承和发展了二程（程颢、程颐）学说，建立客观唯心主义的理学体系，世称"程朱学派"。

受父亲影响，朱熹也是一位嗜茶爱茶之人，晚年自称"茶仙"。他与茶的结缘可以说是家传，在他降生的第三天，家人以宋代贡茶"月团"，行"三朝"洗儿之礼。

由于婺源与开化接壤，朱熹曾多次到开化的包山书院，或开坛讲学，或视察灾情，或登临赋诗。包山是开化县马金镇溪西的一座大山，山上林木郁葱，有几处悬崖峭壁。山的四周有平坦开阔的马金畈、姚家畈、星田畈、徐塘畈和霞山龙村畈等一万多亩粮田，马金溪穿畈而过。由于此山在四周许多村庄包围之中，所以人们称为"包山"。唐代以后，这里一直是马金村汪氏族人的聚居地，俗称"包山故里"。

《开化建设志》中记载了包山听雨轩的位置，位于马金镇之包山东麓。南宋淳熙元年（1174），曾任朝廷讲义校尉检法官的包山人士汪观国，荣归故里，与其赋性颖悟、博学广闻的国学进士弟弟汪杞一起，在其居之左共同建造"逍遥堂"义塾，为论道游燕、课读子弟之所。汪氏是马金镇上的大族，亦是一个迁移到开化定居的氏族。汪氏以苏东坡"听雨"诗句为名，以轩匾曰：听雨（即听雨轩）。

是年，东莱吕祖谦在金华讲学后，应好友汪杞之邀来此讲学。淳熙二年（1175），"鹅湖之会"结束后，朱熹应邀偕其夫人胡氏前来听雨轩讲学。6月，吕祖谦为了调和朱熹"理学"和陆九渊"心学"之间的理论分歧，使两人的哲学观点归于一，于是出面邀请陆九龄和陆九渊兄弟前来与朱熹见面，在信州鹅湖寺举行了一次著名的哲学辩论会——鹅湖之会。会后，大家余兴未尽就有了包山之约。从现在的铅山县到开化县，约155千米，途经上饶。为何会选在开化，朱熹给吕祖谦写了一封信，就相会地点等相关事宜商议，说须得一深僻去处，停留两三日乃佳。自金华不入衢，径往常山，道间尤妙。最后定在开化的包山书院。淳熙三年（1176），朱熹往婺源祭扫先祖墓后，过常山径往开化。后同吕祖谦约会于开化县北的听雨轩，陆九渊等再度来到听雨轩讲学和研讨学术，历史上称之为"三衢之会"。

包山书院一带山路崎岖，景色突兀而现，暮色尤甚。黄昏时分，朱熹轩外赏荷。登顶入轩，水雾缭绕。陆九渊的到来将鹅湖之会的问题带到包山之约，三贤之会的儒释之辩是鹅湖之会朱陆论辩回荡的一脉余波。

包山之约是东南三贤的最后一次聚会，越年，博学忠厚的吕祖谦带着对世事变幻的感喟，带着对听雨轩的怀念撒手西归。至1193年，因治学方法等观点不同而与朱熹辩论了一辈子却仍情同手足的陆象山也病死于金溪。"包山何幸伴傲竹，留得朱子三两载"，包山之约时间超过了朱熹的预设，达七八天。此后的十余年里，朱熹多次来包山讲学，四方学子纷纷慕名求学拜读其门下，朱熹亲自题写"听雨轩"匾额。同时，他也经常到当时马金所在的崇化乡和邻近村庄去游学。

正当四方名流与学子云集听雨轩时，朱熹的夫人胡氏不幸因病逝世于马金，朱熹在包山结庐守墓达九个月之久。朱熹万分悲痛，每日里除偶尔到邻近的书院游学之外，大部分时间都在著述或在爱妻墓前独坐，结庐守墓以志思缅，著名的《悼夫人》写出了他当时的心情。离开马金时，朱熹受到好友、门生弟子和马金父老乡亲夹道欢送，欣然写下一篇送别诗。

朱熹离别后，汪氏族人遵照他的学规学训，把书院办得红红火火。绍定六年（1233），汪氏又在听雨轩旁扩建学舍，并在听雨轩设朱吕灵位和塑像，供学子们朝拜。元统元年（1333）书院迁造于包山东麓。元至正十六年（1356）三月十六日竣工，复请于朝，赐额"包山书院"，旨敕汪观国后裔汪庆为山长。以后修缮多次，来此求学门生仍络绎不绝。与当时浙江著名的杭州西湖书院、东阳八华书院、婺州正学书院齐名，并列为浙江四大书院。明天启五年（1625），魏忠贤禁毁东林书院，政治迫害波及全国，开化马金亦深受影响。书院讲学之事日渐衰败，包山书院也因年久失修而圮废。清初时对书院采取抑制政策，康熙年间才逐渐变为严格监督下的积极发展。康熙十六年（1677），汪氏后裔汪公敬、汪元秋等人集资重建包山书院，历时十载。康熙皇帝闻讯，亲自为书院题写"学达性天""明伦堂""万世师表"等匾额。其规制宏丽，可与当时江南有名的南康鹿洞书院、广信鹅湖书院、吾遂瀛山书院相媲美。一时间，马金成为浙西文化教育中心。

书院是中国古代民间一种特殊的教育组织形式，最早出现在唐

代，宋代达到发展高峰。大多为乡间大家、望族所建之私塾，主要是
为了教育本族子孙。开化虽位于钱塘江源头，地处一隅，但其书院教
育十分繁盛，读书之风甚为浓厚。朱熹在马金讲学时间不长，但对马
金以至绿茶金三角地区的人民影响深远，在思想文化启蒙上起到了重
要的作用。清光绪年间的《开化县志》卷三记载："开虽小邑，而人
文萃于庠序，礼陶乐淑涵濡于教泽者深矣。圣朝诏建学宫，崇尚教
典，有加无已。士生其间，能无鼓舞而振兴乎！"

　　自宋以来，开化除县城有由政府兴办的学宫以外，城乡书院、
义学、书舍相继崛起，为开化培养了许多杰出的人才，仅两宋就
出了1位状元、1位榜眼、5位解元和145位进士，名将贤臣和儒
学名家亦有20多位。除学宫以外，还有22个书院分布于开化县各
乡间。

　　据开化县政协文史委课题组资料统计显示，自太平兴国六年
（981）建县至清末，开化历代较有影响的书院，宋代7所，元代3所，
明代3所，清代6所。历代开化学子在科举中文科进士212人，其中
状元2人。历代开化文人著作多达230部，其中《四库全书》存录的
就有14部，许多文化名人都有书院的学历。

　　朱熹在讲学期间，经常聚友斗茶品茗，以茶论道。他在齐溪的
大龙山曾即兴吟诗，采薪煮茗。大龙山，是现代开化龙顶茶的发源
地，也是历史上早已有之的茶产地。朱熹的这首五言诗，是一首茶
诗，描绘了他当时煮泉品茗的情景。大龙山上的泉水，犹如天上的飞
泉，流动奔腾。砍山上的柴，用来煮绝世茶品，品茗消愁敬谢陆羽，
何时可以来此地重游。朱熹在此诗中，将大龙山的茶叶称之为绝品，
对开化的风土相当赞赏。

　　汪观国、汪端斋兄弟对程朱理学甚为推崇，极力挽留朱熹讲学，
汪观国还让自己的两个儿子端出热茶侍奉，意为拜师。朱熹品过茶
后，只觉滋味浓醇鲜爽，清香幽溢舌尖，再观茶色，嫩绿清澈，三水

过后香气仍清高持久，不禁大为赞叹。他在汪氏一家的引领下游览了
汪氏茶园，茶园位于包山北麓的缓坡上，湍急的马金溪在山脚下流
过，可谓人在画中游。朱熹号为"茶仙"，知道这里是非同一般的种
茶佳地，便挥毫写下"携籝北岭西，采撷供茗饮。一啜夜窗寒，跏趺
谢衾枕"。胡氏去世后，朱熹变得沉默，甚至消极。每日里大部分时
间都在种茶采茶，以茶自娱，以茶待客，品茗吟咏。其间他借品茶
喻求学之道，通过饮茶阐明"理而后和"的大道理。他说，"茶本苦
物，吃过却甘。问，此理如何？曰，也是一个道理，如始于忧勤，终
于逸乐，理而后和。盖礼本天下之至严，行之各得其分，则至和"。①
离包山不远的石柱村口有个茶亭，亭内有"铭茶石"。朱熹常在此设
茶宴，斗茶吟咏，以茶会友。亭上有朱熹所题的"问津亭""知道处"
两块匾额，意为品茶，更是品人生。②

　　淳熙五年（1178），宋孝宗任朱熹知南康军兼管内劝农事。淳熙
六年（1179）三月，朱熹到任。淳熙七年（1180）开化大旱，朱熹
前来视察灾情。淳熙八年（1181）二月，陆九渊拜访朱熹，相与讲
学白鹿洞书院。八月，时浙东大饥。因朱熹在南康救荒有方，宰相王
淮荐朱熹赈灾，提举浙东常平茶盐公事，简称"提举茶盐司"。"茶
盐司"，别称"仓司""庚司""庚台"，是宋代官署名，主管常平及
茶盐事务，与转运司、提刑司、经略司并称监司，为路级机构。崇宁
元年以后茶、盐管理机构分合无常。南宋绍兴十五年正式定名，基本
职能为掌茶盐之利，以充国库。主钞引之法，据其实绩考核、赏罚茶
官。南宋时，分主常平、茶盐事，因而又分称"常平干"和"茶盐
干"。该司建立五年间(1112—1116)，茶利高达一千万缗，成为当时
财政收入的主要来源。

---

① 洪忠佩：《中国茶：叶脉与意境》，《中国青年报》2017年11月30日第04版。
② 程启坤、姚国坤：《绿茶金三角及其优势》，《农业考古》2008年第2期。

朱熹任提举两浙东路常平茶盐公事后，微服私访，途经开化，调查时弊和贪官污吏的劣迹，弹劾了一批贪官以及大户豪绅，减免了开化茶农的赋税，深得开化茶农的爱戴。晚年朱熹为躲避"庆元学案"，赋诗题匾，往往不敢签署真名，常以"茶仙"署名落款。①

朱熹是理学大师，他以茶论道传理学，把茶视为中和清明的象征。以茶修德，以茶明伦，以茶寓理，不重虚华，崇尚俭朴，更以茶交友，赋予茶更广博鲜明的文化特征。朱熹一生以清贫著称于世，历代学者以"朱子固穷"颂扬之。朱熹曾写下"渝茗浇穷愁"，他的生活准则乃是"茶取养生，衣取蔽体，食取充饥，居止取足以障风雨，从不奢侈铺张"，粗茶淡饭，崇尚俭朴。在讲学之余，常与同道中人、门生学子入山漫游，或设茶宴于竹林泉边，亭榭溪畔，临水品茗吟诵，是真正的茶人风范。

清嘉庆十九年（1814），由马金后山村贡生朱鸣鹤倡议，崇化（即现马金片的二镇三乡）合乡捐资，在包山之南麓，又创建了崇化书院，后毁于兵乱。

1949年前，包山书院和崇化书院的大量石碑石刻均散落在荒野之中。据当地老人回忆，1958年建造一座电站时，把当时散落的包山书院和崇化书院的石碑20余块作为涵洞盖板。后来在电站涵洞上方又修建渠道，这些石碑就被埋没在渠道堤坝下。2010年1月14日，20余位工作人员小心翼翼地将渠道挖开后，使用大木棒等不会伤及石碑的工具，数十人合力用吊、撬等原始方式挖掘出了4块石碑。一块刻有"崇化书院碑记"的最大石碑出土。这块石碑长2米，宽1米，重约千斤，需要12个壮劳力才能抬动。其余石碑字迹相对模糊，能辨认出关于包山书院和崇化书院的内容。目前，马金镇重新对包山书

---

① 张经武：《从碧水丹山到禅茶一味：论武夷茶种植文化的内核》，《艺苑》2015年第2期。

院和崇化书院散落的碑文石刻进行发掘，用于建立包山文化遗迹陈列场。不过，在我们田野调查期间，曾试图寻找当年书院旧址而不得。村中汪氏后人，只能告诉我们大致的方位。唯见远处树木葱郁，林荫叠翠，书院茶香却停留在浩瀚历史中了。

山茶与园茶

　　唐代陆羽在其所著的《茶经》一书中，对茶叶的起源、加工、饮用、种植乃至逸事，都予以详尽的说明和介绍，成为后人研究茶叶及其文化不可或缺的著作。对于茶树的种植生长环境，陆羽云"其地，上者生烂石，中者生砾壤，下者生黄土"。也就是说，茶叶在烂石中生长出来的最好，其次是在砾壤，最次是生长在黄土中。

　　何为烂石？即山石经过长期的风化以及自然的冲刷作用，使得山谷石隙间积聚起含有大量腐殖质和矿物质的土壤。这种土壤土层较厚，排水性能好，土壤肥沃。何为砾壤？是指砂质土壤或砂壤，土壤中含有未风化或半风化的碎石、砂砾，同样排水、透气性能较好，但含腐殖质不多，肥力中等。何为黄土？即黄壤。这种土壤在我国南方最为多见，其含腐殖质较少。相对应的，茶也可称为石茶、山茶和园茶。

　　开化的茶叶也有石茶、山茶和园茶之分。山茶出东乡，叶细而味淡。园茶出北乡，叶粗而味厚。嘉庆年间《西安县志》物产类中记载，"西邑出茶不多，惟北山者佳者"①。开化居万山之中，无平原沃野之饶。本非平原，且又多水患，高山种茶已成为必然。据《华埠镇志》中记载，山地多低山丘陵，土壤以红壤为主，大多由砂岩、页岩风化而成，在山麓多分布种植了茶叶、柑橘、板栗等植物。②

关于石山，开化较为典型的石山有台石山。台石山，在县北十里，山之东有台石，依山临流。《西安县志》中称之为"崔巍烟云，天然武夷"。还有西岩，宋代程俱有诗对西岩的描写为"朝见云飞檐，暮见云生础"。西岩位于开化县大溪边乡阳坑口村，广五丈，深不可量，中有三窍，怪古万状。西岩山上的洞顶有一线清泉，右侧有小的入口，人弯腰屈身可以进入洞中。走数十步，则别有洞天，宋代的程俱曾经隐居于此。清同治年间，创建崇文书院于岩前。

《西安县志》中关于西岩的描述，在唐代李白《答族侄僧中孚赠玉泉仙人掌茶》一诗的序中也可见。李白在序中写道："荆州玉泉寺近清溪诸山，山洞往往有乳窟，窟中多玉泉交流……其水边处处有茗草罗生……此茗清香滑熟……所以能还童振枯，扶人寿也"，"惟玉泉真公常采而饮之，年八十余岁，颜色如桃李"；诗云"常闻玉泉山，山洞多孔窟……茗生此中石，玉泉流不歇。根柯洒芳津，采服润肌骨"③。山好石好水好茗好，故常采而饮之，能还童振枯，扶人寿也。虽年八十余岁，仍面容姣好若桃李。这里所指的石茶，是生长在洞穴中溪流边的茶树。

茶叶生长不仅依靠土壤和排水，对于光照和周边其他的植被也有一定的要求。陆羽认为茶叶种植以"阳崖阴林"为佳。他认为，那些在山间背朝太阳的坡地和低地的茶叶不能采，因为这些茶叶性寒凝

---

① 　（清）姚宝奎等修，范崇楷等纂：《浙江省西安县志》，台湾成文出版社1970年影印本，第797页。
② 　《华埠镇志》编纂小组编：《华埠镇志》，浙江人民出版社2003年版，第16页。
③ 　《中国历史上的名优绿茶（上）》，《农民日报》2011年10月13日第6版。

滞，易使人生病。作为一种常绿灌木和小乔木，茶树适宜生长在山坡丘陵地带，性喜温湿，对日照也有一定的要求。而高山，尤其向阳的一面日照充足，云雾缭绕，雨水充足。既有充足的阳光（阳崖），又不至于日晒过多而造成茶叶脱水或者晒焦，要有高大的乔木为其遮阴（阴林），是故，谓之"阳崖阴林"。这样长出的茶芽肥嫩鲜美，制出的茶品亦佳。

在开化县西七十里有山名曰云雾山，与江西德兴、玉山两县交界，和玉山同系怀玉山脉。山上云蒸霞蔚，雾锁灵峰，乔木有红豆杉、灌木有茶树等。《开化县志》描述云雾山时有这样一段文字记载，"明万历后，屡诏采木，知县王家彦力争而止"。这说明，从万历开始，云雾山上的树木就因为出类拔萃而成为贡木。

"贡木"一说古已有之，当年秦始皇征诏各地名贵的树木来建阿房宫。据史书记载，神宗亲政后，深居宫中荒淫享乐，政治腐败，如秦始皇一样征诏各地名贵树木来修建亭台楼阁。所以"屡诏采之"，多次下旨要征诏云雾山的树木，这样的事情一直持续到天启年间。朱由校，庙号熹宗，年号天启。这位木匠皇帝，不仅自己喜欢做木工，而且还精于对木材的鉴定，收尽天下良木于彀中，是他毕生追求。

"屡诏采之"的事，一直持续到天启二年开化知县王家彦的出现。在明代天启二年的《衢州府志·职官志》中关于宋以后开化知县的名单，有这样的记载，"王家彦，天启二年任开化知县，福建莆田进士"。王家彦在任开化知县期间，对于天启皇帝"屡诏采之"一事，不是如宋时的丁谓一般绞尽脑汁、挖空心思制作出各类龙团凤饼取悦龙颜，而是力争而止。古人写志，惜墨如金，如《春秋》般微言大义。一个为民请愿、刚正不阿的清官形象通过这四个字便跃然纸上。在《衢州府志》中还有一段关于王家彦的史料。天启四年，也就是王家彦任开化知县的第三年，开化县遇大水，知县王家彦出存库谷价银赈之。[①] 有此知县，实乃开化之幸、白姓之福。

高山出良木，同样，高山也出好茶。云雾山上的树木为万历、天启等皇帝定为贡木，说明云雾山的自然环境、水土气候极宜植被的生长。云雾山既有充足的阳光，又有充沛的雨水，再加之有乔木为之遮阴，这样长出的茶芽肥嫩鲜美，制出的茶品亦佳。正如前面所提到的，阳崖阴林是茶树成长最佳环境。

现代研究和实践还表明，茶树的种植也需要间种，茶叶极易吸收周边植物的气味。如在茶树间间种桂、樟等树木，可以使茶树在生长过程中充分吸取这些树木的香气，使茶叶具有天然的清香。云雾山上不仅有红豆杉这种名贵的树木可为茶树遮阴，而且还有香果、板栗等植物可以为茶叶增添自然清香。茶树在茂密的树林中成长，与松竹百花相伴，日久天长，就有松竹的清香或兰菊的雅韵。茶的区域性很强，不同山脉产出的茶，味道也不尽相同。苏庄石耳山、齐溪中山、杨林南华山等地的野茶，具有清灵飘逸、花香悠远的特点。林山白石尖、金村王母山等处的野茶，则口感醇厚，回甘持久。正所谓：钱江有水好为饮，源头无山不宜茶。

高山云雾确实对茶树的生长是有利的，生长环境对茶叶的品质有很大影响，茶味会随着生长地的土质、水分、气候、阳光等条件的改变而发生变化。首先是土质，土壤是茶树生长的自然基地，茶树所需的营养和水分均从土壤中获得。茶树喜酸性土壤，PH值4.5—6.5为适宜，且排水要好，在这样的酸性土壤中茶树会生长得比较好。气候也是很重要的一点，茶树生长要求湿润气候，雨量充沛、多云雾。海拔较高的山，云雾缭绕的时间越多，水分也就越足，气候就会比较湿润。茶树对温度和热量也有一定的要求，喜欢温暖的气候条件。温

---

① （明）林应翔等修，叶秉敬等纂：《浙江省衢州府志》卷2《职官》，台湾成文出版社1983年影印本，第68页。

度决定着茶树酶的活性，进而又影响到茶叶营养物质的转化和积累，不同气温条件下鲜叶中茶多酚、氨基酸等的含量也不一样。在适当的温度条件下，茶树才能生长良好。

高山茶正是受到了海拔、地域和气候的影响，才具有蕴含物质丰富、鲜爽度高、香高味酽、美观耐泡的特点。在这样的环境中孕育的开化龙顶茶才具有特殊的香型，而上品开化龙顶茶有兰香、板栗香（见图10-1）。

图10-1　美丽的开化现代茶园

虽然茶具有文化属性，但在消费市场，茶仍未脱离其农产品属性。相比茶叶的外形，产地生态依旧是消费者在采购茶叶时的首选，也是茶品牌溢价的重要元素。[①]开化茶的品牌知名度，也正是得益于其优良的生态环境，正所谓高山出好茶。

---

① 沈学政、金雨婕、苏祝成：《基于AHP和PSO方法的茶企业品牌溢价因素定量研究》，《茶叶科学》2020年第1期。

茶出金村

元代印学宗师吾丘衍（1272—1311）曾在他的《陈渭叟赠新茶》中，对开化上品的芽茶有一番赞美。

"新茶细细黄金色，葛水仙人赠所知。正是初春无可侣，东风杨柳未成丝。"吾丘衍原为开化华埠人，好古学，通经史，精书法，工篆刻，与赵孟頫齐名。家有一小楼，楼上四壁皆书，他整天坐读其中无倦意。吾丘衍的性格很怪异，与其左眼盲、右脚跛有关，极少有同伴。年过四十，方才在不知情的情况下娶了已婚的妻子，五年后因卷入妻父造伪钞之事而被捕受辱。这首《陈渭叟赠新茶》，是他仅存诗歌中的一首茶诗。黄金色的新茶，很纤细娇嫩，乃是知己所赠，恰好带给"无可侣"的他一份欣慰。这份茶叶寄来得甚早，在东风中摇曳的杨柳尚未抽丝，新茶就已到了案头。可见，当时对于采茶时间的早晚已经很讲究。

开化茶品质之好，自古有名。

开化境内，山如驼峰，水如玉龙。放眼望去，满目苍翠，"晴日遍地雾，阴雨满山云"。据崇祯四年（1631）《开化县志》记载，"茶出金村者，品不在天池下"，便强调了开化茶的品质质量（见图10-2）。

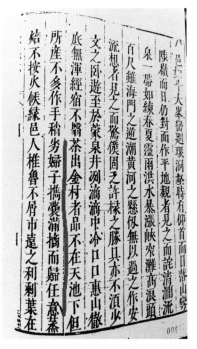

图10-2 《开化县志》中提到"茶出金村者"

天池名茶有二，分别出自姑苏天池山和庐山天池寺，与虎丘、松萝、龙井等齐名，是明清时备受青睐的佳茗。[①]明代顾起元《客座赘语》记载天下名茶有"吴门之虎丘，天池，之庙后、明月峡，宜兴之青叶、雀舌、蜂翅，越之龙井、顾渚、日铸、天台，六安之先春，松萝之上方、秋露白，闽之武夷、宝庆之贡茶，岁不乏至"[②]。许次纾在《茶疏》中写道："天下名山，必产灵草。江南地暖，故独宜茶。大江以北，则称六安。"[③]明万历时曾任颍上县知县的屠隆在《考槃余事》之"茶品"中将"虎丘""天池""阳羡""六安""龙井""天目"列为全国六大佳品。明万历时太监刘若愚记明宫中的"饮食好尚"，曰，"茶则六安、松萝、天池、绍兴岕茶、径山茶、虎丘茶也"[④]。

"茶出金村者，品不在天池下"，意思是金村所产的茶，品质比天池名茶还要上乘。

---

① 韵友：《九曲芹江旋玉带，一围青山衔明珠——"龙顶名茶之乡"浙江开化纪游》，《农业考古》2008年第2期。
② 黄一斓：《异彩纷呈的明晚期民间日常生活——基于同期小说材料的考察》，博士学位论文，浙江大学，2007年，第66页。
③ 中国西安新城区《唐代茶史》编撰委员会编：《唐代茶史》，陕西师范大学出版总社有限公司2012年版，第223页。
④ 关传友：《明代六安的茶业》，《皖西学院学报》2016年第3期。

那么，金村在哪儿？

明代《衢州府志》中记载，金村王母山在县东十五里，山半有灵湫，俗谓之天井。湫，即水潭。何谓灵湫，应是当地人认为此潭是有灵性的。何谓灵性？水之不竭，所以俗谓天井。这个天井有两层意思，一即天然形成的水潭，另一层是大如天的意思。因为这个潭不仅面积大，而且常年不枯、用之不竭，乡民认为是神井。用之不竭的神井，便认为其有灵性，故名其灵湫。

"金村者"指现在的金村乡，位于开化县城东北九千米处。金村出名人，其中大名鼎鼎的学者方豪就是金村乡人，他还是一个不折不扣的茶儒。

方豪，字思道，号棠陵。为人刚正不阿、清廉有嘉。正德三年（1508），方豪进士及第，在刑部四川司办事两年，历任昆山知县、沙河知县、刑部主事、湖广等处提刑按察使司金事、福建提刑按察使司副史等职。正德十三年（1518）升授刑部湖广司主事。正德十四年（1519）因谏阻武宗南巡，被罢归故里。

方豪回到开化金村后，隐居于毛坞，饮酒赋诗会友品茗，以山水渔钓为乐，留下不少佳作。其间辑成《棠陵集》八卷，前六卷为文，后二卷为诗。嘉靖元年（1522）世宗登位，方豪被召回京师复任。嘉靖六年（1527），年仅四十五岁的方豪上疏乞归，获准告老还乡。他生平著作甚多，有《棠陵集》《断碑集》《昆山集》等十余种。在池淮镇芹源村的狮山岩石上，还留有摩崖石刻。

狮山俗称花山，山上石刻有五处。其中刻着"崇岗"两字的，每个字约一尺见方。还有一块石壁刻着"嘉靖八年仲冬福建按察副使方豪至"十五个字，每个字约五寸见方。据传，古时的芹源村是开化通往江西和福建的古道必经之地。有可能方豪任福建按察副使时，往返于开化与福建之间，路过芹源，看到山上岩石秀丽而刻的。

在位于卧佛山脚、西渠之畔的天香书院遗址内，有方豪于嘉靖六年(1527)题写的《访汪竹亭兼系四诗》。其一,"石几谁削平,宜诗亦宜酒。笔砚与杯盘,客来不须手"。其二,"层云何处来,忽堕吾池上。池风草可生,醉眼看摇样"。

正德十一年(1516)秋,适逢吾谨乡试夺魁,遂为吾谨贺,九日登西山,游灵山寺。吾谨是吾冔的孙子,终身不仕,而方豪又师从吾冔。时吾谨作诗,在《园趣亭寄兴》中写道:"梅叶初黄已渐零,木樨风过香满亭。石儿一卷南华经,隔竹茶烟出灶陉。"诗中提到的"茶烟",特指烧水煮茶、泡茶时产生的烟,茶水飘着一层烟雾。烟者,实云也,云和烟是古代隐逸文化的标志。云,凌空,向上,脱离凡尘,象征着更高境界。因此,文人们对茶烟的兴趣,是一种诗歌意境。灶陉,是指灶边突出的部分。由此可见,当时的吾谨正坐在园趣亭中读南华经,隔着竹林看到烧水煮茶时升腾的烟雾,心情较为惬意。

此时是明代正德十一年,饮茶方式已经大大改变,文人茶正在流行。追求极致精细的宋代饮茶发展到元代,已进入尾声。团饼茶的加工成本太高,其加工过程中使用的"大榨小榨"把茶汁榨尽,也违背了茶叶的自然属性。散茶从明代洪武二十四年(1391)后开始真正流行,罢造龙团,唯采芽茶以进。明代文人追求闲适之趣,饮茶充分表现出山林之乐,这从明代的一些茶事绘画中可以看出。在唐寅的《事茗图》,画中间的茅舍内有一人正聚精会神读书,书案一头摆着茶壶和茶盏,旁有一童子在扇火烹茶。舍外右方一人缓步策杖来访,身后一书童抱琴相随。整个饮茶空间设置在山林之中,意境深远。明代文人饮茶,讲究空间选择和氛围营造,回归自然本真的环境,是文人品茗的追求。画卷左边唐寅自题五言诗一首:"日长何所事,茗碗自赏持。料得南窗下,清风满鬓丝。"唐寅与方豪、吾谨属同一时代的人物,由此可知方豪诗歌中对于饮茶文化的追求,也是文人茶的象征。

唐寅与沈周、文徵明、仇英并称"吴门四家"，又称"明四家"。文徵明也曾经就饮茶主题绘制过一幅《惠山茶会图》，场景设置与方豪诗描绘更为接近，且绘制年代也是正德十三年（1518）。此画描绘了文徵明和几位诗友在无锡惠山品茗之事。画中二人在茶亭井边席地而坐，一人展卷颂诗，一人在聆听。古松下一茶童备茶，茶灶正煮井水，茶几上放着各种茶具。在通向茅亭的弯曲山径上，有二人正边交谈边逐阶而下。虽然文徵明的经世理想一直未能实现，但从画中人物的神态来看，似乎更呈现出一种从容不迫并游乐山水的闲适。青山绿树、苍松翠柏、林中小径、茅屋茶亭，皆与文人士子的茶会活动相映衬，体现出饮茶人远离尘俗的纷扰，寄情林壑的自在心境。

　　正德七年（1512）十一月，方豪为母守孝筑庐于墓左，名为"林下居"。方豪是金村乡人，金村产茶，品质不比天池差，故而方豪对饮茶也是非常喜好，写下了诸多茶诗。比如《弃瓢图赠国英侍御》："今我耽书好种树，虎谷棠陵未寂寥。我有知心在南海，壶公名药长自采。"方豪的诗中咏菊较多，"酒酣解以菊花茶"，以菊入茶为解酒。《水亭闻笛图歌》中写道："童子茶瓯殊可捐，吾已萧然顿超悟"。《大慈仁寺从诸寮友候张司寇》中描写的冬日场景："冬晓寒犹薄，相随郭外行。叩门僧未起，持茗隶能烹……公事有闲情"。《再至茶山》中月夜访茶山，"逾月茶山访，秋光转爱人。潭清看石马，水冷落地鳞。壮心今欲已，自拂老农巾"。他爱林中独坐品茗，在《寄南涧徐于绵州》中写道："南涧先生爱涧泉，树根独坐意悠然。清风何处摇环珮，明月谁家动管弦。洗砚长分黄犊饮，烹茶时觉白鸥眠。"他在《圆通寺》里描写的与老僧品茶的场景，更是惬意舒适："一杖逍遥入经賒，白云深处老僧家。儿童坐我青苔侧，笑折松枝漫煮茶。"诗中的圆通寺，位于池淮镇。在圆通寺时，茶童用松枝来煮茶，取松树之香味入茶。在《送张景周之枫岭下还宿茶山有怀》中写道："送君枫岭独回鞍，此夜茶山月色寒。五马萧萧何处所，不知曾否到淳安。"

《茶山病甚殊》中，"病枕相辞冒雨行，湖墩石涓马蹄惊。茶山此夜呻吟际，汝在田家梦不成。"在《归至双凤镇将别不忍》中写道："炉火红如锦，茶铛沸如潮。"茶铛，是用于煎茶或温茶用的平底锅，多为三脚。在《海宁寺》里描写"石鼎微烟起绿洋，酒阑清坐话亢仓。香分小凤茶除熟，势压游龙笔正忙"，"诗喉正喝频呼茗，仙骨初成惯服苓"。在《天竺见方思道》写道："竹边茗碗泉香细，月下梅花句格高。"可见方豪对茶是独有深情的，以茶喻情明志。

一丘一壑、一草一木，都留下了方豪的足迹和诗句。其诗，取诸胸中而出于口吻，事案牍如对江山，居风尘如饮茶，在茶的世界中抒岁报国情怀。明嘉靖六年(1527)方豪告老还乡归养，三年后病逝，终年四十八岁。如今，在金村乡的金路村还有一些零碎的方豪遗留下来的物品，如建房用的柱础、方豪上马的马踏等。这些坚硬的石质物品虽已陈旧破损，但依然能看出石器纹理构质的细腻、美观，让人惊叹。方家小院，有一块巨大的石碑。虽然石碑被横置于黄泥土中，但字里行间展现的是一首优美的五言诗。石碑质地坚硬、结实，高约1.5米，宽约0.8米，背面是大大的"棠陵"两字，石碑历经数百年沧桑字迹依然清晰。

通过方豪的茶诗，我们也可以发现，开化产茶的历史远远早于《开化县志》中所记载的"崇祯四年"（1631），至少还要往前再推进100年，在正德年间便已声名远扬。

于是，循着方豪的诗歌之路，我们实地走进了金村。

如今的金村，已于2014年撤乡并入了城关镇。东靠林山乡，西北与音坑乡毗邻，乡政府驻地在金村村。金村乡有11个行政村，区域范围总面积45.5平方千米，以林地为主，耕地和水田较少。农村经济发展以经济林、名茶、蚕桑、绿化苗木、高山蔬菜、山地西瓜等特色产业为主，2004年乡政府提出创建"名茶之乡"战略。

虽然旧志中记载了金村的茶品质优良，不过在现代茶业体系下，开化县的茶叶生产已从东部向西部转移。据民国三十八年（1949）《开化县志稿》记载，"茶四乡多产之，西北乡产者佳，其在谷雨以前采摘者曰雨前，俗名白毛尖"。如今的金村茶叶，多是农民散户种植，自种自采。全村有茶园350亩，户均1亩，每亩产20公斤干茶。50%的农户有茶园，他们通过在自己承包的茶园出售茶青或帮茶叶大户采摘茶叶，茶叶收入约占到农户农业收入的一半以上。还有749亩耕地，茶园与耕地之比约为2∶1。全村有1326人，375户人家。姓氏较杂，移民较多。这里有一个风俗，正月初八添丁节，但凡有男丁出生的家庭会摆酒席，并舞龙。村里有几个新生男丁就有几条舞龙，同村人赴宴包红包给新生儿。村里的外出人口主要流向开化县城，种田人比较少，约80户。喝茶者多为老人，而茶农多为零散户，5—6人通过流转承包茶园形成一定规模。每个人有五六十亩茶园，以合作社的模式自己种植管理，自产自销。由于土种茶老化，产量低，出芽晚，近年来引进了迎霜、龙井43、福鼎等品种。加工产品有绿茶、白茶、红茶等。白茶产量低价格稍高，每斤700元到800元，绿茶每斤600元。小农户采鲜叶卖给当地加工厂，价高的每斤约60元，价低的每斤约30元。

在金村采访时，一位老茶农徐师傅为我们讲述了他的茶叶种植生产情况。徐师傅做茶将近30年，自己有30多亩土种茶茶园，30多亩福鼎种茶园，田里也有8亩茶园。每年春季采茶需要150多人，可以生产800多斤干茶，算上夏秋茶总共1000多斤。一年毛利大概40多万元。茶叶收入，已成为他家庭的主要经济支柱。

金村的茶叶历史悠久，而现在的金村更想把它的内涵扩大，将"金村"作为一个优质农业的代表名号。高山西瓜，清水龙虾，四季花海，尤其是如今的金村水产养殖。由于水多河多，水产养殖发展较好。所以，在村民收入中水产养殖的份额也越来越占有较大比例。

2016年9月21日，"开化金村"商标被核准注册。

从"金村茶"到"开化金村"，我们可以看到现代农业的发展路径。从一个历史文化资源入手，集中优势资源拓展相关产业，这也是乡村振兴与历史文化结合的创新之举。

参考文献

一　方志

（明）林应翔等修，叶秉敬等纂：《浙江省衢州府志》，台湾成文出版
　　社1983年影印本。

（清）杨廷望纂修：《浙江省衢州府志》，台湾成文出版社1970年影
　　印本。

（清）姚宝奎等修，范崇楷等纂：《浙江省西安县志》，台湾成文出版
　　社1970年影印本。

《华埠镇志》编纂小组编：《华埠镇志》，浙江人民出版社2003年版。

《开化交通志》编写组：《开化交通志》，浙江人民出版社1990年版。

《开化林业志》编写组：《开化林业志》，浙江人民出版社1988年版。

吴德良主编：《开化县文化志（1986—2009）》，方志出版社2000
　　年版。


二　田野调查资料

《茶叶合作产销业务计划纲要》，1936年，浙江省档案馆藏，资料号：
　　L084392。

《开化茶厂剪影》，《万川通讯》（合订本），1914年。

《开化龙灯文化》，开化县政协文史委编。

《龙顶茶缘：名人与名茶》，开化龙顶茶文化研究中心编撰。

《上海茶及茶业》，上海商业储蓄银行调查部1930年版。

《四月二十三日晚谈话会吴协理报告记录》，《万川通讯》（合订本）
　　1942年。

《浙江之茶业》，《中外经济周刊》1927年第220期。

高汉、宝义编注：《开化古代风景诗》。

林延辉编：《苏庄风情》，开化县苏庄镇人民政府编2006年版。

刘高汉、查金尧编著：《芹阳旧韵》，中国出版集团现代出版社2014
　　年版。

刘高汉编：《开化名人事略》，中国文史出版社2009年版。

俞海清：《浙江茶叶调查计划》，《浙江省建设月刊》1930年第5期。

张璇铭：《浙江茶业前途的展望》，《商业月报》1946年第7期。

中茶浙江分公司卷宗，浙江省档案馆藏，资料号：L067-004-1261。

周斗华编著：《开化风俗通鉴》，西泠印社出版社2011年版。

朱惠清：《浙江之茶》，《浙江省建设月刊》1936年第9卷第11期。

三　著作

（明）陆粲、顾超元：《庚已编 客座赘语》，中华书局1987年版。

（宋）赵佶等：《大观茶论》，九州出版社2018年版。

（唐）陆羽撰：《茶经》，宋一明译注，上海古籍出版社2009年版。

《浙江古代道路交通史》，浙江古籍出版社1992年版。

蔡定益：《香茗流芳：明代茶书研究》，中国社会科学出版社2017
　　年版。

柴福有：《衢州古陶瓷探秘》，浙江人民美术出版社2012年。

陈慈玉：《近代中国茶业之发展》，中国人民大学出版社2013年版。

陈宗懋主编：《中国茶叶大辞典》，中国轻工业出版社2000年版。

关剑平：《文化传播视野下的茶文化研究》，中国农业出版社2009年版。

胡山源编：《古今茶事》，上海书店1985年版。

金银永编著：《平水日铸茶》，中国农业科学技术出版社2018年版。

林瑞宣：《心经讲义：茶道精神领域之探求》，台湾陆羽茶艺中心1989年版。

刘晓航编著：《大汉口：东方茶叶港》，武汉大学出版社2015年版。

罗德胤：《仙霞古道》，上海三联书店2013年版。

毛祖法等主编：《浙江茶叶》，中国农业科学技术出版社2006年版。

钱时霖选注：《中国古代茶诗选》，浙江古籍出版社1989年版。

沈冬梅：《茶与宋代社会生活》，中国社会科学出版社2015年版。

王河、虞文霞：《中国散佚茶书辑考》，中国出版集团世界图书出版公司2015年版。

王恒堂主编：《鸠坑茶》，西泠印社出版社2013年版。

王旭烽：《品饮中国——茶文化通论》，中国农业出版社2013年版。

吴觉农主编：《茶经述评》（第二版），中国农业出版社2005年版。

吴觉农主编：《中国地方志茶叶历史资料选辑》，农业出版社1990年版。

向斯：《心清一碗茶：皇帝品茶》，故宫出版社2012年版。

扬之水：《两宋茶事》，人民美术出版社2015年版。

杨东甫编：《中国古代茶学全书》，广西师范大学出版社2011年版。

余悦：《茶典逸况：中国茶文化的典籍文献》，光明日报出版社1999年版。

赵世瑜：《在空间中理解时间：从区域社会史到历史人类学》，北京大学出版社2017年版。

郑建新编著：《茶叶背后的故事》，安徽教育出版社2015年版。

中国西安新城区《唐代茶史》编撰委员会编:《唐代茶史》,陕西师范大学出版总社有限公司2012年版。

朱家骥编著:《钱塘江茶史》,杭州出版社2015年版。

朱自振编:《中国茶叶历史资料续辑》,东南大学出版社1991年版。


四 译著

[美]梅维恒、郝也麟:《茶的真实历史》,高文海译,生活·读书·新知三联书店2018年版。

[美]莎拉·罗斯:《植物猎人的茶盗之旅》,吕奕欣译,麦田出版(台湾)2014年版。

[美]威廉·乌克斯:《茶叶全书》,侬佳等译,东方出版社2011年版。

[葡]曾德昭:《大中国志》,何高济译,商务印书馆2012年版。

[日]陈舜臣:《茶事遍路》,余晓潮等译,广西师范大学出版社2012年版。

[日]冈仓天心九鬼周造:《茶之书·"粹"的构造》,江川澜等译,上海人民出版社2011年版。

[日]田中仙翁:《茶道的美学——茶的精神与形式》,蔡敦达译,南京大学出版社2013年版。

[英]罗伯特·福琼:《两访中国茶乡》,敖雪岗译,江苏人民出版社2015年版。


五 期刊文献

蔡定益、周致元:《明代贡茶的若干问题》,《安徽大学学报》(哲学社会科学版)2015年第5期。

杜君立:《茶叶经纬王朝经济》,《企业观察家》2015年第4期。

郭孟良:《曹琥及其〈请革芽茶疏〉考辨》,《河南师范大学学报》(哲学社会科学版)2000年第4期。

郭孟良：《明代的贡茶制度及其社会影响——明代茶法研究之二》，《郑州大学学报》（哲学社会科学版）1990年第3期。

侯文宜、卫才华：《民间传说遗存：地方性知识与民间记忆——晋东南米山小地域文化遗存考论之三》，《史志学刊》2008年第3期。

柯全：《贡茶：四明十二雷》，《文化交流》2010年第5期。

李菁：《大运河——唐代饮茶之风的北渐之路》，《中国社会经济史研究》2003年第3期。

李明杰、陈新：《姑蔑古国与东夷文化探微》，全国首届姑蔑历史文化学术研讨会论文，龙游，2002年10月。

李晓：《宋代的茶叶市场》，《中国经济史研究》1995年第1期。

李岩：《姑蔑与越文化散论》，《丽水学院学报》2005年第4期。

刘芳正：《民国时期上海徽州茶商与上海茶业》，《史学月刊》2012年第6期。

孟世凯：《姑蔑与龙游》，《文史知识》2010年第12期。

彭邦本：《姑蔑国源流考述——上古族群迁徙、重组、融合的个案之一》，《云南民族大学学报》（哲学社会科学版）2005年第1期。

沈学政、金雨婕、苏祝成：《基于AHP和PSO方法的茶企业品牌溢价因素定量研究》，《茶叶科学》2020年第1期。

沈学政、苏祝成、王旭烽：《茶文化资源类型及业态范式研究》，《茶叶科学》2015年第3期。

孙洪升：《论唐宋时期的茶叶消费和茶文化发端》，《古今农业》2006年第4期。

孙敬明、苏兆庆：《东夷方国——姑蔑两考》，全国首届姑蔑历史文化学术研讨会论文，龙游，2002年10月。

陶德臣：《论运河在茶叶传播运销过程中的历史地位》，《农业考古》2013年第5期。

陶德臣：《宋代十三山场六榷货务考述》，《中国茶叶》2006年第2期。

万秀锋：《贡茶在清代宫廷中的使用考论》，《清宫史研究》（第十一辑），2013年。

万秀锋：《试论贡茶对清代社会的影响》，《农业考古》2013年第2期。

王建荣、朱慧颖：《运河水长　茶叶飘香》，《农业考古》2010年第5期。

王瑞成：《运河与中国古代城市的发展》，《西南交通大学学报》（社会科学版）2003年第1期。

徐建春：《浙江聚落：起源、发展与遗存》，《浙江社会科学》2001年第1期。

姚建根：《口腹之嗜：元代江浙城市饮食生活简论——以士人阶层为视角》，《江汉大学学报》（社会科学版）2014年第5期。

詹子庆：《姑蔑史证》，《古籍整理研究学刊》2002年第6期。

张仁玺、冯昌琳：《明代土贡考略》，《学术论坛》2003年第3期。

郑洪春、袁长江：《试探姑蔑族与东夷族皋陶之少子徐偃王的关系》，全国首届姑蔑历史文化学术研讨会论文，龙游，2002年10月。

周晓光：《清代徽商与茶叶贸易》，《安徽师范大学学报》（人文社会科学版）2000年第3期。

## 六　学位论文

崔兰海：《唐代史料笔记研究》，博士学位论文，安徽大学，2013年。

何建木：《商人、商业与区域社会变迁——以清民国的婺源为中心》，博士学位论文，复旦大学，2006年。

黄一斓：《异彩纷呈的明晚期民间日常生活——基于同期小说材料的考察》，博士学位论文，浙江大学，2007年。

李尔静：《唐代后期税茶与榷茶问题考论》，硕士学位论文，华中师范大学，2017年。

谢冉：《明代茶叶产区、产量及品名研究》，硕士学位论文，安徽农业大学，2020年。

杨化冰：《安化黑茶的文化生态史研究》，博士学位论文，吉首大学，
　　2020年。

尹江铖：《中国茶文化思想史论》，博士学位论文，湘潭大学，
　　2016年。

于悦：《元代榷茶制度研究》，硕士学位论文，内蒙古大学，2020年。

张博：《明代光禄寺研究》，硕士学位论文，东北师范大学，2011年。

张晓玲：《清代的茶叶贸易——基于晋商与徽商的比较分析》，硕士
　　学位论文，山西大学，2008年。

章传政：《明代茶叶科技、贸易、文化研究》，博士学位论文，南京
　　农业大学，2007年。

赵驰：《明代徽州茶业发展研究》，硕士学位论文，安徽农业大学，
　　2010年。

　　我与开化的缘分，还要从十年前研究浙江衢州白塔茶课题时说起。2013年冬天，大雪后的西湖边北山路，为了能在卷帙浩繁的史料中，找到若干关于衢州茶的文献，我在没有暖气的孤山图书馆里查了两个月的资料。古籍翻阅了一堆，可资料没找到多少，倒是其中一些文献记录了开化的内容。这让我意识到开化这个深藏于浙西的产茶县，曾经在中国的茶叶生产和贸易史上有着自己特殊的地位。

　　2015年的夏天，因为开化县当地要规划茶乡小镇事宜，需要学者一起参与旅游开发的规划设计。于是，我前往开化的茶乡小镇齐溪镇考察。从杭州到齐溪，路途遥远，我前后进行了三次田野调查，对开化北部的茶叶生产情况有了更直观的认识。在完成茶乡小镇的茶文化旅游规划设计后，就着手为开化茶著书立说的事宜。

　　事实上，这不是一件简单的事情，因为资料太过匮乏。由于一直以来开化茶缺乏自身的独立性，在史料中它被人们称为衢州茶，或遂绿、屯绿、淳绿，唯独没有它自己的名字。所以在浩瀚的史料中，能查到的文献是少之又少。

　　而且，它不是一个历史名区，没有六安、建安、普洱等有丰富的记载，足可以让后人无数次书写。所以，起初我的想法是作个基本的梳理，3万字左右的文本。没想到，这一写再写，最终演变成一本书稿的框架。

　　这中间经历了三年时间，除却自身繁忙的教学工作，脑中所思的均是这本书稿。县志、府志，逐行逐行地读，参考书籍堆满了书房地板，以至于让人无从下脚。从框架稿到初稿，再到二稿、三稿、四稿、五稿，一遍一遍修改完善。一次一次往返杭州与开化两地，累计的火车票和汽车票达几十张。从最初的T次火车，到如今的高铁，杭州与开化之间的交通越来越便捷。为了弥补史料的缺憾，我们采用田野调查的方法来完成研究工作。从行政管理机构到乡镇单位，从文化站到地方史研究人员，从茶叶经营者到市场销售者，我们都对其从不同角度进行了访谈。历史记载少，就从乡间田野中获得。在这个过程中，我结交了不少开化朋友。我非常感谢他们无私的帮助，他们天生有一种对地方文化和历史传承的使命感。当我向他们表明我的来意时，没有人拒绝，都是热情相待。苏庄的林延辉老师，傅富德茶庄的老傅，华埠的刘高汉老师，益龙芳的余华军董事长，还有马金霞山的专职导游，以及茶叶特产局的郑求星先生、俞玉梅女士、余书平先生，更有每次都来接送我往返火车站的余师傅。还有我们开化当地的茶人们，在这里不一一罗列姓名了，没有他们的鼎力相助，我们是无法完成这本几乎是从零资料开始的地方文化书籍的。

　　茶产业是开化的特色农业支柱产业，是农民增收的重要渠道。2020年，开化全县茶叶第一产业总产量达到2397吨，产值10.18亿元。而以茶文化旅游为主的茶叶第三产业也得到快速提升。全县茶叶行业总产值达21.5亿元，同比增长14.3%。茶叶，无疑是开化的命脉和人文之根。现在，这本书终于完稿了。开化茶也开始重新振兴自己响当当的品牌"开化龙顶"，这大气的名字给人一种龙抬头之感。希望这条大山里的龙，能从浙西地区腾飞，飞向世界，这也是吾辈们的期许。

沈学政

2023年2月于杭州